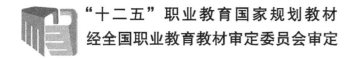 "十二五"职业教育国家规划教材

经全国职业教育教材审定委员会审定

工程制图软件应用

（AutoCAD 2014）

（第2版）

郭朝勇　主　编

龙珊珊　李　炳　副主编

电子工业出版社·

Publishing House of Electronics Industry

北京·BEIJING

内 容 简 介

本书以能够进行机械和建筑等工程图样的绘制为直接目的，以 AutoCAD 2014 中文版为软件平台，全面介绍了大众化的制图软件——AutoCAD 的主要功能、使用方法及其在工程绘图中的具体应用。全书内容简捷，通俗易懂，紧密联系工程实际，具有良好的可操作性。

本书既可作为职业技术学校相关专业的计算机制图教材，也可供其他 AutoCAD 工程制图的初学者使用。

图书在版编目（CIP）数据

工程制图软件应用：AutoCAD 2014 / 郭朝勇主编. —2 版. —北京：电子工业出版社，2022.1

ISBN 978-7-121-36111-1

Ⅰ．①工… Ⅱ．①郭… Ⅲ．①工程制图—AutoCAD 软件—职业教育—教材 Ⅳ．①TB237

中国版本图书馆 CIP 数据核字（2021）第 270976 号

责任编辑：郑小燕
印　　刷：北京虎彩文化传播有限公司
装　　订：北京虎彩文化传播有限公司
出版发行：电子工业出版社
　　　　　北京市海淀区万寿路 173 信箱　邮编　100036
开　　本：880×1 230　1/16　印张：18　字数：432 千字
版　　次：2017 年 10 月第 1 版
　　　　　2022 年 1 月第 2 版
印　　次：2025 年 2 月第 5 次印刷
定　　价：45.00 元

凡所购买电子工业出版社图书有缺损问题，请向购买书店调换。若书店售缺，请与本社发行部联系，联系及邮购电话：(010) 88254888，88258888。

质量投诉请发邮件至 zlts@phei.com.cn，盗版侵权举报请发邮件至 dbqq@phei.com.cn。

本书咨询联系方式：(010) 88254576，zhangzhp@phei.com.cn。

前言 | PREFACE

AutoCAD 是目前国内外使用最广泛的计算机工程制图软件，自 1982 年面世以来，至今已发展到 2022 版。其丰富的绘图功能、强大的编辑功能和良好的用户界面受到了广大工程技术人员的普遍欢迎。AutoCAD 在我国也得到了非常广泛的应用，已成为事实上的计算机 CAD 应用与开发标准平台。AutoCAD 2014 中文版具有直观的全中文界面，完整的二维绘图、编辑功能与强大的三维造型功能，可通过互联网进行异地协同设计。特别是直接支持中国的制图国家标准（如长仿宋体汉字、国标样板图等），给我国广大用户提供了极大的方便。

2000 年以来，编者先后编写并出版了《AutoCAD 2000 中文版应用基础》《AutoCAD 2004 中文版应用基础》《AutoCAD 2006 中文版应用基础》《AutoCAD 2008 中文版应用基础》《工程制图软件应用（AutoCAD 2014）》等作为职业技术学校相关专业计算机绘图课程的教材。22 年来，很多学校将其选作教材，累计印数已达 70 余万册。编者根据工程制图教学的基本要求，结合多年来使用者的反馈意见，突出计算机工程制图软件运用能力的培养，在前版教材的基础上编写了本书。从实际出发，本书围绕 AutoCAD 2014 进行介绍，它应用广泛且对计算机配置要求不高，功能和操作与之后的软件版本基本相同。

本书特色

针对职业学校的培养目标和学生特点，本书在内容取舍上不求面面俱到，重点强调实用、需要；在内容编排上注重避繁就简、突出可操作性；在说明方法和示例上尽量做到简单明了、通俗易懂并侧重于工程实际应用，同时注意了遵守我国国家标准的有关规定。对主要命令均给出了命令功能、菜单位置、命令格式、选项说明及适当的操作示例；重点内容和较难理解的部分均提供了较丰富的绘图练习示例，并给出了具体的上机操作步骤，学生按照书中的指导操作即可顺利地画出图形，并能全面、深入地训练和学习命令的使用方法及工程应用技巧。每一章章节末尾均附有思考题和上机实习，以帮助学生加深对所学内容的理解和掌握。章节标题序号前标"*"的部分为选学内容，由不同学校根据各自培养目标和教学要求灵活选择。上机实习中，题号后带"*"的题目，表示所涉及图形在电子教学参考资料包中提供有相应的基础图形电子图档（DWG 格式的图形文件），以方便学生上机实践时直接引用。本书最后设置了"综合应用检测"一章，以更加贴近工程实际应用，并适当满足学生上机实践和自我检测的需要，同时为学生参加有关计算机绘图证书考试提供参考。

本书的参考教学时数为 64 学时，其中授课时间为 40 学时，其余学时上机实习。

本书由郭朝勇主编，龙珊珊、李炳副主编，胡希冀、李小红参编。

为方便教师教学，本书还配有电子教学参考资料包，包括 PPT 课件、思考题答案、上机实习素材文件等，请有此需要的教师登录华信教育资源网注册后免费下载。

限于编者水平，本书虽已是第 2 版，可能仍有不当之处，恳请使用本书的老师和同学给予批评指正。我们的 E-mail 地址为：guochy1963@163.com。"

编　者

CONTENTS | 目录

概　述

1. 了解计算机绘图的概念及系统组成。

2. 熟悉计算机绘图软件的基本功能及 AutoCAD 等常用绘图软件的主要功能和用户界面。

技能目标

1. 能进行 AutoCAD 的基本操作。

2. 能以命令名、菜单、工具栏图标等不同的方式调用 AutoCAD 绘图命令。

本章将概要介绍计算机绘图的概念、意义，计算机绘图系统的组成，以及典型计算机绘图软件之一——AutoCAD 的特点、应用及其安装和启动。

1.1　计算机绘图

1.1.1　计算机绘图的概念

图样是表达设计思想、指导生产和进行技术交流的"工程语言"，而绘制图样的过程则是一项细致、烦琐的劳动。长期以来，人们一直使用绘图工具和绘图仪器手工进行绘图，劳动强度大、效率低、精度差。

1963 年，美国麻省理工学院的 I. E. Sutherland 发表了第一篇有关计算机绘图的论文"SKECHPAD——一种人机通信系统"，从而确立了计算机绘图技术作为一个崭新的科学分支的独立地位。计算机绘图的出现，将设计人员从烦琐、低效、重复的手工绘图中解脱出来。计算机绘图速度快、精度高，且便于存储管理。经过 50 余年的蓬勃发展，计算机绘图技术已渗透到各个领域，在机械、电子、建筑、航空、造船、轻纺、城市规划、工程设计等方面得到了广泛的应用，已经取得了显著的成效。

改革开放以来，我国学者在计算机绘图的理论和算法研究、软件开发、工程应用等方面也做出了突出的贡献。CAXA、中望等国产绘图软件系列被越来越多的国内外用户所采用；在工程设计和工业生产领域已经全部实现产品及图样设计的计算机化；我国制定的多个计算机绘图相关标准已被国际标准化组织（ISO）采纳，成为国际标准，为计算机绘图技术和应用的的发展贡献了"中国智慧"。

计算机绘图就是利用计算机硬件和软件生成、显示、存储及输出图形的一种方法和技术。它建立在工程图学、应用数学及计算机科学三者结合的基础上，是 CAD 的一个主要组成部分。

计算机绘图系统由硬件和软件两大部分组成。所谓硬件是指计算机主机及图形输入、输出等外部设备，而软件是指专门用于图形显示、绘图及图数转换等处理的程序。

1.1.2 计算机绘图系统的硬件

计算机绘图系统的硬件主要由计算机主机、图形输入设备及图形输出设备组成。

输入/输出设备在计算机绘图系统中与主机交换信息，为计算机与外部的通信联系提供了方便。输入设备将程序和数据读入计算机，通过输入接口将信号翻译为主机能够识别与接收的信号形式，并将信号暂存，直至被送往主存储器或中央处理器；输出设备把计算机主机通过程序运算和数据处理送来的结果信息，经输出接口翻译并输出用户所需的结果（如图形）。下面介绍几种常用的输入/输出设备。

1. 图形输入设备

从逻辑功能上分，图形输入设备有定位、选择、拾取和输入四种，但实际的图形输入设备却往往是多种功能的组合。常用的图形输入设备中，除最基本的输入设备——键盘、鼠标外，还有图形数字化仪和扫描仪。

1）图形数字化仪

图形数字化仪又称图形输入板，是一种图形输入设备。它主要由一块平板和一个可以在平板上移动的定位游标（有 4 键和 16 键两种）组成，如图 1.1 所示。当游标在平板上移动时，它能向计算机发送游标中心的坐标数据。图形数字化仪

图 1.1 图形数字化仪

主要用于把线条图形数字化。用户可以在一个粗略的草图或大的设计图中输入数据，并将图形编辑、修改到所需要的精度。图形数字化仪也可以用于徒手做一个新的设计，随后进行编辑，以得到最后的图形。

图形数字化仪的主要技术指标有如下几种。

- 有效幅面：指能够有效地进行数字化操作的区域。一般按工程图纸的规格来划分，如 A4、A3、A1、A0 等。
- 分辨率：指相邻两个采样点之间的最小距离。
- 精度：指测定位置的准确度。

2）扫描仪

扫描仪是一种直接把图形（如工程图）和图像（如照片、广告画等）以像素信息形式扫描输入到计算机中的设备，其外观如图 1.2 所示。将扫描仪与图像矢量化软件相结合，可以实现图形的扫描输入。这种输入方式在对已有的图纸建立图形库，或局部修改图纸等方面有重要意义。

（a）平板式　　　　　　　　　　　　（b）滚动式

图 1.2　扫描仪

扫描仪按其所支持的颜色，可分为黑白和彩色两种；按扫描宽度和操作方式可分为大型扫描仪、台式扫描仪和手持式扫描仪。扫描仪的主要技术指标有如下几种。

- 扫描幅面：常用的幅面有 A0、A1、A4 三种。
- 分辨率：指在原稿的单位长度上取样的点数（常用的单位为 dpi，即每英寸内的取样点数）。一般来说，扫描时所用分辨率越高，所需存储空间越大。
- 支持的颜色和灰度等级：目前有 4 位、8 位和 24 位颜色、灰度等级的扫描仪。一般情况下，扫描仪支持的颜色、灰度等级越多，图像的数字化表示就越精确，但同时也意味着占用的存储空间越大。

2. 图形输出设备

图形显示器是计算机绘图系统中最基本的图形输出设备，但屏幕上的图形不可能长久保存下来，要想将最终图形变成图纸，就必须为系统配置绘图机、打印机等图形输出设备以永久记录图形。现仅就最常用的图形输出设备——绘图机进行简单介绍。

绘图机从成图方式来分有笔式、喷墨、静电和激光等类型；从运动方式来分有滚筒式和平板式两种。因喷墨滚筒绘图机既能绘制工程图纸，又可输出高分辨率的图像及彩色真实感效果图，且对所绘图纸的幅面限制较小，因而目前得到了广泛的应用。如图 1.3 所示为两种滚筒绘图机的外观。

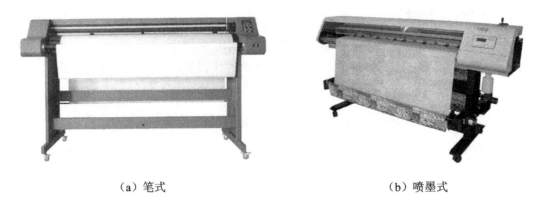

（a）笔式   （b）喷墨式

图 1.3　滚筒绘图机

1.1.3　计算机绘图系统的软件

在软件方面，实现计算机绘图，除可通过编程以参数化等方式自动生成图形外，更多采用的是利用绘图软件以交互方式绘图。绘图软件一般应具备以下功能。

- 绘图功能：绘制多种基本图形。
- 编辑功能：对已绘制的图形进行修改等。
- 计算功能：进行各种几何计算。
- 存储功能：将设计结果以图形文件的形式存储。
- 输出功能：输出计算结果和图形。

目前，应用的交互式工程制图绘图软件有多种，代表性的主要有美国 Autodesk 公司开发的 AutoCAD 及我国北京数码大方科技股份有限公司开发的 CAXA 电子图板。本书以 AutoCAD 为应用平台，介绍计算机绘图的知识和工程图绘制操作技术，所述基本原理与方法也适用于其他绘图软件。

1.2　AutoCAD 概述

AutoCAD 是美国 Autodesk 公司推出的，集二维绘图、三维设计、渲染及关联数据库管理和互联网通信功能为一体的计算机辅助设计与绘图软件。自 1982 年推出，30 多年来，从初期的 1.0 版本，经 2.6、R10、R12、R14、2000、2004、2008 等 20 多次典型版本更新和性能完善，现已发展到 AutoCAD 2014，在机械、建筑和化工等工程设计领域得到了大规模的应用，目前已成为国内外计算机 CAD 系统中应用最为广泛和普及的图形软件。

本章以 AutoCAD 2014 为蓝本，对 AutoCAD 的主要功能、软硬件需求、软件安装与启动、用户界面、基本操作等进行概略的介绍，使读者对该软件有一个整体的认识。

1.2.1　AutoCAD 的主要功能

1．强大的二维绘图功能

AutoCAD 提供了一系列的二维图形绘制命令，可以方便地用各种方式绘制二维基本图形对象，如点、直线、圆、圆弧、正多边形、椭圆、组合线、样条曲线等，并可对指定的封闭区域填充以图案（如剖面线、非金属材料、涂黑、砖、砂石、渐变色填充等）。

2．灵活的图形编辑功能

AutoCAD 提供了很强的图形编辑和修改功能，如移动、旋转、缩放、延长、修剪、倒角、倒圆角、复制、阵列、镜像、删除等，可以灵活方便地对选定的图形对象进行编辑和修改。

3．实用的辅助绘图功能

为了绘图的方便、规范和准确，AutoCAD 提供了多种绘图辅助工具，包括图层、颜色和线型设置管理功能，图块和外部参照功能，绘图区光标点的坐标显示、用户坐标系、栅格、捕捉、目标捕捉、自动捕捉、正交方式等功能。

4．方便的尺寸标注功能

利用 AutoCAD 提供的尺寸标注功能，用户可以定义尺寸标注的样式，为绘制的图形标注尺寸、尺寸公差、几何形状和位置公差、注写中文和西文字体。

如图 1.4 所示为利用 AutoCAD 绘制的机械、建筑及电气工程图图例。

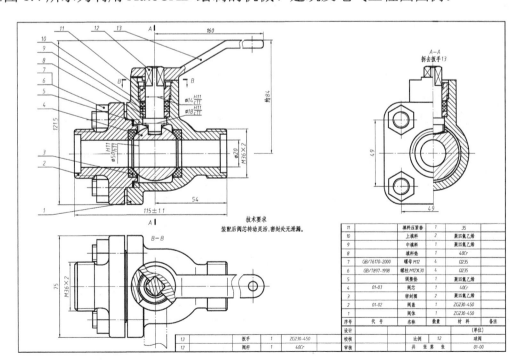

（a）机械装配图

图 1.4　用 AutoCAD 绘制的工程图图例

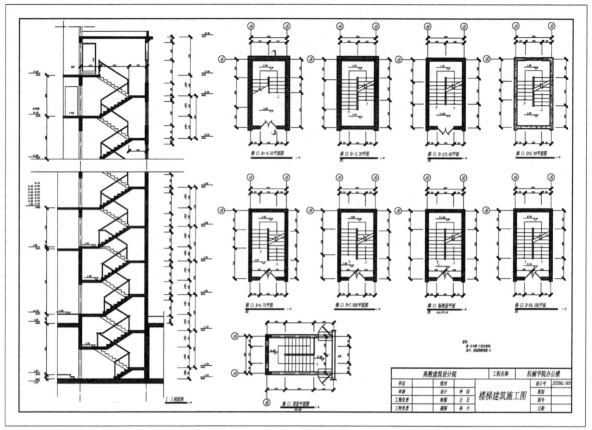

（b）建筑施工图

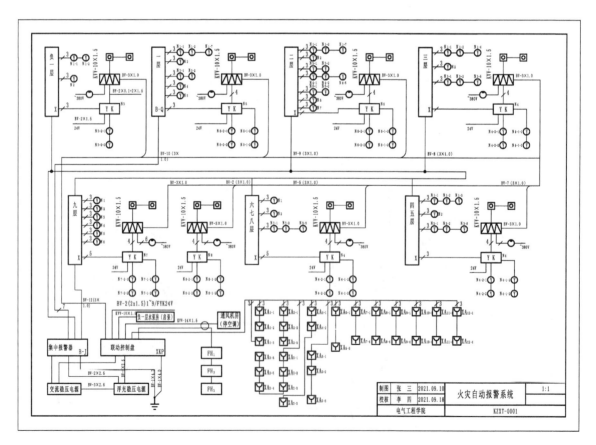

（c）电气工程图

图 1.4 用 AutoCAD 绘制的工程图图例（续）

5. 三维的实体造型功能

AutoCAD 提供了多种三维绘图命令，如创建长方体、圆柱体、球、圆锥、圆环、楔形体等，以及将平面图形经回转和平移分别生成回转扫描体和平移扫描体等，通过在立体间进行交、并、差等布尔运算，可以进一步生成更为复杂的形体。如图 1.5 所示为利用 AutoCAD 完成的"轿车"三维造型示例。AutoCAD 提供的三维实体编辑功能可以完成对实体的多种编辑，如倒角、倒圆角、生成剖面图和剖视图等。实体的查询功能可以方便地自动完成三维实体的质量、体积、质心、惯性矩等物理特性计算。此外，借助于对三维图形的消隐或阴影处理，可以帮助增强三维显示效果。若为三维造型设置光源并赋以材质，经渲染处理后，可获得像照片一样非常逼真的三维真实感效果图。如图 1.5 和图 1.6 所示为用 AutoCAD 完成的三维建模及渲染后的真实感效果图。

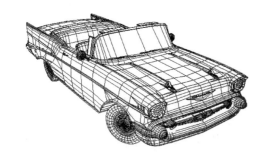

图 1.5 用 AutoCAD 完成的"轿车"三维造型及渲染效果图

图 1.6 用 AutoCAD 完成的建筑三维建模及渲染效果图

6. 贴心的用户定制功能

AutoCAD 本身是一个通用的绘图软件，不针对某个行业、专业和领域，但其提供了多种用户化定制途径和工具，允许将其改造为一个适用于某一行业、专业或领域并满足用户个人习惯和喜好的专用设计和绘图系统。可以定制的内容包括：为 AutoCAD 的内部命令定义用户便于记忆和使用的命令别名、建立满足用户特殊需要的线型和填充图案、重组或修改系统菜单和工具栏、通过图形文件建立用户符号库和特殊字体等。

7. 强大的二次开发功能

AutoCAD 提供有多种编程接口，支持用户使用内嵌或外部编程语言对其进行二次开发，以扩充 AutoCAD 的系统功能。可以使用的开发语言包括：AutoLISP、Visual LISP、

Visual C++（ObjectARX）和 Visual Basic（VBA）等。

8. 完善的在线帮助功能

AutoCAD 提供了方便的在线帮助功能，可以指导用户进行相关的使用和操作，并帮助解决软件使用中遇到的各种技术问题。

1.2.2 AutoCAD 的安装与启动

AutoCAD 2014 的安装界面风格与其他 Windows 应用软件相似，安装程序具有智能化的安装向导，操作非常方便，用户只需一步一步按照屏幕上的提示操作即可完成整个安装过程。

正确安装 AutoCAD 2014 中文版后，会在计算机的桌面上，自动生成 AutoCAD 2014 中文版快捷图标，如图 1.7 所示。

图 1.7 AutoCAD 2014 中文版快捷图标

启动 AutoCAD 2014 的方法很多，下面介绍几种常用的方法。

（1）在 Windows 桌面上双击 AutoCAD 2014 中文版快捷图标  。

（2）单击 Windows 桌面左下角的"开始"按钮，在弹出的菜单中选择"程序"→"Autodesk"→"AutoCAD 2014-简体中文（Simplified Chinese）"选项。

（3）双击已经保存的任意一个 AutoCAD 图形文件（*.dwg 文件）。

1.3 AutoCAD 的用户界面

1.3.1 初始用户界面

启动 AutoCAD 2014 后，即进入如图 1.8 和图 1.9 所示的 AutoCAD 2014 用户界面，包括标题栏、菜单栏、工具栏、绘图窗口、命令窗口、文本窗口及状态栏等内容，下面将分别介绍。针对不同类型绘图任务的需要，AutoCAD 2014 提供了四种工作空间环境（草图与注释、三维基础、三维建模和 AutoCAD 经典），如图 1.8 所示为"AutoCAD 经典"工作空间界面，"草图与注释""三维基础""三维建模"界面如图 1.9 所示，四种工作空间之间的主要区别在于所打开的工具栏和工具选项板有所不同。此处不再逐一详述。

考虑到界面设计出发点的不同，为方便叙述和初学者学习起见，本书的后续内容以布局和条理较为清晰的"AutoCAD 经典"界面为主，待读者对经典风格界面下的命令和操作完全熟悉后，可以很快适应以灵活为特点的其他界面下的有关操作。

🔊 提示

四种风格的界面之间可以通过键盘上的 F9 功能键方便地进行切换。

1. 标题栏

AutoCAD 2014 的标题栏位于用户界面的顶部，左边显示该程序的图标及当前所操作图形文件的名称，与其他 Windows 应用程序相似，单击图标按钮，将弹出系统菜单，可以进行相应的操作；右边分别为窗口最小化按钮、窗口最大化按钮、关闭窗口按钮，可以实现对程序窗口状态的调节。

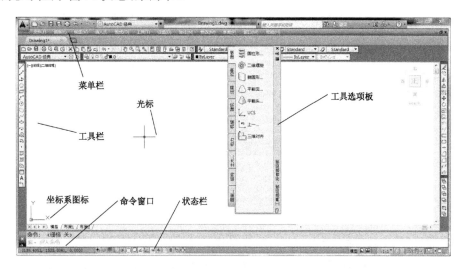

图 1.8　AutoCAD 2014 的用户界面（AutoCAD 经典）

（a）"草图与注释"界面

（b）"三维基础"界面

图 1.9　工作空间界面

（c）"三维建模"界面

图 1.9　工作空间界面（续）

2．菜单栏

AutoCAD 2014 的菜单栏中共有 12 个菜单："文件""编辑""视图""插入""格式""工具""绘图""标注""修改""参数""窗口""帮助"，包含了该软件的主要选项。单击菜单栏中的任一菜单，即弹出相应的下拉菜单。现就下拉菜单中的菜单项说明如下。

- 普通菜单项：如图 1.9 中的"矩形""圆环"等，菜单项无任何标记，选择该菜单项即可执行相应的命令。
- 级联菜单项：如图 1.9 中的"圆""文字"等，菜单项右端有一黑色小三角，表示该菜单项中还包含多个菜单选项，选择该菜单项，将弹出下一级菜单，称为级联菜单，可进一步在级联菜单中选择菜单项。
- 对话框菜单项：菜单项后带有"…"，表示选择该菜单项将弹出一个对话框，用户可以通过该对话框实施相应的操作。

3．工具栏

工具栏是一组图标型工具的集合，它为用户提供了另一种调用命令和实现各种绘图操作的快捷执行方式。

AutoCAD 2014 中共包含 52 个工具栏，在默认情况下，将显示"标准""特性""样式""图层""绘图""修改""工作空间"工具栏等，如图 1.10 所示。单击工具栏中的某一图标，即可执行相应的命令。

🔊 提示

若要了解工具栏中某一图标的命令功能，只需把光标移动到该图标上并稍停片刻，即可在该图标一侧显示的伴随提示中获得。

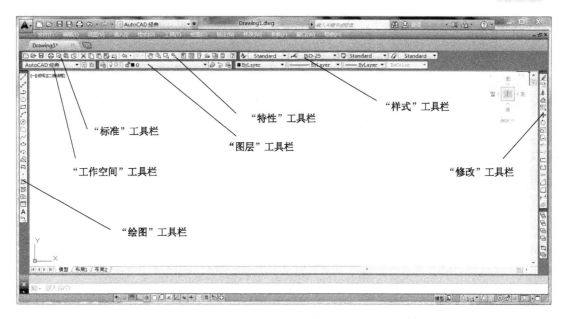

图 1.10 AutoCAD 2014 中默认显示的工具栏

提示

若欲打开未显示的工具栏或关闭已显示的工具栏，可选择"工具"→"工具栏"→"AutoCAD"选项，在弹出的如图 1.11 所示工具栏名称列表框中选中相应的工具栏。亦可右击任一工具栏，在弹出的工具栏列表框中选中相应的工具栏。

4. 绘图窗口

绘图窗口是 AutoCAD 显示、编辑图形的区域，用户可以根据需要打开或关闭某些窗口，以便合理地安排绘图区域。

- 绘图窗口中的光标为十字光标，用于绘制图形及选择图形对象，十字线的交点为光标的当前位置，十字线的方向与当前用户坐标系的 X 轴、Y 轴方向平行。
- 选项卡控制栏位于绘图窗口的下边缘，选择其中的"模型""布局 1""布局 2"选项卡，可在模型空间和不同的图纸空间之间进行切换。
- 在绘图窗口的左下角有一个坐标系图标，它反映了当前所使用的坐标系形式和坐标方向。在 AutoCAD 中绘制图形，可以采用两种坐标系。

（1）世界坐标系（WCS）：这是用户刚进入 AutoCAD 时的坐标系统，是固定的坐标系统，绘制图形时多数情况下是在这个坐标系统下进行的。

（2）用户坐标系（UCS）：这是用户利用 UCS 命令相对于世界坐标系重新定位、定向的坐标系。

图 1.11 工具栏名称列表框

在默认情况下，当前 UCS 与 WCS 重合。

5．命令窗口

命令窗口是用户输入命令名和显示命令提示信息的区域。默认的命令窗口位于绘图窗口的下方，其中保留最后三次所执行的命令及相关的提示信息。用户可以用改变一般 Windows 窗口的方法来改变命令窗口的大小。

6．文本窗口

AutoCAD 2014 的文本窗口如图 1.12 所示，用于显示当前绘图进程中命令的输入和执行过程的相关文字信息。

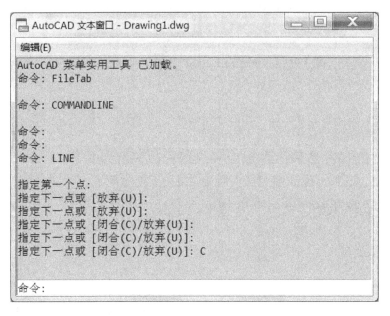

图 1.12　AutoCAD 2014 文本窗口

提示

绘图窗口和文本窗口之间可以按键盘上的 F2 功能键方便地进行切换。

7．状态栏

状态栏又称状态行，位于屏幕的底部，如图 1.13 所示。默认情况下，左端显示绘图区中光标定位点的 x、y、z 坐标值；中间依次有"捕捉模式""栅格显示""正交模式""极轴追踪""对象捕捉""对象捕捉追踪""动态 UCS""动态输入""显示/隐藏线宽"和模型/图纸空间切换等十余个辅助绘图工具按钮，单击任一按钮，即可打开相应的辅助绘图工具。

图 1.13　状态栏

📢 提示

若欲了解状态栏中某一图标的具体功能，只需把光标移动到该图标上并稍停片刻，即可在该图标的一侧显示相应的伴随提示中获得。

8. 工具选项板

工具选项板是一个选项卡形式的区域，它提供了一种组织、共享和放置块及填充图案的有效方法。工具选项板的具体操作见 1.8 节。

1.3.2 用户界面的修改

在 AutoCAD 2014 的菜单栏中，选择"工具"→"选项"选项，弹出如图 1.14 所示"选项"对话框，选择其中的"显示"选项卡，将弹出"显示"选项卡，其中包括"窗口元素""显示精度""布局元素""显示性能"，以及"十字光标大小"等区域，分别对其进行操作，即可实现对原有用户界面中某些内容的修改。现仅对其中常用内容的修改加以说明。

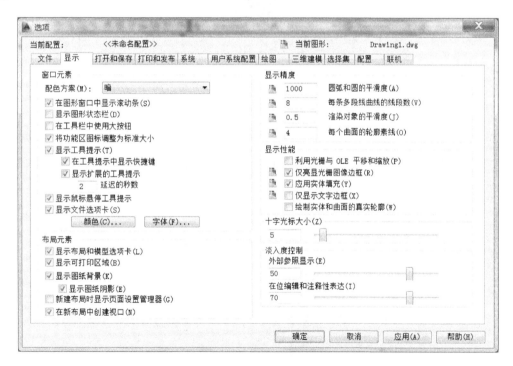

图 1.14 "选项"对话框

1. 修改图形窗口中十字光标的大小

系统预设十字光标的长度为屏幕大小的百分之五，用户可以根据绘图的实际需要更改其大小。改变十字光标大小的方法：在"十字光标大小"区域中的编辑框中直接输入数值，或者拖动编辑框后的滑块，即可以对十字光标的大小进行调整。

2. 修改绘图窗口的颜色

在默认情况下，AutoCAD 2014 的绘图窗口是白色背景、黑色线条，利用"选项"对话框，用户同样可以对其进行修改。

修改绘图窗口颜色的步骤如下。

（1）单击"窗口元素"区域中的"颜色"按钮，弹出如图 1.15 所示的"图形窗口颜色"对话框。

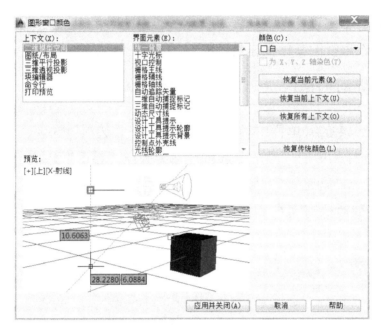

图 1.15　"图形窗口颜色"对话框

（2）单击"颜色"选择框右侧的下拉箭头，在弹出的下拉列表中，选择颜色"白"，如图 1.16 所示，然后单击"应用并关闭"按钮，则 AutoCAD 2014 的绘图窗口将变成黑色背景、白色线条。

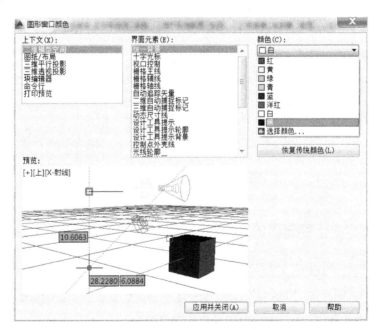

图 1.16　"图形窗口颜色"对话框中的颜色下拉列表

1.4　AutoCAD 命令和系统变量

AutoCAD 的操作过程由 AutoCAD 命令控制，AutoCAD 系统变量是设置与记录 AutoCAD 运行环境、状态和参数的变量。

AutoCAD 命令名和系统变量名均为西文，如直线（LINE）命令、圆（CIRCLE）命令等，系统变量 TEXTSIZE（文字高度）、THICKNESS（对象厚度）等。

1.4.1　命令的调用方法

有多种方法可以调用 AutoCAD 命令（以画直线为例）。

（1）在命令窗口输入命令名，即在命令窗口中输入命令的字符串，命令字符可不区分大、小写。例如，命令：LINE。

（2）在命令窗口输入命令缩写字。如 L（Line）、C（Circle）、A（Arc）、Z（Zoom）、R（Redraw）、M（More）、CO（Copy）、PL（Pline）、E（Erase）等。

例如，命令：L。

（3）选择下拉菜单中的菜单选项。在状态栏中可以看到对应的命令说明及命令名。

（4）单击工具栏中的对应图标。如单击"绘图"工具栏中的 图标，也可执行画直线命令，同时在状态栏中也可以看到对应的命令说明及命令名。

（5）单击工具选项板中的对应图标（形状与工具栏中的图标相同，只有少数命令有此方法）。

（6）在"命令："提示下直接按回车键可重复调用已执行的上一命令。

在上述所有调用方法中，在命令窗口输入命令名是最为稳妥的方法，因为 AutoCAD 的所有命令均有其命令名，但却并非所有的命令都有其菜单项、命令缩写字和工具栏图标，只有常用的命令才有；选择下拉菜单中的菜单选项是最为省心的方法，因为这种方法既不需要记住众多命令的命令名，也不需要记住命令图标的形状和所处位置，只需按菜单顺序选取即可；单击工具栏中的图标是最为快捷的方法，它既不用键盘输入，也不需菜单的多级查找，鼠标一键单击即可。故而在后续内容中涉及命令的介绍时，主要给出了命令名、菜单和工具栏图标三种方式。具体形式（以新建文件命令为例）如下。

命令名：NEW　　　　　　　　（即在命令窗口中通过键盘输入命令名"NEW"）

菜单：文件→新建　　　　　　（即用鼠标选择"文件"下拉菜单中的"新建"选项）

图标："标准"工具栏图标　　　（即用鼠标单击"标准"工具栏中的图标 ）

1.4.2　命令及系统变量的有关操作

1．命令的取消

在命令执行的任何时刻都可以按 Esc 键取消和终止命令的执行。

2．命令的重复使用

若在一个命令执行完毕后欲再次重复执行该命令，可在命令窗口中直接按回车键。

3．命令选项

当输入命令后，AutoCAD 会弹出对话框或命令提示，在命令提示中常会出现命令选项，如

> 命令：**ARC**↙
> 指定圆弧的起点或 [圆心(C)]:

前面不带中括号的提示为默认选项，因此可直接输入起点坐标，若要选择其他选项，则应先输入该选项的标识字符，如圆心选项的 C，然后按系统提示输入数据。若选项提示行的最后带有尖括号，则尖括号中的数值为默认值。

在 AutoCAD 中，也可通过"快捷菜单"选择命令选项。在上述画圆弧示例中，当出现"指定圆弧的起点或[圆心(C)]:"提示时，若右击，则弹出如图 1.17 所示快捷菜单，从中可用鼠标快速选择所需选项。快捷菜单随不同的命令进程而有不同的菜单选项。

图 1.17　快捷菜单

4．透明命令的使用

有的命令不仅可直接在命令窗口中使用，还可以在其他命令的执行过程中插入执行，该命令结束后系统继续执行原命令，输入透明命令时要加前缀单撇号"'"。

例如：

> 命令：**ARC**↙ *
> 指定圆弧的起点或 [圆心(C)]: **'ZOOM**↙ （透明使用显示缩放命令）
> >> ...（执行ZOOM命令）
> 正在恢复执行 ARC 命令。
> 指定圆弧的起点或 [圆心(C)]: （继续执行原命令）

不是所有命令都能透明使用，可以透明使用的命令在透明使用时要加前缀"'"。使用透明命令也可以从菜单栏或工具栏中选取。

5．命令的执行方式

有的命令有两种执行方式：通过对话框或通过命令窗口输入命令选项。如指定使用命令窗口方式，则可以在命令名前加一减号来表示用命令窗口方式执行该命令，如"-LAYER"。

6．系统变量的访问方法

访问系统变量可以直接在命令提示下输入系统变量名或选择菜单选项，也可以使用专

---

*注：本书中仿宋体编排的内容为软件在命令窗口处的提示，圆括弧中的内容为相应的说明；黑体部分为用户输入的命令或选项；符号"↙"表示按回车键。

用命令 SETVAR。

1.4.3　数据的输入方法

1．点的输入

绘图过程中，常需要输入点的位置，AutoCAD 提供了如下几种输入点的方式。

（1）用键盘直接在命令窗口中输入点的坐标。

点的坐标可以用直角坐标、极坐标、球面坐标或柱面坐标表示，其中直角坐标和极坐标最为常用。

直角坐标有两种输入方式：x，y[，z]（点的绝对坐标值，如 100，50）和@x，y[，z]（相对于上一点的相对坐标值，如@50，-30）。坐标值均相对于当前的用户坐标系。

极坐标的输入方式：长度<角度（其中，长度为点到坐标原点的距离，角度为原点至该点连线与 X 轴的正向夹角，如 20<45）或@长度<角度（相对于上一点的相对极坐标，如@50<-30）。

（2）用鼠标等定标设备移动光标并单击，即可在屏幕上直接取点。

（3）用键盘上的箭头键移动光标，并按回车键取点。

（4）用目标捕捉方式捕捉屏幕上已有图形的特殊点（如端点、中点、中心点、插入点、交点、切点、垂足点等，详见第 4 章）。

（5）直接距离输入。

先用光标拖动出橡筋线确定方向，然后用键盘输入距离。

（6）使用过滤法得到点。

2．距离值的输入

在 AutoCAD 命令中，有时需要提供高度、宽度、半径、长度等距离值。AutoCAD 提供了两种输入距离值的方式：一种是用键盘在命令窗口中直接输入数值；另一种是在屏幕上点取两点，以两点的距离值定出所需数值。

3．AutoCAD 的文件命令

对于 AutoCAD 图形，其文件扩展名为.dwg，AutoCAD 提供了一系列图形文件管理命令，包括：新建图形文件、打开已有图形文件、另存文件、同时打开多个图形文件等。其操作与其他 Windows 应用软件基本相同，此处不再详述。

1.5　绘图入门示例

本节以绘制如图 1.18 所示的"垫片"图形为例，介绍使用 AutoCAD 绘图的基本方法和步骤，以使读者对使用 AutoCAD 绘图的全过程有一个概略的直观了解。这一过程中涉

及的部分内容读者可能一时不大清楚，在后续章节中本书将陆续对其分别做详细的介绍，此处只需能按所给步骤操作，绘制出图形即可。

分析

如图 1.18 所示的"垫片"图形由 2 条互相垂直的对称细点画线、矩形、中间的大圆及环绕大圆的 8 个小圆组成。

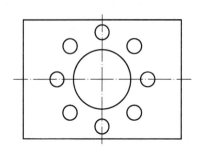

图 1.18　"垫片"图形

操作步骤如下。

1. 启动 AutoCAD 2014 中文版

在计算机桌面上双击 AutoCAD 2014 中文版图标，启动 AutoCAD 2014 中文版软件系统，将进入如图 1.19 所示的绘图界面，可由这里开始进行绘图。

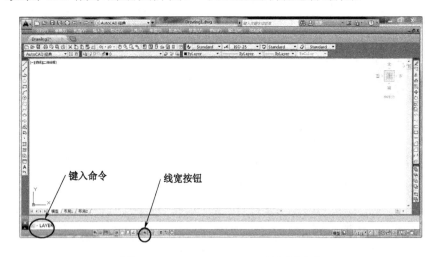

图 1.19　AutoCAD 2014 绘图界面

提示

为简化绘图时的交互显示，可按 F12 键以关闭动态输入。

2. 设置图层、线型、线宽等绘图环境

根据国家标准《机械制图》的有关规定，"垫片"图形中用到了粗实线和细点画线两

种图线线型，其宽度之比为 2∶1。在 AutoCAD 下，这些都是通过"图层"的设置来实现的。图层就像透明纸重叠在一起一样，每一图层对应一种线型、颜色及线宽。

将光标移动到屏幕左下方的命令区域，在此处输入 AutoCAD 命令，即可执行相应的命令功能。

由上一节中的介绍已知，AutoCAD 命令有多种输入方式（如命令窗口、下拉菜单、工具栏等），但命令窗口是所有方式中最为基本的输入方式。在本例中，AutoCAD 命令均是以命令窗口方式给定的，若读者有兴趣，当然也可以采用其他的命令输入方式。

在命令窗口位置输入"LAYER"（如图 1.19 左下方所示），然后按回车键，则系统将执行图层设置（LAYER）命令，并弹出如图 1.20 所示的"图层特性管理器"对话框。

在如图 1.20 所示的"图层特性管理器"对话框中连续两次单击其中的"新建图层"图标（即图中椭圆所圈处），可在当前绘图环境中新建两个图层，名称分别为"图层 1"和"图层 2"，结果如图 1.21 所示。

图 1.20　"图层特性管理器"对话框

图 1.21　新建两个图层

单击"图层 1""图层 2"，将其分别更名为"粗实线""细点画线"，结果如图 1.22 所示。

单击图 1.22 中的"设置线宽"处，弹出如图 1.23 所示的"线宽"对话框，选择其中的"0.4mm"线宽，然后单击"确定"按钮，则将"粗实线"图层的线宽设置为 0.4mm；同理，将"细点画线"图层的线宽设置为 0.2mm。

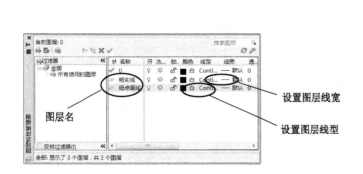

图 1.22　将新建图层更名为"粗实线"及"细点画线"

图 1.23　"线宽"对话框

单击图 1.22 中的"设置图层线型"处，弹出如图 1.24 所示的"选择线型"对话框，单击其中的"加载"按钮，弹出如图 1.25 所示的"加载或重载线型"对话框，选择其中的"ACAD_ISO04W100"线型，然后单击"确定"按钮，则"ACAD_ISO04W100"线型将出现在"选择线型"对话框中。在此对话框内选择该线型，然后单击"确定"按钮，则"细点画线"图层的线型将被设置为"ACAD_ISO04W100"（细点画线）。设置完成后的"图层特性管理器"对话框如图 1.26 所示。

在"图层特性管理器"对话框中选择"细点画线"图层，然后单击其中的"置为当前"图标 ✓，即可将"细点画线"图层设置成为"当前层"，随后所画的图线均将绘制在该图层上。

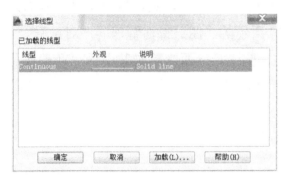

图 1.24　"选择线型"对话框

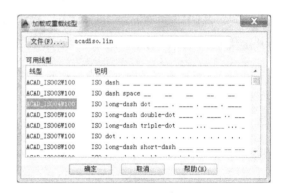

图 1.25　"加载或重载线型"对话框

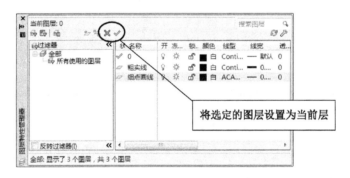

图 1.26　完成设置后的"图层特性管理器"对话框

3．绘制对称细点画线

这里，先用画直线（LINE）命令来绘制垫片的两条对称细点画线直线。具体步骤如下：在命令窗口中输入"LINE"，然后按回车键，则系统将执行 LINE 命令。一条直线可以由其两个端点确定，因此，只要给定两个点就可以在两点之间绘制出一条直线。执行 LINE 命令后，将在命令窗口中显示命令提示"指定第一点:"，意即要求指定直线的一个端点，此处用直角坐标来指定点的位置，在提示"指定第一点:"后输入端点的直角坐标值"60,150"，然后按回车键。这里的 60 和 150 分别为点的 X、Y 坐标，坐标系原点在绘图区的左下角。接下来的提示为"指定下一点或 [放弃(U)]:"，意即要求指定直线的另一个端点，仍然用直角坐标来指定点的位置，在提示"指定下一点或 [放弃(U)]:"后输入"430,150"，然后按回车键，则屏幕上将绘制出图 1.18 中水平的一条对称细点画线，此时的绘图区显示如图 1.27 所示。后续的提示继续为"指定下一点或 [放弃(U)]:"，直接按回车键，结束水平细点画线的绘制；再次执行 LINE 命令，分别输入第一点的坐标

"245,10"和下一点的坐标"245,290",在提示"指定下一点或 [放弃(U)]:"下直接按回车键,即可绘制出图1.18中垂直的一条对称细点画线。

上述操作过程的输入和提示可归结如下(均用小号字排版,其中,用黑体编排部分为用户的键盘输入,括弧中的部分为注释和说明。符号✓代表回车)。

命令:**LINE**✓	(输入画直线命令)
指定第一点:**60,150**✓	(输入图1.18中水平细点画线左端点的坐标)
指定下一点或 [放弃(U)]:**430,150**✓	(输入图1.18中水平细点画线右端点的坐标)
指定下一点或 [放弃(U)]: ✓	(结束画直线命令)
命令:**LINE**✓	(再次输入画直线命令)
指定下一点或 [放弃(U)]:**245,10**✓	(输入图1.18中铅垂细点画线下端点的坐标)
指定下一点或 [闭合(C)/放弃(U)]:**245,290**✓	(输入图1.18中铅垂细点画线上端点的坐标)
指定下一点或 [放弃(U)]: ✓	(结束画直线命令)

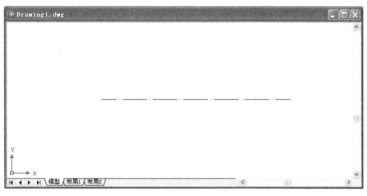

图1.27 绘制水平对称细点画线

此时屏幕上显示的图形如图1.28所示。

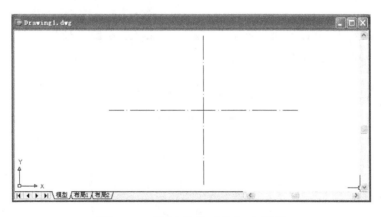

图1.28 绘制垂直对称细点画线

4. 将"粗实线"图层设置为当前图层

要绘制粗实线图形,首先应将"粗实线"图层设置为当前图层。在如图1.26所示的"图层特性管理器"对话框中选择"粗实线"图层,然后单击其中的"置为当前"图标✓,即可将"粗实线"图层设置为"当前层",随后所画的图线均将绘制在该图层上,且图线线型为宽度是0.4 mm的粗实线。

为使所设置的图线宽度能够在屏幕上直观地显示出来,可在屏幕下方 AutoCAD 状态栏中单击"线宽"按钮，如图 1.19 所示。

5．绘制粗实线图形

先用画矩形（RECTANG）命令绘制垫片的外轮廓。具体过程如下：

命令:RECTANG↙　　　　　　　　　　　　　　　　　　　　（启用画矩形命令）

指定第一个角点或 [倒角(C)/标高(E)/圆角(F)/厚度(T)/宽度(W)]:**80,30**↙

　　　　　　　　　　　　　　　　　　　　　　　　　　　（矩形左下角点坐标）

指定另一个角点或 [面积(A)/尺寸(D)/旋转(R)]: **410,270**↙　　（矩形右上角点坐标）

此时屏幕上显示的图形如图 1.29 所示。

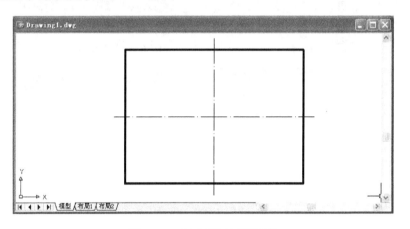

图 1.29　绘制外轮廓矩形

再用画圆命令来绘制中间的大圆。操作过程如下：

命令: **CIRCLE**↙　　　　　　　　　　　　（输入CIRCLE命令）

指定圆的圆心或 [三点(3P)/两点(2P)/相切、相切、半径(T)]: **245,150**↙

　　　　　　　　　　　　　　　　　　　（输入图1.18中大圆的圆心坐标）

指定圆的半径或 [直径(D)] <15.0000>: **60**↙　　（输入大圆的半径）

此时屏幕上显示的图形如图 1.30 所示。

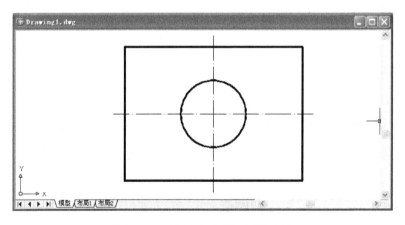

图 1.30　绘制完大圆后的图形

仍然用 CIRCLE 命令来绘制图 1.18 中最右边的小圆。操作过程如下：

命令: **CIRCLE**↙　　　　　　　　　　　　　　　（输入CIRCLE命令）

指定圆的圆心或 [三点(3P)/两点(2P)/相切、相切、半径(T)]: **340,150**↙

　　　　　　　　　　　　　　　　　　　（输入图1.18中最右侧小圆的圆心坐标）

指定圆的半径或 [直径(D)] <15.0000>: **15**↙　　　（输入小圆的半径）

此时屏幕上显示的图形如图 1.31 所示。

下面用环形阵列（**ARRAYPOLAR**）命令将上面绘制的小圆再复制 7 个。操作过程如下：

命令: **ARRAYPOLAR**↙

选择对象:（此时，光标变为一个小的正方形，将光标移到刚才绘制的小圆上并单击，该小圆将变为虚线显示，如图1.32所示）

找到 1 个

选择对象: ↙

类型 = 极轴　关联 = 是

指定阵列的中心点或[基点(B)/旋转轴(A)]:（在此提示下，先按住键盘上的Shift键不放，再右击，将弹出如图1.33所示快捷菜单，选择其中的"圆心"选项，则菜单消失且光标变为"十"字形）

_cen 于（将光标移到大圆上，即在大圆的圆心处将显示一彩色的小圆，并在当前光标处出现"圆心"伴随说明。如图1.34所示，此时单击即可）

选择夹点以编辑阵列或[关联(AS)/基点(B)/项目(I)/项目间角度(A)/填充角度(F)/行(ROW)/层(L)/旋转项目(ROT)/退出(X)] <退出>: I↙（指定阵列的数目）

输入阵列中的项目数或[表达式(E)] <6>:8↙

选择夹点以编辑阵列或[关联(AS)/基点(B)/项目(I)/项目间角度(A)/填充角度(F)/行(ROW)/层(L)/旋转项目(ROT)/退出(X)] <退出>: ↙

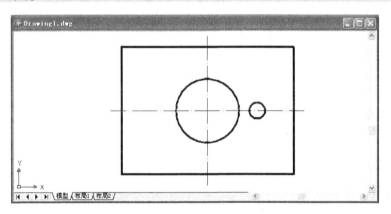

图 1.31　绘制了一个小圆后的图形

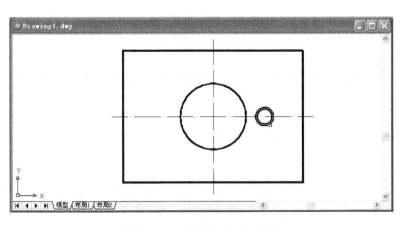

图 1.32　用光标选中小圆

图 1.33　快捷菜单

绘制完成的"垫片"图形如图 1.35 所示。

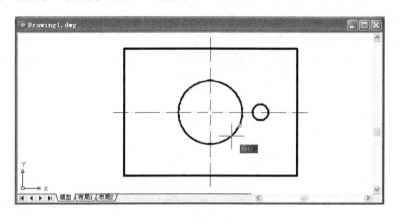

图 1.34　捕捉大圆圆心

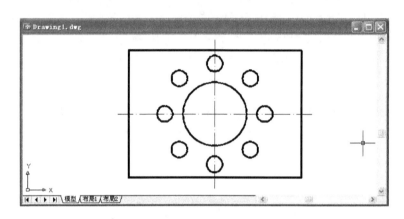

图 1.35　绘制完成的"垫片"图形

6．图形的保存

接下来可以将图形保存起来，以便日后使用。在命令窗口中输入赋名存盘（SAVEAS）命令后，将弹出"图形另存为"对话框。在"文件名"文本框中输入图形文件的名称"垫片"，然后单击"保存"按钮，则系统会自动将所绘图形保存到名为"垫片.dwg"的图形文件中。

7．退出 AutoCAD 系统

在命令窗口中输入（QUIT）命令，然后按回车键，将退出 AutoCAD 系统，返回到 Windows 桌面。

至此即完成了使用 AutoCAD 绘制一幅图形时，从启动软件到退出软件的整个过程。

★1.6　AutoCAD 设计中心

AutoCAD 设计中心是 AutoCAD 提供的一个集成化图形组织和管理工具。通过设计中心，可以组织对块、填充、外部参照和其他图形内容的访问。可以将原图形中的任何内容拖动到当前图形中。可以将图形、块和填充拖动到工具选项板上。原图形可以位于用户的计算机上、网络位置或网站上。如果打开了多个图形，则可以通过设计中心在图形之间复制和粘贴其他内容（如图层定义、布局和文字样式）来简化绘图过程。

启动 AutoCAD 设计中心的方法如下。

命令：ADCENTER

菜单：工具→选项板→设计中心

工具栏："标准"工具栏图标 ▦

启动后，在绘图区左边出现设计中心窗口，如图 1.36 所示，AutoCAD 设计中心对图形的一切操作都是通过该窗口实现的。

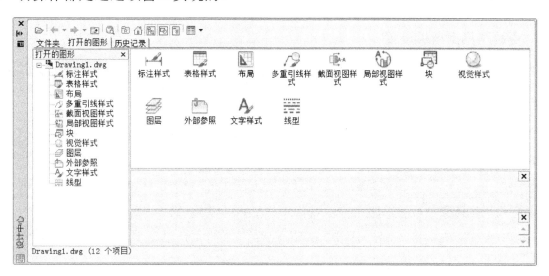

图 1.36　AutoCAD 设计中心窗口

使用设计中心窗口可以进行如下操作。

- 浏览用户计算机、网络驱动器和 Web 上的图形内容（如图形或符号库）。
- 在定义表中查看图形文件中命名对象（如块和图层）的定义，然后将定义插入、附着、复制和粘贴到当前图形中。
- 更新（重定义）块定义。
- 创建指向常用图形、文件夹和 Internet 网址的快捷方式。
- 向图形中添加内容（如外部参照、块和填充）。
- 在新窗口中打开图形文件。
- 将图形、块和填充拖动到工具选项板上以便于访问。

★1.7　工具选项板

工具选项板是一个选项卡形式的区域，它提供了一种组织、共享和放置块及填充图案的有效方法。工具选项板如图 1.37 所示。

图 1.37　工具选项板

1. 使用工具选项板插入块和图案填充

可以将常用的块和图案填充放置在工具选项板上。需要向图形中添加块或图案填充时，只需将其从工具选项板中拖动至绘图区图形内即可。

位于工具选项板上的块和图案填充称为工具，可以为每个工具单独设置若干个工具特性，其中包括比例、旋转和图层。

将块从工具选项板拖动到图形中时，可以根据块中定义的单位比例和当前图形中定义的单位比例自动对块进行缩放。例如，如果当前图形的单位为米，而所定义的块的单位为厘米，单位比例即为 1/100。将块拖动到图形中时，则会以 1/100 的比例插入。如果源块或目标图形中的"拖放比例"设置为"无单位"，则使用"选项"对话框的"用户系统配置"选项卡中的"源内容单位""目标图形单位"进行设置。

2．更改工具选项板设置

工具选项板的选项和设置可以从"工具选项板"窗口上各区域中的快捷菜单中获得。这些设置包括如下内容。

"自动隐藏"：当光标移动到"工具选项板"窗口的标题栏上时，"工具选项板"窗口会自动滚动打开或滚动关闭。

"透明度"：可以将"工具选项板"窗口设置为透明，从而不会挡住下面的对象。

"视图"：工具选项板上图标的显示样式和大小可以更改。

可以将"工具选项板"窗口固定在应用程序窗口的左边或右边。按住 Ctrl 键可以防止"工具选项板"窗口在移动时固定。

3．控制工具特性

可以更改工具选项板上任何工具的插入特性或图案特性。例如，可以更改块的插入比例或填充图案的角度。

要更改这些工具特性，在某个工具上右击，在快捷菜单中选择"特性"选项，然后在"工具特性"对话框中更改工具的特性。"工具特性"对话框中包含两类特性：插入特性或图案特性类别以及基本特性类别。

"插入特性或图案特性"：控制指定对象的特性，如比例、旋转和角度。

"基本特性"：替代当前图形特性设置，如图层、颜色和线型。

如果更改块或图案填充的定义，则可以在工具选项板中更新其图标。在"工具特性"对话框中，更改"源文件"选项组（对于块）或"图案名"选项组（对于图案填充）中的条目，再将条目更改回原来的设置。这样将强制更新该工具的图标。

4．自定义工具选项板

单击"工具选项板"窗口中标题栏上的"特性"按钮，可以创建新的工具选项板。使用以下方法可以在工具选项板中添加工具。

（1）将图形、块和图案填充从设计中心拖动到工具选项板上。

（2）使用"剪切""复制""粘贴"选项可以将一个工具选项板中的工具移动或复制到另一个工具选项板中。

（3）右击设计中心树状图中的文件夹、图形文件或块，然后在快捷菜单中选择"创建工具选项板"选项，创建预填充的工具选项板选项卡。

将工具放置到工具选项板上后，通过在工具选项板中拖动这些工具可以对其进行重新排列。

5．保存和共享工具选项板

可以通过将工具选项板输出或输入为工具选项板文件来保存和共享工具选项板。可以在工具板区域右击，在弹出的快捷菜单中选择"自定义(Z)..."选项，在"自定义"对话框中的"工具选项板"选项卡上输入和输出工具选项板。工具选项板文件的扩展名为.xtp。

★1.8　口令保护

通过向图形文件应用口令或数字签名，可以确保未经授权的用户无法打开或查看图形。

1．为图形文件设置密码

为当前图形设置口令的方法如下：执行"工具"→"选项"命令，在弹出的"选项"对话框中选择"打开和保存"选项卡，单击其中的"安全选项"按钮，如图 1.38 所示，弹出如图 1.39 所示的"安全选项"对话框，在"用于打开此图形的密码或短语"文本框中输入欲设置的密码文本，单击"确定"按钮，再次确认密码内容后，即可完成对图形文件口令保护功能的设置。

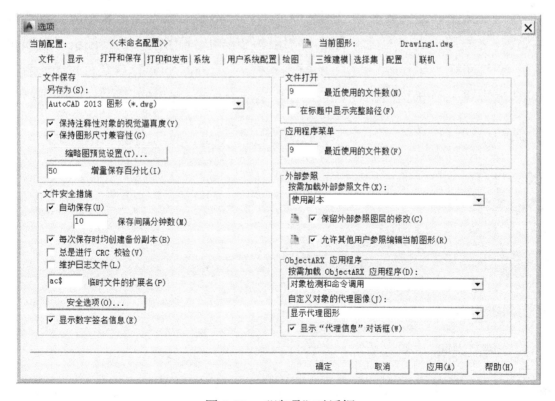

图 1.38　"选项"对话框

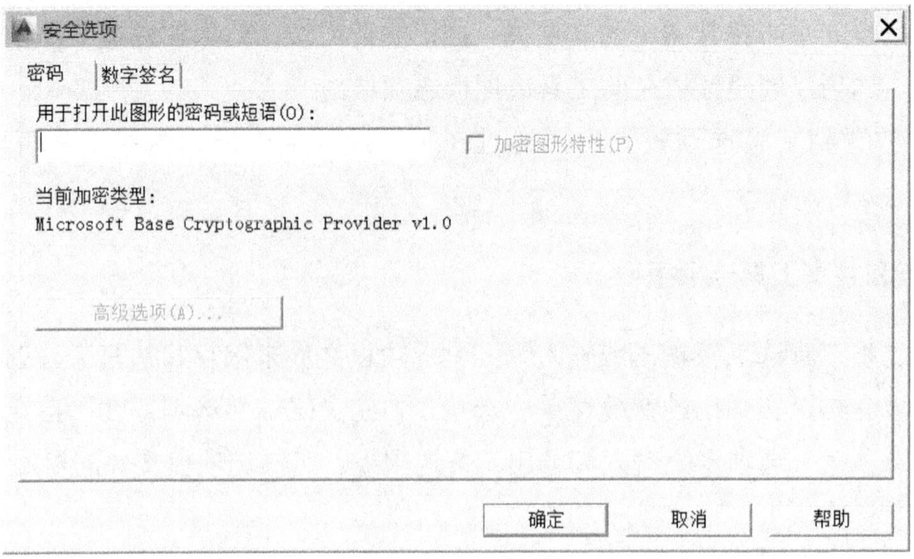

图 1.39　"安全选项"对话框

2. 打开设置有密码的图形文件

在打开设置有密码的图形文件时，系统首先弹出"口令"对话框，要求输入图形文件的口令密码。只有输入的密码正确无误后才会打开图形文件，供用户浏览、修改、编辑、打印。

★1.9　绘图输出

图形绘制完成后，通常需要输出到图纸上，用来指导工程施工、零件加工、部件装配以及进行设计者与用户之间的技术交流。常用的图形输出设备主要是绘图机（有喷墨、笔式等形式）和打印机（有激光、喷墨、针式等形式）。此外，AutoCAD 还提供了一种网上图形输出和传输方式——电子出图（EPLOT），以适应 Internet 技术的迅猛发展和日益普及。

1. 命令

命令：PLOT
菜单：文件→打印
图标："标准"工具栏图标

2. 功能

图形绘图输出。

3. 对话框及说明

弹出如图 1.40 所示的打印对话框。从中可配置打印设备和进行绘图输出的打印设置。

图 1.40　打印对话框

单击对话框左下角的"预览"按钮，可以预览图形的输出效果。若不满意，可对打印参数进行调整。最后，单击"确定"按钮即可将图形绘图输出。

1.10　AutoCAD 的在线帮助

1．AutoCAD 的帮助菜单

用户可以通过下拉菜单中的"帮助"→"AutoCAD 帮助"选项查看 AutoCAD 命令、AutoCAD 系统变量和其他主题词的帮助信息，用户单击"显示"按钮即可查阅相关的帮助内容。通过帮助菜单，用户还可以查询 AutoCAD 命令参考、用户手册、定制手册等有关内容。

2．AutoCAD 的帮助命令

1）命令

命令：HELP 或？

菜单：帮助→帮助

图标："标准"工具栏图标

2）说明

HELP 命令可以透明使用，即在其他命令执行过程中查询该命令的帮助信息。

帮助命令主要有以下两种应用。

① 在命令的执行过程中调用在线帮助。例如，在命令窗口中输入 LINE 命令，在出现"指定第一点："提示时单击帮助图标，则在弹出的帮助对话框中自动出现与 LINE 命

令有关的帮助信息。关闭帮助对话框则可继续执行未完的 LINE 命令。

② 在命令提示符下，直接检索与命令或系统变量有关的信息。例如，欲查询 LINE 命令的帮助信息，可以单击帮助图标，弹出帮助对话框，在"索引"选项卡中输入"LINE"，则 AutoCAD 自动定位到 LINE 命令，并显示 LINE 命令的有关帮助信息，如图 1.41 所示。

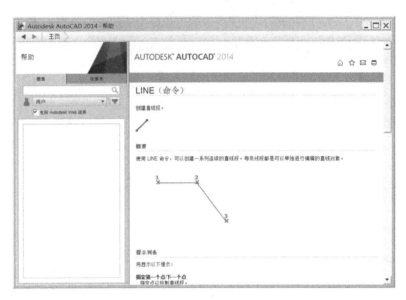

图 1.41 "帮助"信息

思考题 1

一、选择题

1. 默认状态下 AutoCAD 打开的工作空间是（ ）。
   A. 草图与注释　　　　　　　　　B. 三维基础
   C. 三维建模　　　　　　　　　　D. AutoCAD 经典

2. 若欲在不同工作空间之间进行切换，所使用的功能键是（ ）。
   A. F1　　　　　　　　　　　　　B. F2
   C. F5　　　　　　　　　　　　　D. F9

3. "AutoCAD 经典"工作空间下，默认打开的工具栏有（ ）。
   A. "标准"工具栏　　　　　　　　B. "绘图"工具栏
   C. "修改"工具栏　　　　　　　　D. "对象特性"工具栏
   E. "图层"工具栏　　　　　　　　F. "样式"工具栏
   G. 以上全部

4. 对于功能区或工具栏中你不熟悉的图标，了解其命令和功能最简捷的方法是：（ ）。

A．查看用户手册

B．使用在线帮助

C．把光标移动到图标上稍停片刻

5．调用 AutoCAD 命令的方法有：（　　　）。

A．在命令窗口输入命令名　　　B．在命令窗口输入命令缩写字

C．单击下拉菜单中的菜单选项　　D．单击功能区或工具栏中的对应图标

E．以上均可

6．对于 AutoCAD 中的命令选项，可以：（　　　）。

A．在选项提示行键入选项的标识字符

B．单击鼠标右键，在右键快捷菜单中用鼠标选取

C．以上均可

二、填空题

1．默认情况下 AutoCAD 图形文件的扩展名是_____。

2．图 1.42 中椭圆所圈部分分别为"AutoCAD 经典"工作空间下画圆命令的三种常用方式，请在引出的横线上填写对应的具体命令方式。

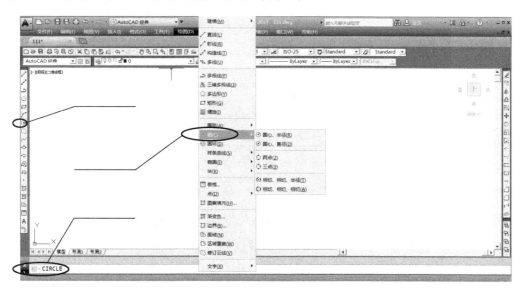

图 1.42　画圆命令的输入

3．在绘图过程中，若想中途结束某一绘图命令，可以随时按____键。

4．若欲重复执行上一命令，可在命令窗口中等待命令的状态下直接按____键。

5．若欲在"图形窗口"显示和"文本窗口"显示之间切换，可以按功能键____。

三、简答题

1．什么是 CAD？采用 CAD 技术有什么意义？

2．什么是计算机绘图？在自己所熟悉的领域中哪些工作可以应用计算机绘图？

3．计算机绘图系统由哪些部分组成？请列出自己所见到过的图形输入和输出设备。

4．在 AutoCAD 下如何输入一个点？如何输入一个距离值？

5．请列出 4 种方法调用 AutoCAD 的画直线命令。

四、分析题

下面文字部分为在 AutoCAD 环境下用直线命令绘制如图 1.43 所示直角梯形而进行的交互过程（加下画线的部分为用户键盘输入，箭头✓表示按回车键），其中用到了点坐标的不同给定方式，请在坐标值后的括号内填写与其对应的图形顶点的字母，并上机验证、实现如图 1.43 所示图形。

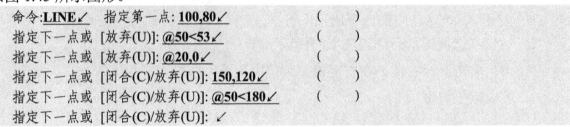

命令:**LINE**✓　指定第一点:**100,80**✓　　　　（　　）
指定下一点或 [放弃(U)]: **@50<53**✓　　　　（　　）
指定下一点或 [放弃(U)]: **@20,0**✓　　　　（　　）
指定下一点或 [闭合(C)/放弃(U)]: **150,120**✓　　　　（　　）
指定下一点或 [闭合(C)/放弃(U)]: **@50<180**✓　　　　（　　）
指定下一点或 [闭合(C)/放弃(U)]: ✓

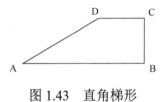

图 1.43　直角梯形

上机实习 1

1．熟悉用户界面：指出"AutoCAD 经典"工作空间下，菜单栏、工具栏、下拉菜单、图形窗口、命令窗口、状态栏的位置、功能，练习对它们的基本操作。

2．进行系统环境配置。

（1）调整"十字光标"尺寸：选择"工具"→"选项"→"显示"选项，在对话框左下角"十字光标大小"选项组左侧文本框中输入或拖动右侧的滚动条输入十字光标的比例数值（如"100"），然后单击"确定"按钮，观看十字光标大小的变化；最后将其恢复为默认值"5"。

（2）显示和移动"工具栏"：右击任一工具栏，在弹出的"工具栏"对话框中，勾选欲显示工具栏（如"视图"）前的复选框，然后单击"确定"按钮，则所选工具栏将以浮动方式显示在图形窗口中，用鼠标左键可将其拖动到其他位置，单击工具栏右上角的关闭按钮可将其关闭。

3．在线帮助：查看画直线（LINE）命令的在线帮助。

4．按照上面思考题第 4 题所述过程上机实现所示操作，绘制出图示直角梯形，并验证个人所做分析的正确性。

5．按照 1.6 节介绍的方法和步骤完成"垫片"图形的绘制。

6．在 AutoCAD 环境下分别以输入直角坐标和输入极坐标的方式用直线命令绘制如图 1.44 所示的带孔线图和六边形。

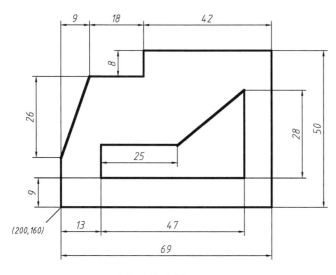

（a）直角坐标

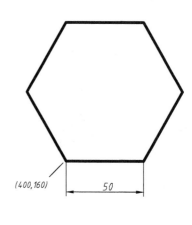

（b）极坐标

图 1.44 带孔线图和六边形

二维绘图命令

1. 掌握 AutoCAD 主要绘图命令的功能及运用方法。
2. 熟悉 AutoCAD 绘图的作业过程。

技能目标

1. 能正确运用 AutoCAD 主要绘制命令及命令选项进行绘图。
2. 能根据图形的结构特点选择合适的 AutoCAD 绘图命令并完成相应上机操作。

任何复杂的图形都是由直线、圆弧等基本的图形所组成的，在 AutoCAD 中绘图也是如此，掌握这些基本图元的绘制方法是学习 AutoCAD 的基础。本章将介绍 AutoCAD 的二维绘图命令，以及完成一个 AutoCAD 作业的过程。

绘图命令汇集在"绘图"菜单中，且在"绘图"工具栏中包括了本章介绍的绘图命令，如图 2.1 所示。

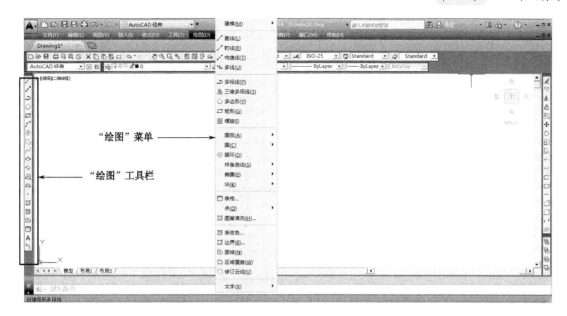

图 2.1　"绘图"菜单与工具栏

2.1　直线

2.1.1　直线段

1．命令

命令名：LINE（缩写名为 L）

菜单：绘图→直线

图标："绘图"工具栏图标

2．功能

绘制直线段、折线段或闭合多边形，其中每一线段均是一个单独的对象。

3．格式

命令：**LINE**

指定第一点：（输入起点）

指定下一点或 [放弃(U)]:　　　　　　（输入直线端点）

指定下一点或 [放弃(U)]:　　　　　（输入下一直线段端点、输入选项"U"放弃或按回车键结束命令）

指定下一点或 [闭合(C)/放弃(U)]:　（输入下一直线段端点、输入选项"C"使直线图形闭合、输入选项"U"放弃或按回车键结束命令）

4．选项

（1）C：从当前点画直线段到起点，形成闭合多边形，结束命令。

（2）U：放弃刚画出的一段直线，回退到上一点，继续画直线。

（3）回车：在命令提示"指定第一点："时，按回车键，指从刚画完的线段开始画直线段，如刚画完的是圆弧段，则新直线段与圆弧段相切。

5．示例

绘制如图 2.2 所示五角星。

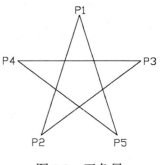

图 2.2　五角星

```
命令：LINE↙
指定第一点：120,120↙                              （用绝对直角坐标指定P1点）
指定下一点或 ［放弃(U)］：@ 80＜252↙              （用对P1点的相对极坐标指定P2点）
指定下一点或 ［放弃(U)］：159.091,90.870↙          （指定P3点）
指定下一点或 ［闭合(C)/放弃(U)］: @80,0↙           （输入了一个错误的P4点坐标）
指定下一点或 ［闭合(C)/放弃(U)］: U↙              （取消对P4点的输入）
指定下一点或 ［闭合(C)/放弃(U)］: @-80,0↙          （重新输入P4点）
指定下一点或 ［闭合(C)/放弃(U)］: 144.721,43.916↙  （指定P5点）
指定下一点或 ［闭合(C)/放弃(U)］: C↙              （封闭五角星并结束画直线命令）
```

2.1.2　构造线

1．命令

命令名：XLINE（缩写名为 XL）
菜单：绘图→构造线
图标："绘图"工具栏图标

2．功能

创建过指定点的双向无限长直线，指定点称为根点，可用中点捕捉拾取该点。这种线模拟手工作图中的辅助作图线，它们用特殊的线型显示，在绘图输出时可不输出。构造线常用于辅助作图。

3．格式及示例

```
命令: XLINE↙
指定点或 ［水平(H)/垂直(V)/角度(A)/二等分(B)/偏移(O)］:（给出根点1）
指定通过点:（给定通过点2，画一条双向无限长直线）
指定通过点:（继续给点，继续画线，如图2.3（a）所示，按回车键结束命令）
```

4．选项说明

（1）水平（H）：给出通过点，画出水平线，如图 2.3（b）所示。

（2）垂直（V）：给出通过点，画出铅垂线，如图 2.3（c）所示。

（3）角度（A）：指定直线 1 和夹角 A 后，给出通过点，画出和 1 具有夹角 A 的参照线，如图 2.3（d）所示。

（4）二等分（B）：指定角顶点 1 和角的一个端点 2 后，指定另一个端点 3，则过 1 点画出∠213 的平分线，如图 2.3（e）所示。

（5）偏移（O）：指定直线 1 后，给出 2 点，则通过 2 点画出 1 直线的平行线，如图 2.3（f）所示，也可以指定偏移距离画平行线。

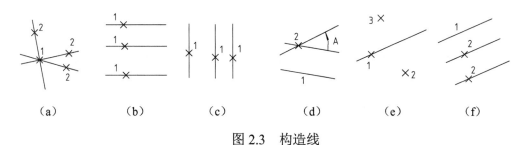

（a）　　　　　（b）　　　　　（c）　　　　　（d）　　　　　（e）　　　　　（f）

图 2.3　构造线

5. 应用

下面为利用构造线进行辅助几何作图的两个例子。

（1）如图 2.4 所示为应用构造线作为辅助线绘制工程图中三视图的绘图示例，构造线的应用保证了 3 个视图之间"主俯视图长对正、主左视图高平齐、俯左视图宽相等"的对应关系。

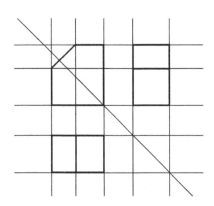

图 2.4　构造线在绘制三视图中的应用

（2）如图 2.5（a）所示为用两条 XLINE 线求出矩形的中心点。

（3）如图 2.5（b）所示为通过求出三角形∠A 和∠B 的两条平分线来确定其内切圆心 1。

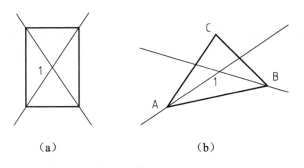

（a）　　　　　　　　　　（b）

图 2.5　构造线在几何作图中的应用

★2.1.3　射线

1．命令

命令名：RAY

菜单：绘图→射线

2．功能

通过指定点，画单向无限长直线，与上述构造线一样，通常作为辅助作图线。

3．格式

命令：**RAY**↙

指定起点：　（给出起点）

指定通过点：（给出通过点，画出射线）

指定通过点：（过起点画出另一射线，按回车键结束命令）

2.1.4　多线

1．命令

命令名：MLINE（缩写名为ML）

菜单：绘图→多线

2．功能

创建多条平行线。

3．格式

命令：**MLINE**↙

当前设置：对正 ＝ 上，比例 ＝20.00，样式 ＝STANDARD

指定起点或 [对正(J)/比例(S)/样式(ST)]：（给出起点或选项）

指定下一点：　　　（指定下一点，后续提示与画直线命令LINE相同）

4．选项说明

（1）样式（ST）：设置多线的绘制样式，多线的样式通过多线样式（MLSTYLE）命令在如图 2.6（a）所示的"多线样式"对话框中定义（可定义的内容包括平行线的数量、线型、间距等）。如图 2.6（b）所示为用多线样式定义的一种 5 元素的多线。

（2）对正（J）：设置多线对正的方式，可从顶端对正、零点对正或底端对正中选择。

（3）比例（S）：设置多线的比例。

如图 2.7 所示建筑平面图中的墙体就是用多线命令绘制的。

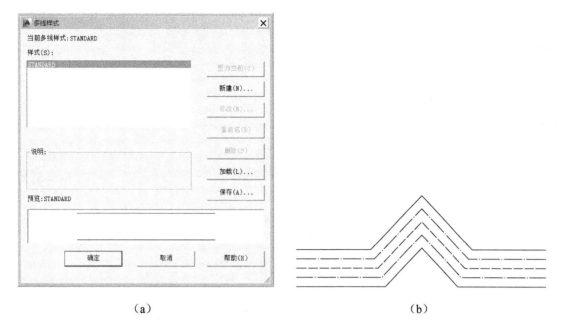

（a）　　　　　　　　　　　　（b）

图 2.6 　"多线样式"对话框及多线示例

图 2.7 　建筑平面图

2.2 圆和圆弧

2.2.1 圆

1. 命令

命令名：CIRCLE（缩写名为 C）

菜单：绘图→圆

图标："绘图"工具栏图标 ⊘

2．功能

画圆。

3．格式

命令：**CIRCLE** ✓
指定圆的圆心或[三点(3P)/两点(2P)/切点、切点、半径(T)]:（给定圆心或选项）
指定圆的半径或[直径(D)]:（给定半径）

4．使用菜单

在下拉菜单"圆"的级联菜单中列出了 6 种画圆的方法，如图 2.8 所示，选择其中之一，即可按该选项说明的顺序与条件画圆。需要说明的是，其中的"相切、相切、相切"画圆方式只能从此下拉菜单中选择，而在工具栏及命令窗口中均无对应的图标和命令。

（1）圆心、半径。

（2）圆心、直径。

（3）两点（按指定直径的两端点画圆）。

（4）三点（给出圆上三点画圆）。

（5）相切、相切、半径（先指定两个相切对象，后给出半径）。

（6）相切、相切、相切（指定三个相切对象）。

5．示例

下面以绘制如图 2.9 所示图形为例说明不同画圆方式的绘图过程。

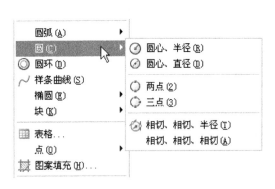

图 2.8　画圆的方法

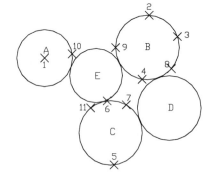

图 2.9　画圆示例

命令：**CIRCLE** ✓
指定圆的圆心或 [三点(3P)/两点(2P)/ 切点、切点、半径(T)]: **150,160** 　（1点）
指定圆的半径或 [直径(D)]: **40** 　（画出A圆）
命令：**CIRCLE** ✓
指定圆的圆心或 [三点(3P)/两点(2P)/ 切点、切点、半径(T)]: **3P** 　（3点画圆方式）
指定圆上的第一点: **300,220** 　（2点）
指定圆上的第二点: **340,190** 　（3点）

指定圆上的第三点: **290,130**　　　（4点）（画出B圆）

命令: **CIRCLE✓**

指定圆的圆心或 [三点(3P)/两点(2P)/ 切点、切点、半径(T)]: **2P**（2点画圆方式）

指定圆直径的第一个端点: **250,10**　　（5点）

指定圆直径的第二个端点: **240,100**　　（6点）（画出C圆）

命令: **CIRCLE✓**

指定圆的圆心或 [三点(3P)/两点(2P)/ 切点、切点、半径(T)]: **T**（相切、相切、半径画圆方式）

在对象上指定一点作圆的第一条切线: 　（在7点附近选中C圆）

在对象上指定一点作圆的第二条切线: 　（在8点附近选中B圆）

指定圆的半径: 　**<45.2769>:45**　（画出D圆）

（选择"绘图→圆→相切、相切、相切"选项）

命令: _circle 指定圆的圆心或 [三点(3P)/两点(2P)/ 切点、切点、半径(T)]: _3p

指定圆上的第一点: _tan 到　　（在9点附近选中B圆）

指定圆上的第二点: _tan 到　　（在10点附近选中A圆）

指定圆上的第三点: _tan 到　　（在11点附近选中C圆）（画出E圆）

2.2.2　圆弧

1．命令

命令名：ARC（缩写名为 A）

菜单：绘图→圆弧

图标："绘图" 工具栏图标

2．功能

画圆弧。

3．格式

命令: **ARC✓**

指定圆弧的起点或 [圆心(C)]: （给定起点）

指定圆弧的第二点或 [圆心(C)/端点(E)]: （给定第二点）

指定圆弧的端点: （给定端点）

4．使用菜单

在下拉菜单"圆弧"的级联菜单中，按给出画圆弧的条件与顺序的不同，列出 11 种画圆弧的方法（如图 2.10 所示），选择其中一种，应按其顺序输入各项数据，现说明如下（如图 2.11 所示）。

图 2.10　画圆弧的方法菜单

（1）三点：给出起点（S）、第二点（2）、端点（E）画圆弧，如图 2.11（a）所示。

（2）起点（S）、圆心（C）、端点（E）：圆弧方向为逆时针，如图 2.11（b）所示。

（3）起点（S）、圆心（C）、角度（A）：圆心角（A）逆时针为正，顺时针为负，以度计量，如图 2.11（c）所示。

（4）起点（S）、圆心（C）、长度（L）：圆弧方向为逆时针，弦长度（L）为正则画出劣弧（小于半圆），弦长度（L）为负则画出优弧（大于半圆），如图 2.11（d）所示。

（5）起点（S）、端点（E）、角度（A）：圆心角（A）逆时针为正，顺时针为负，以度计量，如图 2.11（e）所示。

（6）起点（S）、端点（E）、方向（D）：方向（D）为起点处切线方向，如图 2.11（f）所示。

（7）起点（S）、端点（E）、半径（R）：半径（R）为正对应逆时针画圆弧，为负对应顺时针画圆弧，如图 2.11（g）所示。

（8）圆心（C）、起点（S）、端点（E）：按逆时针画圆弧，如图 2.11（h）所示。

（9）圆心（C）、起点（S）、角度（A）：圆心角（A）逆时针为正，顺时针为负，以度计量，如图 2.11（i）所示。

（10）圆心（C）、起点（S）、长度（L）：圆弧方向为逆时针，弦长度（L）为正则画出劣弧（小于半圆），弦长度（L）为负则画出优弧（大于半圆），如图 2.11（j）所示。

（11）继续：与上一线段相切，继续画圆弧段，仅提供端点即可，如图 2.11（k）所示。

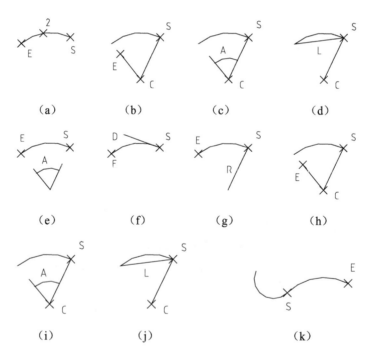

图 2.11　11 种画圆弧的方法

5．示例

下面的例子是绘制由不同方位的圆弧组成的梅花图案，如图 2.12 所示，各段圆弧也使用了不同的参数给定方式。为保证圆弧段间的首尾相接，绘图中使用了"端点捕捉"辅助工具，有关"端点捕捉"等辅助工具的详细介绍可参见第 4 章。

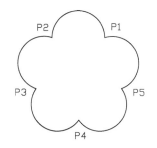

图 2.12 圆弧组成的梅花图案

命令: **ARC**↙
 指定圆弧的起点或 [圆心(C)]: **140,110**↙   （P1点）
 指定圆弧的第二点或 [圆心(C)/端点(E)]: **E**↙
 指定圆弧的端点: **@40<180**↙   （P2点）
 指定圆弧的圆心或 [角度(A)/方向(D)/半径(R)]: **R**↙
 指定圆弧半径: **20**↙
 命令: ↙   （重复执行画圆弧命令）
指定圆弧的起点或 [圆心(C)]: **END**↙
 于   （点取P2点附近的右上圆弧）
 指定圆弧的第二点或 [圆心(C)/端点(E)]: **E**↙
 指定圆弧的端点: **@40<252**↙   （P3点）
 指定圆弧的圆心或 [角度(A)/方向(D)/半径(R)]: **A**↙
 指定包含角: **180**↙
命令: ↙
指定圆弧的起点或 [圆心(C)]: **END**↙
 于   （点取P3点附近的左上圆弧）
 指定圆弧的第二点或 [圆心(C)/端点(E)]: **C**↙
 指定圆弧的圆心: **@20<324**↙
 指定圆弧的端点或 [角度(A)/弦长(L)]: **A**↙
 指定包含角: **180**↙   （画出P3→P4圆弧）
命令: ↙
 指定圆弧的起点或 [圆心(C)]: **END**↙
 于   （点取P4点附近的左下圆弧）
 指定圆弧的第二点或 [圆心(C)/端点(E)]: **C**↙
 指定圆弧的圆心: **@20<36**↙
 指定圆弧的端点或 [角度(A)/弦长(L)]: **L**↙
 指定弦长: **40**   （画出P4→P5圆弧）
命令: ↙
 指定圆弧的起点或 [圆心(C)]: **END**↙
 于   （点取P5点附近的右下圆弧）
 指定圆弧的第二点或 [圆心(C)/端点(E)]: **E**↙
 指定圆弧的端点: **END**↙
 于   （点取P1点附近的上方圆弧）
 指定圆弧的圆心或 [角度(A)/方向(D)/半径(R)]: **D**↙
指定圆弧的起点切向: **@20,20**↙   （画出P5→P1圆弧）

2.3 多段线

1．命令

命令名：PLINE（缩写名为 PL）

菜单：绘图→多段线

图标："绘图"工具栏图标

2．功能

画多段线。它由直线段、圆弧段组成，是一个组合对象。其可以定义线宽，每段起点、端点宽度可变；可用于画粗实线、箭头等。利用编辑（PEDIT）命令还可以将多段线拟合成曲线。

3．格式

命令：**PLINE**↙
指定起点：（给出起点）
当前线宽为 0.0000
指定下一个点或 [圆弧(A)/半宽(H)/长度(L)/放弃(U)/宽度(W)]:（给出下一点或输入选项字母）
指定下一点或 [圆弧(A)/闭合(C)/半宽(H)/长度(L)/放弃(U)/宽度(W)]>:

4．选项

H 或 W：定义线宽。

C：用直线段闭合。

U：放弃一次操作。

L：确定直线段长度。

A：转换成画圆弧段提示。

指定圆弧的端点或 [角度(A)/圆心(CE)/闭合(CL)/方向(D)/半宽(H)/直线(L)/半径(R)/第二个点(S)/放弃(U)/宽度(W)]:

直接给出圆弧端点，则此圆弧段与上一段相切连接；选 A、CE、D、R、S 等均提示给出圆弧段的第二个参数；相应的会提示第三个参数；选择 L 后转换成画直线段提示；按回车键结束命令。

5．示例

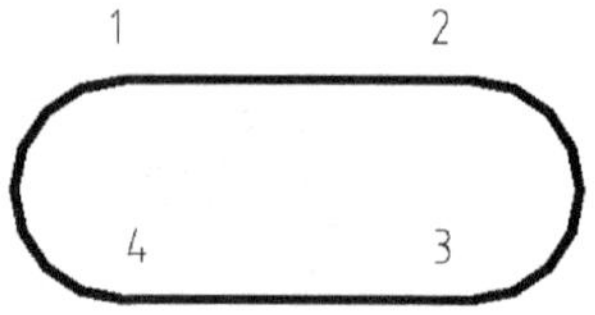

【例 2.1】用多段线绘制如图 2.13 所示线宽为 1 的长圆形图形。

图 2.13　键槽轮廓图形

命令：**PLINE**↙
指定起点：**260,110**↙　　　　　　　　　　　（1点）
当前线宽为 0.0000
指定下一点或 [圆弧(A)/闭合(C)/半宽(H)/长度(L)/放弃(U)/宽度(W)]: **W**↙

指定起始宽度 <0.0000>: **1**↙

指定终止宽度 <1.0000>:↙

指定下一点或 [圆弧(A)/闭合(C)/半宽(H)/长度(L)/放弃(U)/宽度(W)]:**@40,0**↙（2点）

指定下一点或 [圆弧(A)/闭合(C)/半宽(H)/长度(L)/放弃(U)/宽度(W)]:**A**↙（转换成画圆弧段）

指定圆弧的端点或

[角度(A)/圆心(CE)/闭合(CL)/方向(D)/半宽(H)/直线(L)/半径(R)/第二点(S)/放弃(U)/宽度(W)]:

@0,-25↙（3点）

指定圆弧的端点或

[角度(A)/圆心(CE)/闭合(CL)/方向(D)/半宽(H)/直线(L)/半径(R)/第二个点(S)/放弃(U)/宽度(W)]: **L**↙

指定下一点或 [圆弧(A)/闭合(C)/半宽(H)/长度(L)/放弃(U)/宽度(W)]:**@-40,0**↙ （4点）

指定下一点或 [圆弧(A)/闭合(C)/半宽(H)/长度(L)/放弃(U)/宽度(W)]: **A**↙

指定圆弧的端点或[角度(A)/圆心(CE)/闭合(CL)/方向(D)/半宽(H)/直线(L)/半径(R)/第二点(S)/放弃(U)/宽度(W)]: **CL**↙

命令:

【例 2.2】用多段线绘制如图 2.14 所示的二极管符号。

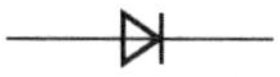

图 2.14 图形符号

命令: **PLINE**↙

指定起点: 10,30↙

当前线宽为 0.0000

指定下一点或 [圆弧(A)/闭合(C)/半宽(H)/长度(L)/放弃(U)/宽度(W)]: **30,30**↙

指定下一点或 [圆弧(A)/闭合(C)/半宽(H)/长度(L)/放弃(U)/宽度(W)]: **W**↙

指定起始宽度 <0.0000>: **10**↙

指定终止宽度 <10.0000>: **0**↙

指定下一点或 [圆弧(A)/闭合(C)/半宽(H)/长度(L)/放弃(U)/宽度(W)]: **40,30**↙

指定下一点或 [圆弧(A)/闭合(C)/半宽(H)/长度(L)/放弃(U)/宽度(W)]: **W**↙

指定起始宽度 <0.0000>: **10**↙

指定终止宽度 <10.0000>:↙

指定下一点或 [圆弧(A)/闭合(C)/半宽(H)/长度(L)/放弃(U)/宽度(W)]: **41,30**↙

指定下一点或 [圆弧(A)/闭合(C)/半宽(H)/长度(L)/放弃(U)/宽度(W)]: **W**↙

指定起始宽度 <10.0000>: **0**↙

指定终止宽度 <0.0000>:↙

指定下一点或 [圆弧(A)/闭合(C)/半宽(H)/长度(L)/放弃(U)/宽度(W)]: **60,30**↙

指定下一点或 [圆弧(A)/闭合(C)/半宽(H)/长度(L)/放弃(U)/宽度(W)]: ↙

命令:

2.4 平面图形

AutoCAD 提供了一组绘制简单平面图形的命令，它们都由多段线创建而成。

2.4.1 矩形

1. 命令

命令名：RECTANG（缩写名为 REC）

菜单：绘图→矩形

图标："绘图"工具栏图标 □

2. 功能

画矩形，底边与 X 轴平行，可带倒角、圆角等。

3. 格式

命令：**RECTANG**↙
指定第一个角点或 [倒角(C)/标高(E)/圆角(F)/厚度(T)/宽度(W)]：（给出角点1）
指定另一个角点或 [尺寸(D)]：（给出角点2，如图2.15（a）所示）

4. 选项

选项 C：用于指定倒角距离，绘制带倒角的矩形，如图 2.15（b）所示。

选项 E：用于指定矩形标高（Z 坐标），即把矩形画在标高为 Z，和 XOY 坐标面平行的平面上，并作为后续矩形的标高值。

选项 F：用于指定圆角半径，绘制带圆角的矩形，如图 2.15（c）所示。

选项 T：用于指定矩形的厚度。

选项 W：用于指定线宽，如图 2.15（d）所示。

选项 D：用于指定矩形的长度和宽度数值。

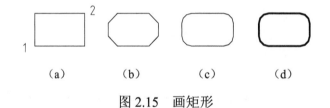

(a)　　　　(b)　　　　(c)　　　　(d)

图 2.15　画矩形

2.4.2　正多边形

1. 命令

命令名：POLYGON（缩写名为 POL）

菜单：绘图→正多边形

图标："绘图"工具栏图标 ⬠

2. 功能

画正多边形，边数 3～1024，初始线宽为 0，可用 PEDIT 命令修改线宽。

3. 格式与示例

命令：**POLYGON**↙
输入侧面数 <4>:**6**↙　　　　　　（给出边数6）

指定正多边形的中心点或 [边(E)]: （给出中心点1）
输入选项 [内接于圆(I)/外切于圆(C)] <I>:↙
　　　　　　（选内接于圆，如图2.16（a）所示，如选外切于圆，如图2.16（b）所示）
指定圆的半径： （给出半径）

4. 说明

选项 E 指提供一个边的起点 1、端点 2，AutoCAD 按逆时针方向创建该正多边形，如图 2.16（c）所示。

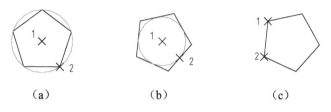

（a）　　　　　　　（b）　　　　　　　（c）

图 2.16　画正多边形

★2.4.3　圆环

1. 命令

命令名：DONUT（缩写名为 DO）
菜单：绘图→圆环

2. 功能

画圆环。

3. 格式

命令: **DONUT**↙
指定圆环的内径 <0.5000>: （输入圆环内径或按回车键）
指定圆环的外径 <1.0000>: （输入圆环外径或按回车键）
指定圆环的中心点或 <退出>: （可连续画，按回车键结束命令，如图2.17（a）所示）

4. 说明

如内径为零，则画出实心填充圆，如图 2.17（b）所示。

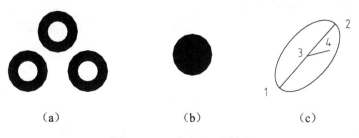

（a）　　　　　　　（b）　　　　　　　（c）

图 2.17　画圆环、椭圆

★2.4.4　椭圆和椭圆弧

1. 命令

命令名：ELLIPSE（缩写名为 EL）

菜单：绘图→椭圆

图标："绘图"工具栏图标 ⬭ ⬭

2. 功能

画椭圆，当系统变量 PELLIPSE 为 1 时，画由多线段拟合成的近似椭圆，当系统变量 PELLIPSE 为 0（默认值）时，创建真正的椭圆，并可画椭圆弧。

3. 格式

命令：**ELLIPSE**✓
指定椭圆的轴端点或 [圆弧(A)/中心点(C)]:　　　　（给出轴端点1，如图2.17（c）所示）
指定轴的另一个端点:　　　　　　　　　　　　　　（给出轴端点2）
指定另一条半轴长度或 [旋转(R)]:　　　　　　　　（给出另一半轴的长度3→4，画出椭圆）

2.5　点类命令

2.5.1　点

1. 命令

命令名：POINT（缩写名为 PO）

菜单：绘图→点→单点或多点

图标："绘图"工具栏图标 ·

2. 格式

命令：**POINT**✓
当前点模式：　PDMODE=0　　PDSIZE=0.0000
指定点：（给出点所在位置）
命令：

3. 说明

（1）单点只输入一个点，多点可输入多个点。

（2）点在图形中的表示样式共有 20 种。可通过 DDPTYPE 命令或选择"格式"→"点样式"选项，通过弹出的"点样式"对话框来设置，如图 2.18 所示。

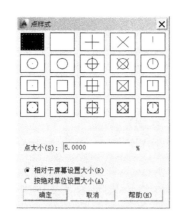

图 2.18 "点样式"对话框

2.5.2 定数等分点

1. 命令

命令名：DIVIDE（缩写名为 DIV）

菜单：绘图→点→定数等分

2. 功能

在指定线（直线、圆、圆弧、椭圆、椭圆弧、多段线和样条曲线）上，按给出的等分段数，设置等分点。

3. 格式

命令：**DIVIDE**✓

选择要定数等分的对象： （指定直线、圆、圆弧、椭圆、椭圆弧、多段线和样条曲线等等分对象）

输入线段数目或 [块(B)]： （输入等分的段数，或选择B选项在等分点插入图块）

4. 说明

（1）等分数为 2～32767。

（2）在等分点处，按当前点样式设置画出等分点。

（3）在等分点处也可以插入指定的块（BLOCK）（关于块的概念及操作见第 7 章）。

（4）如图 2.19（a）所示为在一多段线上设置等分点（分段数为 6）的示例。

（a）   （b）

图 2.19 定数等分点和定距等分点

★2.5.3　定距等分点

1．命令

命令名：MEASURE（缩写名为 ME）
菜单：绘图→点→定距等分

2．功能

在指定线上按给出的分段长度放置点。

3．格式

命令: **MEASURE**✓
选择要定距等分的对象:　　（指定直线、圆、圆弧、椭圆、椭圆弧、多段线和样条曲线等等分对象）
指定线段长度或 [块(B)]:　　（指定距离或输入B）

4．示例

如图 2.19（b）所示为在同一条多段线上的放置点，分段长度为 24，测量起点在直线的左端点处。

2.6　样条曲线

样条曲线广泛应用于曲线、曲面造型领域，AutoCAD 使用 NURBS（非均匀有理 B 样条）来创建样条曲线。

1．命令

命令名：SPLINE（缩写名为 SPL）
菜单：绘图→样条曲线
图标："绘图"工具栏图标

2．功能

创建经过或靠近一组拟合点或由控制框的顶点定义的平滑曲线。

3．格式

命令: **SPLINE**✓
当前设置: 方式=拟合　　节点=弦
指定第一个点或 [方式(M)/节点(K)/对象(O)]:　（输入第1点）
输入下一个点或 [起点切向(T)/公差(L)]:　（输入第2点，这些输入点称为样条曲线的拟合点）
输入下一个点或 [端点相切(T)/公差(L)/放弃(U)]:　（输入第3点）
输入下一个点或 [端点相切(T)/公差(L)/放弃(U)/闭合(C)]:　（输入点或按回车键，结束点输入）

4. 选项说明

方式（M）：控制是使用拟合点（F）还是使用控制点（CV）来创建样条曲线。

节点（K）：指定节点参数化的形式，它是一种计算方法，用来确定样条曲线中连续拟合点之间部分的曲线如何过渡，包括"弦""平方根""统一"3 种。

对象（O）：要求选择一条用 PEDIT 命令创建的样条拟合多段线，把它转换为真正的样条曲线。

起点或端点相切（T）：指定在样条曲线起点或终点的相切条件。

公差（L）：控制样条曲线偏离拟合点的状态，默认值为零，样条曲线严格地经过拟合点。拟合公差越大，曲线对拟合点的偏离越大。利用拟合公差可使样条曲线偏离波动较大的一组拟合点，从而获得较平滑的样条曲线。

如图 2.20（a）所示为输入拟合点 1、2、3、4、5 所生成的样条曲线，如图 2.20（b）所示为输入控制点 1、2、3、4、5 所生成的样条曲线。

如图 2.21 所示为输入拟合点 1、2、3、4、5 所生成的闭合的样条曲线。

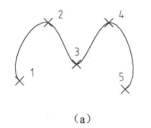
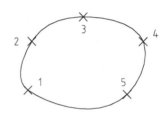

图 2.20　样条曲线和拟合点及控制点　　　图 2.21　闭合样条曲线

2.7　图案填充

AutoCAD 的图案填充（HATCH）功能可用于绘制剖面符号或剖面线，表现表面纹理或涂色。它应用在绘制机械图、建筑图、地质构造图等各类图样中。

2.7.1　概述

1．AutoCAD 提供的图案类型

AutoCAD 提供下列三种图案类型。

（1）"预定义"类型：即用图案文件 ACAD.pat（英制）或 ACADISO.pat（公制）定义的类型。当采用公制时，系统自动调用 ACADISO.pat 文件。每个图案对应有一个图案名，如图 2.22 所示为其部分图案，每个图案实际上由若干组平行线条组成。此外，还提供了一个名为 SOLID（实心）的图案，它是光栅图像格式的填充，如图 2.23（a）所示；如图 2.23（b）所示为在一个封闭曲线内的实心填充。

（2）"用户定义"类型：图案由一组平行线组成，可由用户定义其间隔与倾角，并

可选用由两组平行线互相正交的网格形图案。它是最简单也是最常用的，通常称为 U 类型。

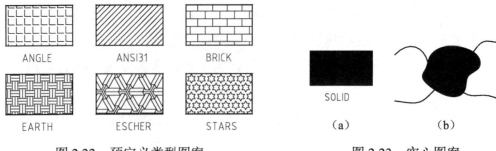

图 2.22　预定义类型图案　　　　　图 2.23　实心图案

（3）"自定义"类型：用户自定义图案数据，并写入自定义图案文件的图案。

2．图案填充区边界的确定与孤岛检测

AutoCAD 规定只能在封闭边界内填充，封闭边界可以是圆、椭圆、闭合的多段线、样条曲线等。

如图 2.24（a）所示，其左右边界不封闭，因此不能直接进行填充。出现在填充区内的封闭边界称为孤岛，它包括字符串的外框等，如图 2.24（b）所示。AutoCAD 通过孤岛检测可以自动查找，并且在默认情况下，对孤岛不填充。

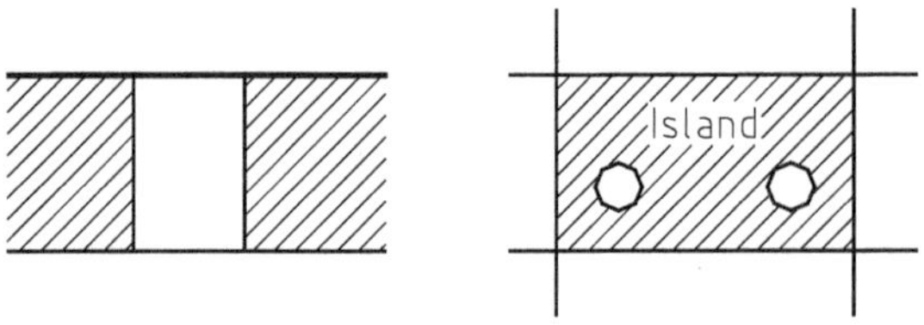

图 2.24　填充区边界和孤岛

确定图案填充区的边界有两种方法：指定封闭区域内的一点或指定围成封闭区域的图形对象。

3．图案填充的边界样式

AutoCAD 提供三种填充样式，供用户选用。

（1）普通样式：对于孤岛内的孤岛，AutoCAD 采用隔层填充的方法，如图 2.25（a）所示。这是默认设置的样式。

（2）外部样式：只对最外层进行填充，如图 2.25（b）所示。

（3）忽略样式：忽略孤岛，全部填充，如图 2.25（c）所示。

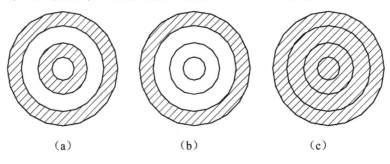

（a）　　　　　　（b）　　　　　　（c）

图 2.25　图案填充样式

4．图案填充的关联性

在默认设置情况下，图案填充对象和填充边界对象是关联的，这使得对绘制完成的图案进行填充，可以使用各种编辑命令修改填充边界，图案填充区域也随之做关联改变，十分方便。

2.7.2　图案填充

1．命令

命令名：BHATCH（缩写名为 H、BH；命令名-HATCH 用于命令窗口）
菜单：绘图→图案填充
图标："绘图"工具栏图标 ⊞

2．功能

用对话框操作，实施图案填充，包括以下几类。
（1）选择图案类型，调整有关参数。
（2）选定填充区域，自动生成填充边界。
（3）选择填充样式。
（4）控制关联性。
（5）预视填充结果。

3．对话框及其操作说明

启动图案填充命令后，弹出如图 2.26 所示的"图案填充和渐变色"对话框。其包含"图案填充""渐变色"两个选项卡，默认打开的是"图案填充"选项卡，其主要选项及操作说明如下。

- "类型"：用于选择图案类型，可选项有预定义、用户定义和自定义。
- "图案"：显示当前填充图案名，单击其后的"..."按钮将弹出"填充图案选项板"对话框，显示 ACAD.pat 或 ACADISO.pat 图案文件中各图案的图像块菜单，如图 2.27 所示，供用户选择装入某种预定义的图案。

当选用"用户定义（U）"类型的图案时，可用"间距"项控制平行线的间隔，用"角度"项控制平行线的倾角，并用"双向"项控制是否生成网格形图案。

- "样例"：显示当前填充图案。
- "角度"：填充图案与水平方向的倾斜角度。
- "比例"：填充图案的比例。
- "图案填充原点"：控制填充图案生成的起始位置。某些图案填充（如砖块图案）需要与图案填充边界上的一点对齐。在剖视图中采用"剖中剖"时，可通过改变图案填充原点的方法使剖面线错开。默认情况下，所有图案填充原点都对应于当前的 UCS 原点。

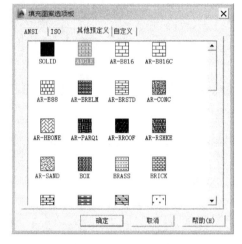

图 2.26　"图案填充和渐变色"对话框　　　　图 2.27　选用预制类图案的图标菜单

- "添加:拾取点"：提示用户在图案填充边界内任选一点，系统按一定方式自动搜索，从而生成封闭边界，提示如下。

拾取内部点或 [选择对象(S)/删除边界(B)]：（拾取一内点）
选择内部点：（按回车键结束选择或继续拾取另一区域内点，或按U键取消上一次选择）

如图 2.28（a）所示为拾取一内点，如图 2.28（b）所示为显示自动生成的临时封闭边界（包括检测到的孤岛），如图 2.28（c）所示为填充的结果。

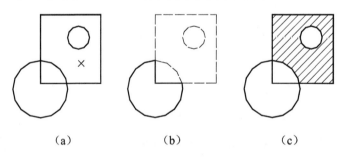

（a）　　　　　　　　（b）　　　　　　　　（c）

图 2.28　填充边界的自动生成

- "添加：选择对象"：用选对象的方法确定填充边界。
- "预览"：预览填充结果，以便于及时调整修改。
- "继承特性"：在图案填充时，通过继承选项，可选择图上一个已有的图案填充来继承它的图案类型和有关的特性设置。
- "选项"选项组：规定了图案填充的两个性质。

　"关联"：默认设置为生成关联图案填充，即图案填充区域与填充边界是关联的。
　"创建独立的图案填充"：默认设置为"关闭"，即图案填充作为一个对象（块）处理；如把其设置为"开"，则图案填充分解为一条条直线，并丧失关联性。

- "确定"：按所做的选择绘制图案填充。

填充图案按当前设置的颜色和线型绘制。

"渐变色"选项卡如图 2.29 所示，通过它可以以单色浓淡过渡或双色渐变过渡对指定区域进行渐变颜色填充。如图 2.30 所示为用"渐变色"填充的五角星示例。

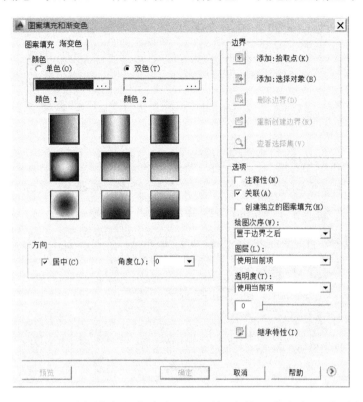

图 2.29　"图案填充和渐变色"对话框中的"渐变色"选项卡

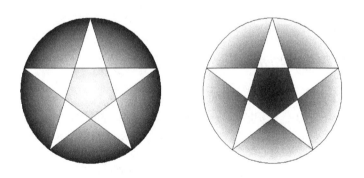

图 2.30　"渐变色"填充示例

4. 操作过程

图案填充的操作过程如下。

（1）设置用于图案填充的图层为当前层。

（2）启动 HATCH 功能，弹出"图案填充和渐变色"对话框。

（3）确认或修改"选项"组中"关联"及"不关联"间的设置。

（4）选择图案填充类型，并根据所选类型设置图案特性参数，也可选择"继承特性"选项，继承已画的某个图案填充对象。

（5）通过"拾取点"或"拾取对象"的方式定义图案填充边界。

（6）必要时，可"预览"图案填充效果；若不满意，可返回调整相关参数。

（7）单击"确定"按钮，绘制图案填充。

（8）由于图案填充的关联性，为了便于事后的图案填充编辑，在一次图案填充命令中，最好只选一个或一组相关的图案填充区域。

5．应用

【例 2.3】完成如图 2.31（a）所示的机械图"剖中剖"图案填充。

操作步骤如下。

（1）关闭画中心线的图层，并选图案填充层为当前层。

（2）启动图案填充功能，图案填充"类型"选择"预定义"，"图案"选择"ANSI31"，"角度"选择"0"，"间距"项选择"4"（毫米）。

（3）在填充"边界"框中，选择"添加：拾取点"选项，如图 2.31（b）所示，在 1 处拾取两个内点，再返回对话框。

（4）预览并应用，完成 A-A 的剖面线（表示金属材料）。

（5）为使 B-B 的剖面线和 A-A 特性相同而剖面线错开，可将"图案填充原点"改为"指定的原点"，单击"单击以设置新原点"按钮，在 B-B 区域指定与 A-A 剖面线错开的一点。

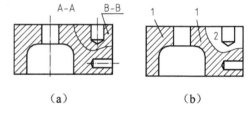

（a）　　　　　（b）

图 2.31　错开的剖面线

（6）重复图案填充命令，图案填充类型、特性的设置同上。

（7）填充边界通过内点 2 指定。

（8）预览并应用，完成 B-B 的剖面线。

（9）打开画中心线的图层，完成结果如图 2.31（a）所示。

【例 2.4】由图 2.32（a）完成图 2.32（b）螺纹孔的剖视图。

对于螺纹孔，遵照国标规定，剖面线要画到螺纹小径处。另外，如图 2.32（a）所示的剖面线部分边界不封闭，为此可按如下操作步骤进行。

（1）关闭画中心线 1 的图层及画螺纹大径 2 的图层，并在辅助作图层上画封闭线 3，如图 2.32（b）所示。也可先用"添加：选择对象"方式选中全部图形对象，然后单击"删除边界"按钮，把中心线 1 和大径 2 等排除在构造选择集之外。

（2）设置图案填充层为当前层，启动 HATCH 功能。

（3）图案填充"类型"选择"预定义"，"图案"选择"ANSI31"，"角度"选择"90"，"间距"项选择"4"（毫米）。

（4）在填充"边界"框中，选择"添加：拾取点"选项，如图 2.32（b）所示，在 4 处拾取一个内点，再返回到对话框。

（5）预览并应用，画剖面线。

（6）打开画中心线 1 及画螺纹大径 2 的图层，关闭或删除辅助作图层，完成结果
如图 2.32（a）所示。

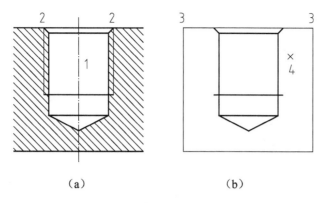

图 2.32　螺纹孔的剖面线

★2.8　创建表格

表格是在行和列中包含数据的对象。创建表格对象时，首先创建一个空表格，然后在
表格的单元中添加内容。表格创建完成后，用户可以单击该表格上的任意网格线以选中该
表格，进行表格内容的填写。在 AutoCAD 2014 中，也可以从 Microsoft Excel 中直接复制
表格，并将其作为 AutoCAD 表格对象粘贴到图形中，还可以从外部直接导入表格对象。
此外，也可以输出来自 AutoCAD 的表格数据，以供在 Microsoft Excel 或其他应用程序中
使用。

1．命令

命令名：TABLE（命令名：-TABLE，用于命令窗口）
菜单：绘图→表格
图标："绘图"工具栏图标 ▦

2．功能

在图形中按指定格式创建空白表格对象。

3．对话框及其说明

TABLE 命令启动以后，弹出"插入表格"对话框，如图 2.33 所示。其主要选项说明
如下。

表格样式：指定表格样式。默认样式为 Standard。

插入选项：指定插入表格的方式。可以从空表格、自数据链接或自图形中的对象数据
（数据提取）开始创建新表格。

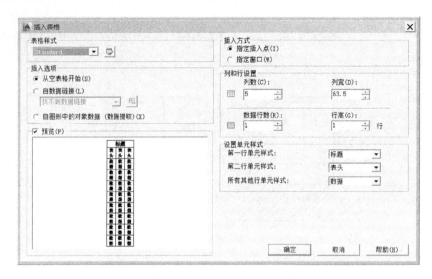

图 2.33　"插入表格"对话框

预览：显示当前表格样式的样例。

插入方式：指定插入表格的方式和位置。当选择"指定插入点"时，可以使用定点设置，也可以在命令窗口中输入坐标值，以确定表格的左上角点。如果表格样式将表格的方向设置为由下而上读取，则插入点位于表格的左下角。当选择"指定窗口"时，可以使用定点设置，也可以在命令窗口中输入坐标值。选中此单选按钮时，行数、列数、列宽和行高取决于窗口的大小以及列和行设置。

列和行设置：设置列和行的数目和大小。

设置单元样式：对于那些不包含起始表格的表格样式，指定新表格中行的单元格式。

4．设置表格样式

若"插入表格"对话框中"预览"部分显示的表格样式不符合用户需要，可修改或重新设置表格的样式。具体方法如下：在"插入表格"对话框中单击"表格样式"列表框右边的"表格样式"按钮，弹出如图 2.34 所示的"表格样式"对话框。单击对话框右侧的"修改"按钮，弹出如图 2.35 所示的修改表格样式对话框，从中可对表格的形式、大小及数据来源等相关参数进行重新设置或修改。新建表格样式的操作与此基本相同。

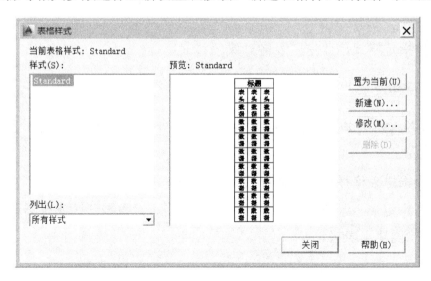

图 2.34　"表格样式"对话框

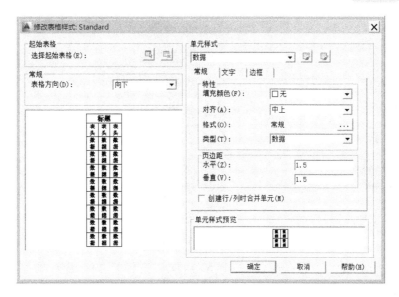

图 2.35 "修改表格样式"对话框

2.9 AutoCAD 绘图的一般过程

前面各节介绍了绘制二维图形的基本命令和方法，各个命令在使用的过程中还有很多技巧，需要用户在不断地绘图实践中领会。对于复杂图形，绘图命令与下一章介绍的编辑命令结合使用会更好。有些命令如徒手线（SKETCH）、实体图形（SOLID）、轨迹线（TRACK）、修订云线（REVCLOUD）等一般较少使用，本书未做介绍，感兴趣的读者可参阅 AutoCAD 的在线帮助文档。

完成一个 AutoCAD 作业，需要综合应用各类 AutoCAD 命令，现简述如下，在后面的章节中将继续对用到的各类命令做详细介绍。

（1）利用设置类命令，设置绘图环境，如单位、捕捉、栅格等（详见第 4 章）。

（2）利用绘图类命令，绘制图形对象。

（3）利用修改类命令，编辑与修改图形，如用删除（Erase）命令擦去已画的图形，用放弃（U）命令取消上一次命令的操作等（详见第 3 章）。

（4）利用视图类命令及时调整屏幕显示，如利用缩放（Zoom）命令和平移（Pan）命令等（详见第 4 章）。

（5）利用文件类命令创建、保存或打印图形。

思考题 2

一、连线题

请将下面左侧所列绘图命令与右侧命令功能用连线连起来。

（1）XLINE		（a）直线段	
（2）RAY		（b）构造线	
（3）MLINE		（c）射线	
（4）LINE		（d）多线	
（5）PLINE		（e）圆	
（6）DONUT		（f）圆弧	
（7）POINT		（g）多段线	
（8）CIRCLE		（h）矩形	
（9）ARC		（i）正多边形	
（10）RECTANG		（j）圆环	
（11）ELLIPSE		（k）椭圆	
（12）POLYGON		（l）点	
（13）TABLE		（m）定数等分点	
（14）DIVIDE		（n）定距等分点	
（15）HATCH		（o）样条曲线	
（16）MEASURE		（p）图案填充	
（17）SPLINE		（q）创建表格	

二、选择题

1. 下列画圆方式中，有一种只能从"绘图"下拉菜单中选择，它是（　　　）。

　　A. 圆心、半径　　　　　　　　B. 圆心、直径

　　C. 2点　　　　　　　　　　　　D. 3点

　　E. 相切、相切、半径　　　　　F. 相切、相切、相切

2. 下列有两个命令常用于绘制作图辅助线，它们是（　　　）。

　　A. CIRCLE　　　　　　　　　　B. LINE

　　C. RAY　　　　　　　　　　　　D. XLINE

　　E. MLINE

3. 下列画圆弧方式中，无效的方式是（　　　）。

　　A. 起点、圆心、终点　　　　　B. 起点、圆心、方向

　　C. 圆心、起点、长度　　　　　D. 起点、终点、半径

4. 进行图案填充的步骤有（　　　）。

　　A. 选择填充图案　　　　　　　B. 指定跳虫区域

　　C. 预览填充效果　　　　　　　D. 调整"比例""角度"等参数

　　E. "确定"填充　　　　　　　　F. 以上全部

三、填空题

1. 分析如图 2.36 所示机械图形的组成，在横线上填写出绘制箭头所指图形元素所用

的 AutoCAD 绘图命令。

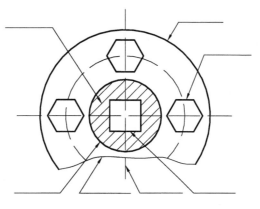

图 2.36　机械图形

2．使用多段线（PLINE）命令绘制的折线段和用直线（LINE）命令绘制的折线段_____（完全、不）等效。前者是____个图形对象，后者是____个图形对象。

四、简答题

1．分析绘制如图 2.37 所示图形需用到的绘图命令。

2．简述为指定区域填充剖面线的方法和步骤。如何实现如图 2.38 所示螺栓连接装配图绘制中相邻零件剖面线倾斜方向相反或间隔不等的图案填充？

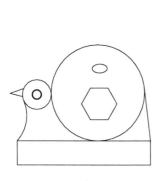

图 2.37　鸟状图形

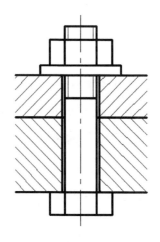

图 2.38　螺栓连接装配图

上机实习 2

1．上机验证例 2.1、例 2.2 和例 2.3。

2．根据所做分析上机绘制如图 2.36 所示图形（示意性绘出即可，线型、尺寸和准确位置不做要求）。

3．上机绘制如图 2.37 所示图形。

◁)) **提示**

左边小圆用 CIRCLE 命令的圆心、半径方式绘制，圆内圆环用 DOUNT 命令绘制，下面的矩形用 RECTANGLE 命令绘制，右边的大圆用 CIRCLE 命令的相切、相切、半径方式绘制，大圆内的椭圆和正六边形分别用 ELLESHE 和 POLIGON 命令绘制，左边的圆弧用 ARC 命令的起点、终点、半径方式绘制，左上折线用 LINE 命令绘制。用鼠标绘图即可，尺寸不做要求。

4．用本章所学命令绘制如图 2.39 所示的雨伞图形。（没有严格的尺寸要求，不必考虑准确形状、尺寸或位置，但请尽量与给定的图形相近。下同）

图 2.39　雨伞　　　　　　　　　　图 2.40　花枝

◁)) **提示**

用圆弧（ARC）命令画伞的外框；用样条曲线（SPLINE）命令画伞的底边；用圆弧（ARC）命令画伞面龙骨；用多段线（PLINE）命令画伞把和伞顶，设置线宽为 3.0；将所绘图形以"雨伞.dwg"为文件名存盘。

5．绘制如图 2.40 所示的花枝。

◁)) **提示**

用圆弧（ARC）命令画花瓣，可参考或引用图 2.12；用圆（CIRCLE）命令画花芯；用多段线（PLINE）命令画花茎和叶子，花茎的线宽设置为起始、终止线宽均为0.7；叶子的线宽设置为起始线宽 5.0，终止线宽为 0.7；将所绘图形以"花枝.dwg"为文件名存盘。

6．根据图中所标尺寸绘制如图 2.41 所示的零件图形。（只绘制图形，不标注尺寸。）

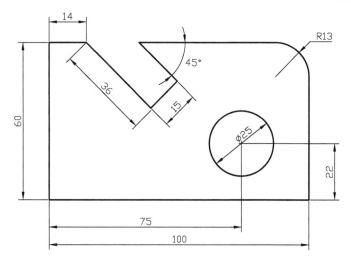

图 2.41　零件图形

🔊 提示

　　用多段线（PLINE）命令画外框；用圆（CIRCLE）命令画圆；将所绘图形以"平面图形.dwg"为文件名存盘。

　　7．用矩形命令和直线命令绘制出如图 2.42 所示的左图，再用图案填充命令在左图的基础上绘制出右图。

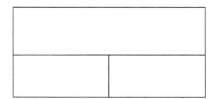　　　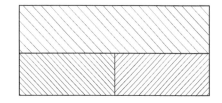

图 2.42　剖面线

🔊 提示

　　用多段线（PLINE）命令画外框；用圆（CIRCLE）命令画圆；将所绘图形以"平面图形.dwg"为文件名存盘。

　　8．绘制如图 2.43 所示的"田间小房"，并为前墙、房顶及窗户赋以不同的填充图案。

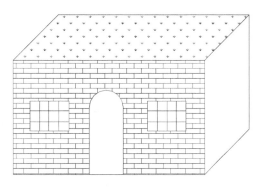

图 2.43　田间小房

提示

在绘制"田间小房"时，前墙填以"预定义"墙砖（AR-BRSTD）图案，房顶填以"预定义"草地（GRASS）图案；窗户的窗棂使用"用户定义"（0 度，双向）图案在窗户区域内填充生成。

9．使用样条曲线命令设计工程或趣味图形并上机绘制。

在绘制"田间小房"时，前墙填以"预定义"墙砖（AR-BRSTD）图案，房顶填以"预定义"草地（GRASS）图案；窗户的窗棂使用"用户定义"（0 度，双向）图案在窗户区域内填充生成。

第 3 章

二维图形编辑

知识目标

1. 掌握 AutoCAD 主要修改命令的功能及运用方法。
2. 熟悉根据图形特点选择合适绘图命令和修改命令的基本思想。

技能目标

1. 能正确运用 AutoCAD 主要修改命令及命令选项进行图形编辑和修改。
2. 能根据图形的结构特点选择合适的 AutoCAD 修改命令并完成相应上机操作。
3. 能综合运用绘图命令和修改命令进行简单图形的绘制。

　　图形编辑是指对已有图形对象进行移动、旋转、缩放、复制、删除及其他修改操作。它可以帮助用户合理构造与组织图形，保证作图的准确度，减少重复的绘图操作，从而提高设计与绘图效率。本章将介绍有关图形编辑的菜单、工具栏及二维图形编辑命令。

　　图形编辑命令集中在"修改"下拉菜单中，有关图标集中在"修改"工具栏中；有关修改多段线、多线、样条曲线、图案填充等命令的图标集中在"修改 II"工具栏中。其菜单和工具栏如图 3.1 所示。

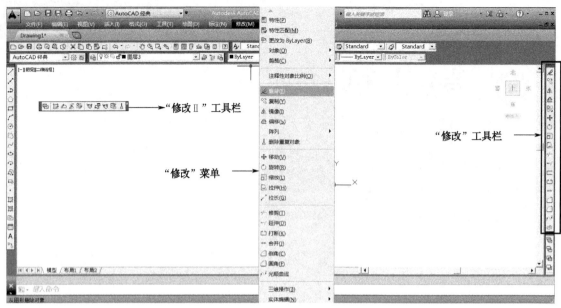

图 3.1 "修改"菜单和"修改"工具栏

3.1 构造选择集

编辑命令一般分以下两步进行。

（1）在已有的图形中选择编辑对象，即构造选择集。

（2）对选择集实施编辑操作。

1．构造选择集的操作

输入编辑命令后出现如下提示：

　　选择对象：

即开始了构造选择集的过程，在选择过程中，选择的对象醒目显示（即改用虚线显示），表示已加入选择集。AutoCAD 提供了多种选择对象及操作的方法，现列举如下。

（1）直接拾取对象：拾取到的对象醒目显示。

（2）M：可以多次直接拾取对象，该过程按回车键结束，此时所有拾取到的对象醒目显示。

（3）L：选择最后画出的对象，将自动醒目显示。

（4）ALL：选择图中的全部对象（在冻结或加锁图层中的除外）。

（5）W：窗口方式，选择全部位于窗口内的所有对象。

（6）C：窗交方式，即除选择全部位于窗口内的所有对象外，还包括与窗口四条边界相交的所有对象。

（7）BOX：窗口或窗交方式，当拾取窗口的第一角点后，如用户选择的另一角点在第一角点的右侧，则按窗口方式选择对象；如在左侧，则按窗交方式选对象。

（8）WP：圈围方式，即构造一个任意的封闭多边形，在圈内的所有对象被选中。

（9）CP：圈交方式，即圈内及和多边形边界相交的所有对象均被选中。

（10）F：栏选方式，即画一条多段折线，像一个栅栏，与多段折线各边相交的所有对象被选中。

（11）P：选择上一次生成的选择集。

（12）SI：选中一个对象后，自动进入后续编辑操作。

（13）AU：自动开窗口方式，当用光标拾取一点，并未拾取到对象时，系统自动把该点作为开窗口的第一角点，并按 BOX 方式选用窗口或窗交。

（14）R：把构造选择集的加入模式转换为从已选中的对象中移出对象的删除模式，其提示转化为

　　删除对象：

在该提示下，亦可使用直接拾取对象、开窗口等多种选取对象方式。

（15）A：把删除模式转化为加入模式，其提示恢复为

　　选择对象：

（16）U：放弃前一次选择操作。

（17）回车：在"选择对象："或"删除对象："提示下，按回车键响应，就完成构造选择集的过程，可对该选择集进行后续的编辑操作。

2．示例

在当前屏幕上已绘有如图 3.2 所示的两段圆弧和两条直线，现欲对其中的部分图形进行删除操作，则首先应指定要删除的图形对象，即构造选择集，然后才能对选中的部分执行删除操作。

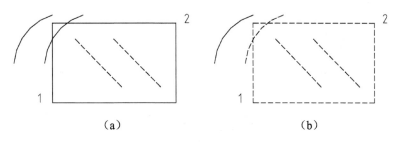

（a）　　　　　　　　　　　　　　　（b）

图 3.2　窗口方式和窗交方式

命令: **ERASE**✓	（删除图形命令）
选择对象: **W**✓	（选择窗口方式）
指定第一个角点:	（单击1点）
指定对角点:	（单击2点）
找到2个	（选中部分变虚显示，如图3.2（a）所示）
选择对象: ✓	（按回车键，结束选择过程，删除选定的直线）

在上面构造选择集的操作中，如选择窗交方式 C，则还有一条圆弧和窗口边界相交，如图 3.2（b）所示，也会被删除。

3．说明

（1）在"选择对象"提示下，如果输入错误信息，则系统出现下列提示：

　　需要点或
　　窗口(W)/上一个(L)/窗交(C)/框(BOX)/全部(ALL)/栏选(F)/圈围(WP)/圈交(CP)/ 编组(G)/添加

(A)/删除(R)/多个(M)/上一个(P)/放弃(U)/自动(AU)/单个(SI) /子对象/对象

　　选择对象：

　　系统用列出所有选择对象方式的信息来引导用户正确操作。

　　（2）AutoCAD 允许用名词/动词方式进行编辑操作，即可以先用拾取对象、开窗口等方式构造选择集，再启用某一编辑命令。

　　（3）有关选择对象操作的设置，可由"对象选择设置"（Ddselect）命令控制。

　　（4）AutoCAD 提供了一个专用于构造选择集的命令："选择"（SELECT）。

　　（5）AutoCAD 提供了对象编组（GROUP）命令来构造和处理命名的选择集。

　　（6）AutoCAD 提供了"对象选择过滤器"（FILTER）命令来指定对象过滤的条件，用于创造合适的选择集。

　　（7）对于重合的对象，在选择对象时同时按 Ctrl 键，则进入循环选择，可以决定所选的对象。

　　选择集模式的控制集中于"选项"对话框"选择集"选项卡中的"选择集模式"选项组内，如图 3.3 所示。用户可按自己的需要设置构造选择集的模式。弹出"选项"对话框的方法如下：选择"工具"→"选项"选项，再选择"选择集"选项卡。

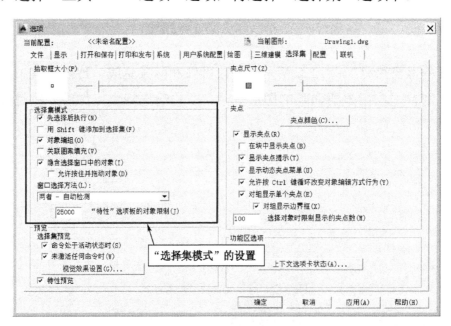

图 3.3　"选择集模式"设置

3.2　删除和恢复

3.2.1　删除

1．命令

命令：ERASE（缩写名为 E）

菜单：修改→删除

图标："修改"工具栏图标 ▨

2. 格式

命令：**ERASE**↙

选择对象：（选择对象，如图3.2所示）

选择对象：↙（按回车键，删除所选对象）

3.2.2 恢复

1. 命令

命令：OOPS

2. 功能

恢复上一次用 ERASE 命令所删除的对象。

3. 说明

（1）OOPS 命令只对上一次 ERASE 命令有效，如使用 ERASE >LINE >ARC >LAYER 操作后，使用 OOPS 命令，则恢复 ERASE 命令删除的对象，而不影响 LINE、ARC、LAYER 命令操作的结果。

（2）本命令也常用于 BLOCK（块）命令之后，用于恢复建块后所消失的图形。

3.3 复制和镜像

3.3.1 复制

1. 命令

命令：COPY（缩写名为 CO、CP）

菜单：修改→复制

图标："修改"工具栏图标 ▨

2. 功能

复制选定对象，可做多重复制。

3. 格式及示例

命令：**COPY**↙

选择对象：（构造选择集，如图3.4所示，选择一个圆）
找到 1 个
　　选择对象：↙　　　　　　　　　　　　　　（按回车键，结束选择）
　　指定基点或位移，或者 [重复(M)]:　　　　　（定基点A）
　　指定位移的第二点或 <用第一点作位移>:　　（位移点B，该圆按矢量 $\overline{AB}$ 复制到新位置）
　　指定位移的第二点或 <用第一点作位移>:↙　（按回车键，结束复制命令）
　　　　（若此处不回车而继续指定点，则可进行多重复制：）
　　指定位移的第二点或 <用第一点作位移>:（B点）
　　指定位移的第二点或 <用第一点作位移>:（C点）
　　指定位移的第二点或 <用第一点作位移>:（按回车键）
　　　（所选圆按矢量 $\overline{AB}$、$\overline{AC}$ 复制到两个新位置，如图3.5所示）

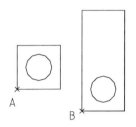　　　　　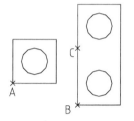

图 3.4　复制对象　　　　　　　图 3.5　多重复制对象

4．说明

（1）在单个复制时，如对提示"位移第二点："按回车键响应，则系统认为 A 点是位移点，基点为坐标系原点 O（0,0,0），即按矢量 $\overline{OA}$ 复制。

（2）基点与位移点可用光标定位，或坐标值定位，也可利用对象捕捉来准确定位。

3.3.2　镜像

1．命令

命令：MIRROR（缩写名为 MI）
菜单：修改→镜像
图标："修改"工具栏图标

2．功能

用轴对称方式对指定对象做镜像，该轴称为镜像线，镜像时可删除原图形，也可以保留原图形（镜像复制）。

3．格式及示例

在图 3.6 中欲将图（a）和 ABC 字符相对 AB 直线镜像出图（b）和字符，则操作过程如下。

图 3.6　文本完全镜像

命令:**MIRROR**↙
选择对象：（构造选择集，在图3.6中选择图（a）和ABC字符）
选择对象：↙（按回车键，结束选择）

指定镜像线的第一点：（指定镜像线上的一点，如A点）

指定镜像线的第二点：（指定镜像线上的另一点，如B点）

要删除源对象吗？ [是(Y)/否(N)] <N>:↙（按回车键，不删除原图形）

4．说明

在镜像时，镜像线是一条临时的参照线，镜像后并不保留。

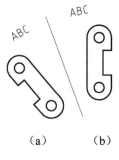

图 3.7　文本可读镜像

在图 3.6 中，文本做了完全镜像，镜像后文本变为反写和倒排，使文本不便阅读。如在调用镜像命令前，把系统变量 MIRRTEXT 的值设置为 0（off），则镜像时对文本只做文本框的镜像，而文本仍然可读，此时的镜像结果如图 3.7 所示。

3.4　阵列和偏移

3.4.1　矩形阵列

1．命令

命令：ARRAYRECT

菜单：修改→阵列→ 矩形阵列

图标：“修改”工具栏图标 ▦

2．功能

对选定对象做矩形阵列式复制。

矩形阵列的含义如图 3.8 所示，是指将所选定的图形对象（如图 3.8 中的 1）按指定的行数、列数复制为多个。

3．格式及示例

命令: **ARRAYRECT**↙

选择对象：（选择图3.8中最左边1处的扶手椅）

找到 1 个

选择对象：↙

类型 ＝ 矩形　关联 ＝ 是

选择夹点以编辑阵列或 [关联(AS)/基点(B)/计数(COU)/间距(S)/列数(COL)/行数(R)/层数(L)/退出(X)] <退出>: **R**↙

输入行数数或 [表达式(E)] <3>: **2**↙

指定 行数 之间的距离或 [总计(T)/表达式(E)] <377.8634>: （输入行间距数值）

指定 行数 之间的标高增量或 [表达式(E)] <0>:↙

选择夹点以编辑阵列或 [关联(AS)/基点(B)/计数(COU)/间距(S)/列数(COL)/行数(R)/层数(L)/退出(X)] <退出>: COL↙

输入列数数或 [表达式(E)] <4>: 4

指定 列数 之间的距离或 [总计(T)/表达式(E)] <769.582>: （输入列间距数值）

选择夹点以编辑阵列或 [关联(AS)/基点(B)/计数(COU)/间距(S)/列数(COL)/行数(R)/层数(L)/退出(X)] <退出>:

如图 3.9 所示为矩形阵列，这是对 A 三角形进行两行、三列矩形阵列的结果。

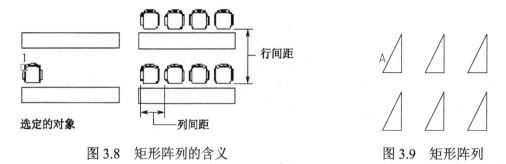

图 3.8　矩形阵列的含义　　　　　　图 3.9　矩形阵列

3.4.2　环形阵列

1．命令

命令：ARRAYPOLAR

菜单：修改→阵列

图标："修改"工具栏图标 ⊞

2．功能

对选定对象做环形阵列式复制。

环形阵列的含义如图 3.10 所示，是指将所选定的图形对象（如图 3.10 中的 1）绕指定的中心点（如图 3.10 中的 2）旋转复制为多个。

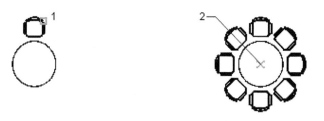

图 3.10　环形阵列的含义

3．格式及示例

命令: **ARRAYPOLAR**✓
选择对象：（选择图3.10中的扶手椅1）
找到 1 个
选择对象: ✓
类型 = 极轴　关联 = 是
指定阵列的中心点或 [基点(B)/旋转轴(A)]：（捕捉圆桌的中心点2）
选择夹点以编辑阵列或 [关联(AS)/基点(B)/项目(I)/项目间角度(A)/填充角度(F)/行(ROW)/层(L)/旋转项目(ROT)/退出(X)] <退出>: **F**✓（指定阵列的角度范围）
指定填充角度(+=逆时针、-=顺时针)或 [表达式(EX)] <360>:✓
选择夹点以编辑阵列或 [关联(AS)/基点(B)/项目(I)/项目间角度(A)/填充角度(F)/行(ROW)/层

(L)/旋转项目(ROT)/退出(X)] <退出>: **B**↙
  指定基点或 [关键点(K)] <质心>: （捕捉扶手椅的中心点）
  选择夹点以编辑阵列或 [关联(AS)/基点(B)/项目(I)/项目间角度(A)/填充角度(F)/行(ROW)/层
(L)/旋转项目(ROT)/退出(X)] <退出>: **ROT**↙
  是否旋转阵列项目？[是(Y)/否(N)] <是>: **Y**↙ （阵列时旋转的项目）
  选择夹点以编辑阵列或 [关联(AS)/基点(B)/项目(I)/项目间角度(A)/填充角度(F)/行(ROW)/层
(L)/旋转项目(ROT)/退出(X)] <退出>:↙

结果如图 3.10 所示。

如图 3.11 所示做环形阵列的同时旋转原图，这是对 A 三角形进行 180°环形阵列的结果，采用"阵列时旋转项目"设置。如图 3.12 所示做环形阵列的同时平移原图。

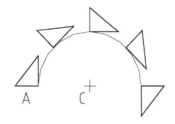

图 3.11 做环形阵列的同时旋转原图

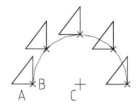

图 3.12 做环形阵列的同时平移原图

4．说明

做环形阵列时，默认情况下原图形的基点由该选择集中最后一个对象确定。直线取端点，圆取圆心，块取插入点，如图 3.12 中 B 点为三角形的基点。显然，基点的不同将影响图 3.11 和图 3.12 中各复制图形的布局。要修改默认基点设置，可通过"B"选项重新指定点。

3.4.3　偏移

1．命令

命令：OFFSET（缩写名为 O）
菜单：修改→偏移
图标："修改"工具栏图标 ⊡

2．功能

画出指定对象的偏移，即等距线。直线的等距线为平行等长线段；圆弧的等距线为同心圆弧，保持圆心角相同；多段线的等距线为多段线，其组成线段将自动调整，即其组成的直线段或圆弧段将自动延伸或修剪，构成另一条多段线，如图 3.13 所示。

图 3.13 偏移

3. 格式和示例

AutoCAD 用指定偏移距离和指定通过点两种方法来确定等距线位置，对应的操作顺序如下所示。

（1）指定偏移距离，如图 3.14 所示。

命令：**OFFSET**✓
当前设置：删除源=否　图层=源　OFFSETGAPTYPE=0
指定偏移距离或 [通过(T)/删除(E)/图层(L)] <通过>：**2**✓　（偏移距离）
选择要偏移的对象，或 [退出(E)/放弃(U)] <退出>：（指定对象，选择多段线A）
指定要偏移的那一侧上的点，或 [退出(E)/多个(M)/放弃(U)] <退出>：（用B点指定在外侧画等距线）
选择要偏移的对象，或 [退出(E)/放弃(U)] <退出>：（继续进行或按回车键结束）

（2）指定通过点，如图 3.15 所示。

命令：**OFFSET**✓
当前设置：删除源=否　图层=源　OFFSETGAPTYPE=0
指定偏移距离或 [通过(T)/删除(E)/图层(L)] <2.0000>：**T**✓（指定通过点方式）
选择要偏移的对象，或 [退出(E)/放弃(U)] <退出>：（选定对象，选择多段线A）
指定通过点或 [退出(E)/多个(M)/放弃(U)] <退出>：（指定通过点B）
　　　　　　（画出等距线C）
选择要偏移的对象，或 [退出(E)/放弃(U)] <退出>：（继续选一对象C）
指定通过点或 [退出(E)/多个(M)/放弃(U)] <退出>：（指定通过点D）
　　　　　　（画出最外圈的等距线）
指定通过点或 [退出(E)/多个(M)/放弃(U)] <退出>：（继续进行或按回车键结束）

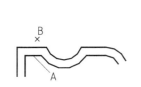

图 3.14　指定偏移距离

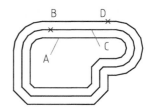

图 3.15　指定通过点

在图 3.14、图 3.15 中可以看出，生成多段线的等距线过程中，各组成线段将自动调整，原图中有的线段可能没有对应的等距线段，如图 3.15 所示。

3.4.4　综合示例

如图 3.16（a）所示为一建筑平面图，现欲用偏移（OFFSET）命令画出墙内边界，用 MIRROR 命令修改开门方位。

操作步骤如下：

（1）用偏移（OFFSET）命令指定通过点的方法画墙的内边界。

命令：**OFFSET**✓
当前设置：删除源=否　图层=源　OFFSETGAPTYPE=0
指定偏移距离或 [通过(T)/删除(E)/图层(L)] <2.0000>：**T**✓（指定通过点方式）
（拾取墙外边界A）
指定通过点或 [退出(E)/多个(M)/放弃(U)] <退出>：（用端点捕捉拾取到B点）
选择要偏移的对象，或 [退出(E)/放弃(U)] <退出>：✓（按回车键，结束偏移命令）

结果如图 3.16（b）所示。

（2）用镜像（MIRROR）命令修改开门方位。

命令：**MIRROR**↙

选择对象：**w**↙

指定第一个角点：　　　　（用窗口方式选择门，如图3.16（c）所示）

指定对角点：↙

已找到2个

选择对象：↙　　　　（按回车键，结束选择）

指定镜像线的第一点：（用中点捕捉拾取墙边线中点）

指定镜像线的第二点：（捕捉另一墙边线中点）

是否删除源对象？[是(Y)/否（N）]<N>：**Y**↙（删除原图）

结果如图 3.16（d）所示。

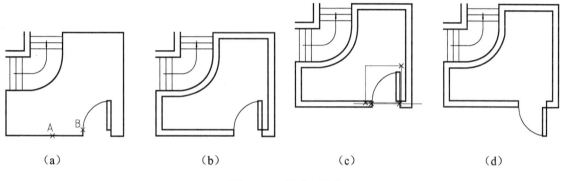

（a）　　　　　　　（b）　　　　　　　（c）　　　　　　　（d）

图 3.16　综合示例

3.5　移动和旋转

3.5.1　移动

1．命令

命令：MOVE（缩写名为 M）

菜单：修改→移动

图标："修改"工具栏图标 ⊞

2．功能

平移指定的对象。

3．格式

命令：**MOVE**↙

选择对象：

指定基点或位移：

指定位移的第二点或 <使用第一个点作为位移>：

4．说明

MOVE 命令的操作和 COPY 命令类似，但它移动对象而不是复制对象。

3.5.2 旋转

1．命令

命令：ROTATE（缩写名为 RO）

菜单：修改→旋转

图标："修改"工具栏图标 ◎

2．功能

围绕指定中心旋转图形，如图 3.17 所示。

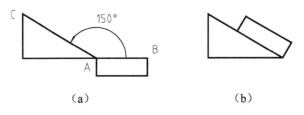

（a）　　　　　　　　　　　（b）

图 3.17　围绕指定中心旋转图形

3．格式及示例

命令: **ROTATE** ↙
UCS 当前的正角方向：ANGDIR=逆时针　ANGBASE=0
选择对象:（选择一长方块，如图3.17（a）所示）
找到 1 个
选择对象: ↙ （按回车键）
指定基点:（选A点）
指定旋转角度，或 [复制(C)/参照(R)]: **150** ↙（旋转角，逆时针为正）

结果如图 3.17（b）所示。

必要时可选择参照方式来确定实际转角，仍如图 3.17（a）所示。

命令: **ROTATE** ↙
UCS 当前的正角方向：ANGDIR=逆时针　ANGBASE=0
选择对象:（选一长方块，如图3.17（a）所示）
找到 1 个
选择对象: ↙ （按回车键）
指定基点:（选择A点）
指定旋转角度，或 [复制(C)/参照(R)]: **R** ↙ （选择参照方式）
指定参照角 <0>:（输入参照方向角，本例中点取A、B两点来确定此角）
指定新角度或 [点(P)]:（输入参照方向旋转后的新角度，本例中用A、C两点来确定此角）

结果仍如图 3.17（b）所示，即在不预知旋转角度的情况下，也可通过参照方式把长方块绕 A 点旋转与三角块相贴。若输入"C"选项，则可实现将所选对象先在原位复制一份，再进行旋转的效果。

3.6 比例和对齐

3.6.1 比例

1．命令

命令：SCALE（缩写名为 SC）

菜单：修改→比例

图标："修改"工具栏图标 □

2．功能

把选定对象按指定中心进行比例缩放。

3．格式及示例

> 命令: **SCALE**↙
> 选择对象:（选择一菱形，如图3.18（a）所示）
>   找到 X 个
> 选择对象: ↙ （按回车键）
> 指定基点:（选择基准点A，即比例缩放中心）
> 指定比例因子或 [复制(C)/参照(R)]: **2**↙ （输入比例因子）

结果如图 3.18（b）所示。

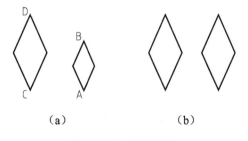

（a）   （b）

图 3.18　比例缩放

必要时可选择参照方式（R）来确定实际比例因子，仍如图 3.18（a）所示：

> 命令: **SCALE**↙
> 选择对象:（选择一菱形）
> 找到 X 个
> 选择对象:↙ （按回车键）
> 指定基点:（选择基准点A，即比例缩放中心）
> 指定比例因子或 [复制(C)/参照(R)]: **R**↙ （选择参照方式）
> 指定参照长度 <1>:（参照的原长度，本例中拾取A、B两点的距离指定）
> 指定新的长度或 [点(P)] <1.0000>:（指定新长度值，若点取C、D两点，则以C、D间的距离作为新长度值，这样可使两个菱形同高）

结果仍如图 3.18（b）所示。

若输入"C"选项，则可实现将所选对象先在原位复制一份，再进行比例缩放的效果。

3.6.2 对齐

1. 命令

命令：ALIGN（缩写名为 AL）
菜单：修改→三维操作→对齐

2. 功能

对选定对象通过平移和旋转操作使之与指定位置对齐。

3. 格式和示例

命令：**ALIGN**✓
选择对象：　　（选择一指针，如图3.19（a）所示）
选择对象：✓（按回车键）
指定第一个源点：　　（选择源点1）
指定第一个目标点：　　（选择目标点1，捕捉圆心A）
指定第二个源点：　　（选择源点2）
指定第二个目标点：　　（选择目标点2，捕捉圆上点B）
指定第三个源点或 <继续>:✓
是否基于对齐点缩放对象？［是(Y)/否(N)］<否>：　　（是否比例缩放对象，使它通过目标点B，如图3.19（b）所示为"否"，如图3.18（c）所示为"是"）。

4. 说明

（1）第 1 对源点与目标点控制对象的平移。

（2）第 2 对源点与目标点控制对象的旋转，使原线 12 和目标线 AB 重合。

（3）一般利用目标点 B 控制对象旋转的方向和角度，也可以通过是否比例缩放的选项，以 A 为基准点进行对象变比，直到源点 2 和目标点 B 重合，如图 3.19（c）所示。

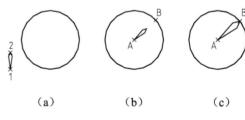

图 3.19 对齐

3.7 拉长和拉伸

3.7.1 拉长

1. 命令

命令：LENGTHEN（缩写名为 LEN）

菜单：修改→拉长

2．功能

拉长或缩短直线段、圆弧段，圆弧段用圆心角控制。

3．格式和示例

命令：**LENGTHEN**↙
选择对象或 [增量(DE)/百分数(P)/全部(T)/动态(DY)]:

4．选项及说明

（1）选择对象：选择直线或圆弧后，分别显示直线的长度或圆弧的弧长和包含角，即
当前长度:XXX   或
当前长度:XXX，包含角:XXX

（2）增量（DE）：用增量控制直线、圆弧的拉长或缩短。正值为拉长量，负值为缩短量，后续提示为
输入长度增量或 [角度(A)] <0.0000>: （长度增量）
选择要修改的对象或 [放弃(U)]:

可连续选择直线段或圆弧段，将沿拾取端伸缩，按回车键结束，如图 3.20 所示。
对圆弧段，还可选用 A（角度），后续提示为：
输入角度增量 <0>: （角度增量）
选择要修改的对象或 [放弃(U)]:

操作结果如图 3.21 所示。

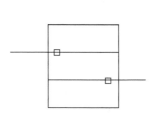

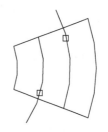

图 3.20 直线的拉长   图 3.21 圆弧的拉长

（3）百分比（P）：用原值的百分数控制直线段、圆弧段的伸缩，如 75 为 75%，指缩短 25%；125 为 125%，指伸长 25%，故必须用正数输入。后续提示为
输入长度百分数 <100.0000>:
选择要修改的对象或 [放弃(U)]:

（4）总长（T）：用总长、总张角来控制直线段、圆弧段的伸缩，后续提示为
指定总长度或 [角度(A)] <1.0000)>:
选择要修改的对象或 [放弃(U)]:

若选择 A（角度）选项，则后续提示为
指定总角度 <57>:
选择要修改的对象或 [放弃(U)]:

（5）动态（DY）：进入拖动模式，可拖动直线段、圆弧段、椭圆弧段一端进行拉长或缩短，后续提示为

选择要修改的对象或 [放弃(U)]:

3.7.2 拉伸

1. 命令

命令：STRETCH（缩写名为 S）
菜单：修改→拉伸
图标:"修改"工具栏图标

2. 功能

拉伸或移动选定的对象，本命令必须要用窗交（Crossing）方式或圈交 （CPolygon）方式选取对象，完全位于窗内或圈内的对象将发生移动（与 MOVE 命令相同），与边界相交的对象将产生拉伸或压缩变化。

3. 格式及示例

命令: **STRETCH**✓
以交叉窗口或交叉多边形选择要拉伸的对象...
选择对象: **C**✓　（用C或CP方式选取对象，如图3.22（a）所示）
指定第一个角点：　（1点）
指定对角点：　　　（2点）
　　找到 X 个
选择对象: ✓　　　　（按回车键）
指定基点或 [位移(D)] <位移>:（用交点捕捉，拾取A点）
指定第二个点或 <使用第一个点作为位移>:（选中B点）

图形变形结果，如图 3.22（b）所示。

4. 说明

（1）对于直线段的拉伸，在指定拉伸区域窗口中时，应使得直线的一个端点在窗口之外，另一个端点在窗口之内。拉伸时，窗口外的端点不动，窗口内的端点移动，从而使直线做拉伸变动。

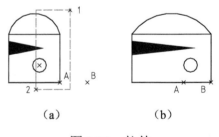

（a）　　　　（b）

图 3.22　拉伸

（2）对于圆弧段的拉伸，在指定拉伸区域窗口时，应使得圆弧的一个端点在窗口之外，另一个端点在窗口之内。拉伸时，窗口外的端点不动，窗口内的端点移动，从而使圆弧做拉伸变动。圆弧的弦高保持不变。

（3）对于多段线的拉伸，按组成多段线的各分段直线和圆弧的拉伸规则执行。在变形过程中，多段线的宽度、切线和曲线拟合等有关信息保持不变。

（4）对于圆或文本的拉伸，若圆心或文本基准点在拉伸区域窗口之外，则拉伸后圆或文本仍保持原位不动；若圆心或文本基准点在窗口之内，则拉伸后圆或文本将做移动。

3.8　打断、修剪和延伸

3.8.1　打断

1．命令

命令：BREAK（缩写名为 BR）
菜单：修改→打断
图标："修改"工具栏图标 ▢ 和▢

2．功能

切掉对象的一部分或切断成两个对象。

3．格式和示例

> 命令：**BREAK**↙
> 选择对象：（在1点处拾取对象，并把1点当作第一断开点，如图3.23（a）所示）
> 指定第二个打断点或 [第一点(F)]：（指定2点为第二断开点，如图3.23（b）所示）

4．说明

（1）打断（BREAK）命令的操作序列可以分为下列 4 种情况。

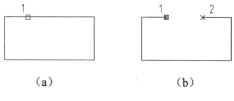

图 3.23　打断

① 拾取对象的点为第一断开点，输入另一个点 A 确定第二断开点。此时，另一点 A 可以不在对象上，AutoCAD 自动捕捉对象上的最近点为第二断开点，如图 3.24（a）所示，对象被切掉一部分，或分离为两个对象。

② 拾取对象点为第一断开点，而第二断开点与它重合，此时可用符号@来输入。提示信息为

> 指定第二个打断点或 [第一点(F)]: **@**

结果如图 3.24（b）所示，此时对象被切断，分离为两个对象。

③ 拾取对象的点不作为第一断开点，另行确定第一断开点和第二断开点，此时提示信息为

> 指定第二个打断点或 [第一点(F)]: **F**
> 指定第一个打断点：（A点，用来确定第一断开点）
> 指定第二个打断点：（B点，用来确定第二断开点）

结果如图 3.24（c）所示。

④ 如情况③中，在"指定第二个打断点:"提示下输入@，则为切断，结果如图 3.24（d）所示。

（a）　　　　　　　　（b）　　　　　　　　（c）　　　　　　　　（d）

图 3.24　打断的四种情况

（2）如第二断开点选取在对象外部，则对象的该端被切掉，不产生新对象。结果如图 3.25 所示。

（3）对于圆，从第一断开点沿逆时针方向到第二断开点的部分被切掉，转变为圆弧，结果如图 3.26 所示。

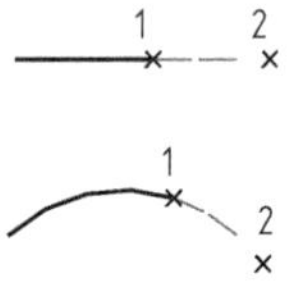

图 3.25　切掉对象端部 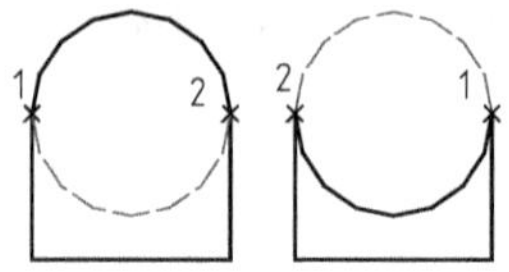　　　　　　　　　　图 3.26　圆的打断

（4）打断（BREAK）命令的功能和修剪（TRIM）命令（见后述）有些类似，但打断（BREAK）命令可用于没有剪切边，或不宜作为剪切边的场合。同时，用打断（BREAK）命令还能切断对象（一分为二）。

3.8.2　修剪

1．命令

命令：TRIM（缩写名为 TR）
菜单：修改→修剪
图标："修改"工具栏图标 ⌐⁄

2．功能

在指定剪切边后，可连续选择被切边进行修剪。

3．格式和示例

命令: **TRIM**✓
选择剪切边...
　　选择对象或 <全部选择>：（选定剪切边，可连续选取，按回车键结束该项操作，如图3.27（a）所示，拾取两圆弧为剪切边）
　　选择对象：✓（按回车键）
　　选择要修剪的对象，或按住 Shift 键选择要延伸的对象，或[栏选(F)/窗交(C)/投影(P)/边(E)/删除(R)/放弃(U)]：（选择被修剪边、改变修剪模式或取消当前操作）

提示"选择要修剪的对象，或按住 Shift 键选择要延伸的对象，或[栏选(F)/窗交(C)/投影(P)/边(E)/删除(R)/放弃(U)]："用于选择被修剪边、改变修剪模式和取消当前操作，该提示反复出现，因此可以利用选定的剪切边对一系列对象进行修剪，直至按回车键退出本命令。该提示的各选项说明如下。

（1）选择要修剪的对象：AutoCAD 根据拾取点的位置，搜索与剪切边的交点，判定修剪部分，如图 3.27（b）所示，拾取 1 点，则中间段被修剪，继续拾取 2 点，则左端被修剪。

（2）按住 Shift 键选择要延伸的对象：在按住 Shift 键的状态下选择一个对象，可以将该对象延伸至剪切边，相当于执行延伸（EXTEND）命令。

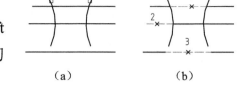

图 3.27　修剪

（3）栏选（F）：用"栏选"方式指定多个要修剪的对象。

（4）窗交（C）：用"窗交"方式指定多个要修剪的对象。

（5）投影（P）：选择修剪的投影模式，用于三维空间中的修剪。在二维绘图时，投影模式=UCS，即修剪在当前 UCS 的 XOY 平面上进行。

（6）边（E）：选择剪切边的模式，可选项提示：

> 输入隐含边延伸模式 [延伸(E)/不延伸(N)] <不延伸>:

即有延伸有效和不延伸两种模式，如图 3.27（b）所示，当拾取 3 点时，因开始时边模式为不延伸，所以将不产生修剪。但按下述操作，则产生修剪。

> 选择要修剪的对象，或按住 Shift 键选择要延伸的对象，或 [栏选(F)/窗交(C)/投影(P)/边(E)/删除(R)/放弃(U)]: **E**
> 输入隐含边延伸模式 [延伸(E)/不延伸(N)] <不延伸>: **E**
> 选择要修剪的对象或 [栏选(F)/窗交(C)/投影(P)/边(E)/删除(R)/放弃(U)]:（拾取3点）

4．说明和示例

（1）剪切边可选择多段线、直线、圆、圆弧、椭圆、构造线、射线、样条曲线和文本等；被切边可选择多段线、直线、圆、圆弧、椭圆、射线、样条曲线等。

（2）同一对象既可以选为剪切边，也可选为被切边。

（3）在"选择要修剪的对象"提示下，若按住 Shift 键的同时选择对象，则可将选定的图形对象延伸到指定的剪切边，此时剪切命令的效果等同于下面将要介绍的延伸命令（EXTEND）。

例如，如图 3.28（a）所示的图形，选择 4 条直线和大圆为剪切边，即可修剪成图 3.28（b）所示的图形。

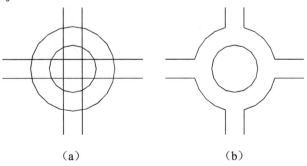

图 3.28　示例

3.8.3 延伸

1．命令

命令：EXTEND（缩写名为 EX）
菜单：修改→延伸
图标："修改"工具栏图标

2．功能

在指定边界后，可连续选择延伸边，延伸到与边界边相交。它是剪切（TRIM）命令的一个对应命令。

3．格式和示例

命令: **EXTEND**✓
当前设置: 投影=UCS 边=无
选择边界的边 ...
选择对象或 <全部选择>:（选择边界边，可连续选择，按回车键结束该项操作，如图3.29（a）所示，拾取一圆为边界边）
选择对象: ✓
选择要延伸的对象，或按住Shift键选择要修剪的对象，或[栏选(F)/窗交(C)/投影(P)/边(E)/放弃(U)]:（选择延伸边、改变延伸模式或取消当前操作）
选择要延伸的对象，或按住Shift键选择要修剪的对象，或[栏选(F)/窗交(C)/投影(P)/边(E)/放弃(U)]: ✓

提示"选择要延伸的对象，或按住 Shift 键选择要修剪的对象，或[栏选(F)/窗交(C)/投影(P)/边(E)/放弃(U)]:"用于选择延伸边、改变延伸模式或取消当前操作，其含义和修剪命令的对应选项类似。该提示反复出现，因此可以利用选定的边界边，使一系列对象进行延伸，在拾取对象时，拾取点的位置决定延伸的方向，最后按回车键退出本命令。若按住 Shift 键的同时选择对象，则可将选定的图形对象以指定的延伸边界为剪切边进行剪切。此时该命令的效果等同于剪切（TRIM）命令。

例如，图 3.29（b）所示为拾取 1、2 两点延伸的结果，图 3.29（c）所示为继续拾取 3、4、5 三点延伸的结果。

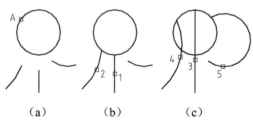

（a）　　　　　（b）　　　　　（c）

图 3.29　延伸

3.9 圆角和倒角

3.9.1 圆角

1. 命令

命令：FILLET（缩写名为 F）

菜单：修改→圆角

图标："修改"工具栏图标 ▱

2. 功能

在直线、圆弧或圆之间按指定半径作圆角，也可对多段线作倒圆角。

3. 格式与示例

> 命令：**FILLET**↙
> 当前设置：模式 = 修剪，半径 = 0.0000
> 选择第一个对象或 [放弃(U)/多段线(P)/半径(R)/修剪(T)/多个(M)]：**R**↙
> 指定圆角半径 <0.0000>：**30**↙
> 命令：↙
> 当前设置：模式 = 修剪，半径 = 30.0000
> 选择第一个对象或 [放弃(U)/多段线(P)/半径(R)/修剪(T)/多个(M)]：（拾取1，如图3.30（a）所示）
> 选择第二个对象，或按住 Shift 键选择要应用角点的对象：（拾取2）

结果如图 3.30（b）所示，由于处于"修剪模式"，所以多余线段被修剪。

有关选项说明如下。

（1）多段线（P）：选择二维多段线做倒圆角，它只能在直线段间倒圆角，如两直线段间有圆弧段，则该圆弧段被忽略，后续提示

> 选择二维多段线：（选择多段线，如图3.31（a）所示）

结果如图 3.31（b）所示。

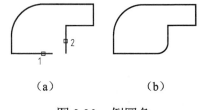

图 3.30 倒圆角

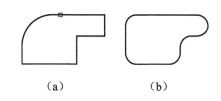

图 3.31 选择多段线倒圆角

（2）半径（R）：设置圆角半径。

（3）修剪（T）：控制修剪模式，后续提示如下。

> 输入修剪模式选项 [修剪(T)/不修剪(N)] <修剪>：

如改为不修剪，则倒圆角时将保留原线段，既不修剪，也不延伸。

（4）多个(U)：连续作多个圆角。

4．说明

（1）在圆角半径为零时，圆角（FILLET）命令将使两边相交。

（2）圆角（FILLET）命令也可对三维实体的棱边倒圆角。

（3）在可能产生多解的情况下，AutoCAD 按拾取点位置与切点相近的原则来判别倒圆角位置与结果。

（4）对圆不修剪，如图 3.32 所示。

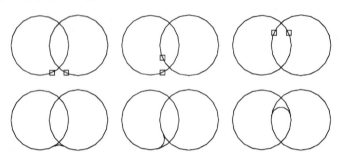

图 3.32　对圆的倒圆角

（5）按住 Shift 键并选择对象，可以创建一个锐角（将圆角半径临时设置为 0）。

（6）对平行的直线、射线或构造线，忽略当前圆角半径的设置，自动计算两条平行线的距离来确定圆角半径，并从第一线段的端点绘制圆角（半圆），因此，不能把构造线选为第一线段，如图 3.33 所示。

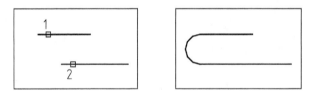

图 3.33　对平行线的倒圆角

（7）圆角的两个对象，具有相同的图层、线型和颜色时，创建的圆角对象也相同，否则，创建的圆角对象将采用当前图层、线型和颜色。

（8）系统变量 FILLETRAD 存放圆角半径值，系统变量 TRIMMODE 存放修剪模式。

3.9.2　倒角

1．命令

命令：CHAMFER（缩写名为 CHA）
菜单：修改→倒角
图标："修改"工具栏图标 ▱

2．功能

对两条直线边倒棱角，倒棱角的参数可用两种方法确定。

（1）距离方法：由第一倒角距 A 和第二倒角距 B 确定，如图 3.34（a）所示。

（2）角度方法：由对第一直线的倒角距 C 和倒角角度 D 确定，如图 3.34（b）所示。

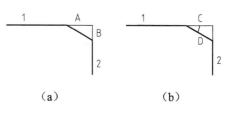

（a）　　　　（b）

图 3.34　倒棱角

3. 格式与示例

命令: **CHAMFER**↙
（"修剪"模式）当前倒角距离 1 = 0.0000，距离 2 = 0.0000
选择第一条直线或 [放弃(U)/多段线(P)/距离(D)/角度(A)/修剪(T)/方式(E)/多个(M)]:**D**↙
指定第一个倒角距离 <0.0000>:**4**↙
指定第二个倒角距离 <4.0000>:**2**↙
选择第一条直线或 [放弃(U)/多段线(P)/距离(D)/角度(A)/修剪(T)/方式(E)/多个(M)]:
　　　（选择直线1，如图3.34（a）所示）
选择第二条直线，或按住 Shift 键选择要应用角点的直线：（选择直线2，做倒棱角）

4. 选项

（1）多段线（P）：在二维多段线的直角边之间倒棱角，当线段长度小于倒角距时，则不做倒角，如图 3.35 顶点 A 处所示。

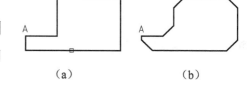

（a）　　　　（b）

图 3.35　选择多段线倒棱角

（2）距离（D）：设置倒角距离，同上例。

（3）角度（A）：用角度方法确定倒角参数，后续有如下提示：

指定第一条直线的倒角长度 <10.0000>:**20**
指定第一条直线的倒角角度 <0>: **45**

实施倒角后，结果如图 3.35（b）所示。

（4）修剪（T）：选择修剪模式，后续有如下提示：

输入修剪模式选项 [修剪(T)/不修剪(N)] <不修剪>:

如改为不修剪（N），则倒棱角时将保留原线段，既不修剪，也不延伸。

（5）方式（M）：选定倒棱角的方法，即选择距离或角度方法，后续有如下提示：

输入修剪方法 [距离(D)/角度(A)] <角度>:

（6）多个(U)：连续倒多个倒角。

5. 说明

（1）在倒角为零时，倒角（CHAMFER）命令将使两边相交。

（2）倒角（CHAMFER）命令也可以对三维实体的棱边倒棱角。

（3）当倒棱角的两条直线具有相同的图层、线型和颜色时，创建的棱角边也相同，否则，创建的棱角边将采用当前图层、线型和颜色。

（4）按住 Shift 键并选择对象，可以创建一个锐角（将两倒角距离均临时设置为0）。

（5）系统变量 CHAMFERA、CHAMFERB 存储采用距离方法时的第一倒角距和第二倒角距；系统变量 CHAMFERC、CHAMFERD 存储采用角度方法时的倒角距和角度值；

系统变量 TRIMMODE 存储修剪模式；系统变量 CHAMMODE 存储倒棱角的方法。

3.9.3　综合示例

利用编辑命令将图 3.36（a）所示单间办公室修改为图 3.36（b）所示公共办公室。

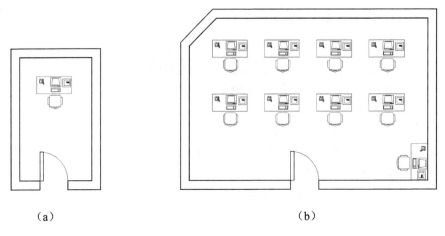

(a)　　　　　　　　　　　　　(b)

图 3.36　"办公室"平面图编辑示例

操作步骤如下。

（1）两次使用拉伸（STRETCH）命令，分别使房间拉长和拉宽（注意，在选择对象时一定要使用"C"选项）。

（2）用拉伸（STRETCH）命令将房门移动到中间位置。

（3）利用倒角（CHAMFER）命令作出左上角处墙外侧边界的倒角。

（4）根据墙厚相等，利用等距线 OFFSET 命令作出墙外侧斜角边的等距线，再利用剪切 TRIM 命令修剪成墙上内侧的倒角斜线。

（5）利用矩形阵列（ARRAYRECT）命令，对办公桌和扶手椅进行 2 行、4 列的矩形阵列，复制成 8 套。

（6）使用复制（COPY）命令，将桌椅在右下角复制一套。

（7）利用对齐（ALIGN）命令，通过平移和旋转，在右下角点处定位该套桌椅，也可以连续使用移动（MOVE）和旋转（ROTATE）命令。

3.10　多段线的编辑

1. 命令

命令名：PEDIT（缩写名为 PE）

菜单：修改→对象→多段线

图标："修改Ⅱ"工具栏图标

2．功能

用于对二维多段线、三维多段线和三维网络的编辑，对二维多段线的编辑包括修改线段宽、曲线拟合、多段线合并和顶点编辑等。

3．格式及举例

命令：**PEDIT**✓
选择多段线 或 [多条(M)]： （选择一条多段线或输入命令"M"，并选择多条多段线）
　　　输入选项
[闭合(C)/合并(J)/宽度(W)/编辑顶点(E)/拟合(F)/样条曲线(S)/非曲线化(D)/线型生成(L)/放弃(U)]：
（输入一选项）

在"选择多段线："提示下，若选择的对象只是直线段或圆弧，则出现提示：

所选对象不是多段线
是否将其转换为多段线？<Y>

如用 Y 或按回车键来响应，则选中的直线段或圆弧转换成二维多段线。对二维多段线编辑的后续提示为

[闭合(C)/合并(J)/宽度(W)/编辑顶点(E)/拟合(F)/样条曲线(S)/非曲线化(D)/线型生成(L)/放弃(U)]：

对各选项的操作，分别举例说明如下。

（1）闭合（C）或打开（O）：如选择的是开式多段线，则用直线段闭合；如选择的是闭合多段线，则该项出现打开（O），即可取消闭合段，并转变成开式多段线。

（2）合并（J）：以选择的多段线为主体，合并其他直线段、圆弧段和多段线，连接成为一条多段线，能合并的条件是各段端点首尾相连。后续提示为

选择对象： （用于选择合并对象，如图3.37所示，以1为主体，合并2、3）

（3）宽度（W）：修改整条多段线的线宽，后续提示为

指定所有线段的新宽度：

如图 3.38（a）所示，原多段线各段宽度不同，利用该选项可调整为同一线宽，如图 3.38（b）所示。

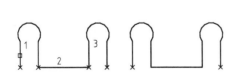

图3.37 多段线的合并

图3.38 修改整条多段线的线宽

（4）编辑顶点（E）：进入顶点编辑，在多段线某一顶点处出现斜十字叉，它为当前顶点标记，按提示可对其进行多种编辑操作。

（5）拟合（F）：生成圆弧拟合曲线，该曲线由圆弧段光滑连接（相切）组成，如图 3.39 所示。每对顶点间自动生成两段圆弧，整条曲线经过多段线的各顶点。可以通过调整顶点处的切线方向，在通过相同顶点的条件下控制圆弧拟合曲线的形状。

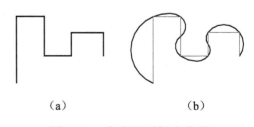

图3.39 生成圆弧拟合曲线

（6）样条曲线（S）：生成 B 样条曲线，多段线的各顶点成为样条曲线的控制点。对开式多段线，样条曲线的起点、终点和多段线的起点、终点重合；对闭式多段线，样条曲线为一条光滑封闭曲线。

（7）非曲线化（D）：取消多段线中的圆弧段（用直线段代替），对于选用拟合（F）或样条曲线（S）选项后生成的圆弧拟合曲线或样条曲线，则删除生成曲线时新插入的顶点，恢复成由直线段组成的多段线。

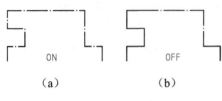

图 3.40　控制多段线的线型生成

（8）线型生成（L）：控制多段线的线型生成方式，即使用虚线、点画线等线型时，如为"开（ON）"，则按多段线全线的起点与终点分配线型中各线段，如为"关（OFF）"，则分别按多段线各段来分配线型中各线段，生成方式为"ON"时结果如图 3.40（a）所示，为"OFF"时结果如图 3.40（b）所示。后续提示为

输入多段线线型生成选项 [开(ON)/关(OFF)] <Off>:

从图 3.40（b）中可以看出，当线型生成方式为 OFF 时，若线段过短，则点画线将退化为实线段，影响线段的表达。

（9）放弃（U）：取消编辑选择的操作。

3.11　多线的编辑

1. 命令

命令名：MLEDIT
菜单：修改→对象→多线

图 3.41　"多线编辑工具"对话框

2. 功能

编辑多线，设置多线之间的相交方式。

3. 对话框及其操作示例

启动多线编辑命令后，弹出如图 3.41 所示的"多线编辑工具"对话框。该对话框以四列显示多线编辑样例图像。第一列处理十字交叉的多线，第二列处理 T 形相交的多线，第三列处理角点连接和顶点，第四列处理多线的剪切或接合。单击任意一个图像样例，在对话框的左下角显示关于此选项的简短描述。

现结合将如图 3.42（a）所示多线图形编辑为如图 3.42（b）所示多线图形的过程，介绍多线编辑命令的操作方法。

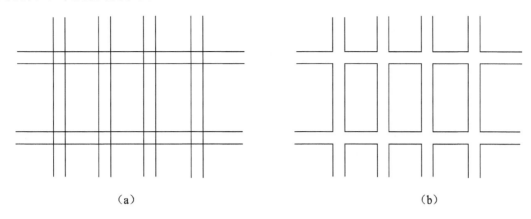

（a）　　　　　　　　　　　　　　（b）

图 3.42　十字打开方式多线编辑

启动多线（MLEDIT）命令，在如图 3.41 所示对话框中选择第 1 列第 2 个样例图像（即"十字打开"编辑方式），则 AutoCAD 的提示为

选择第一条多线：（选择图3.42（a）中的任一多线）

选择第二条多线：（选择与其相交的任一多线）

AutoCAD 将完成十字交点的打开并提示

选择第一条多线或 [放弃(U)]：（选择另一条多线继续进行十字打开编辑操作，直至编辑完所有交点；输入"U"可取消所进行的十字打开编辑操作；按回车键将结束多线编辑命令）

3.12　图案填充的编辑

1．命令

命令名：HATCHEDIT（缩写名为 HE）

菜单：修改→对象→图案填充

图标："修改Ⅱ"工具栏图标 ▨

2．功能

对已有图案填充对象，可以修改图案类型和图案特性参数等。

3．对话框及其操作说明

图案填充（HATCHEDIT）功能启动后，弹出"图案填充编辑"对话框，它的内容和"边界图案填充"对话框完全一样，只是有关填充边界定义部分变灰（不可操作），如图 3.43 所示。利用功能，对已有图案填充可进行如下修改。

（1）改变图案类型及角度和比例。

（2）改变图案特性。

（3）修改图案样式。

（4）修改图案填充的组成：关联与不关联。

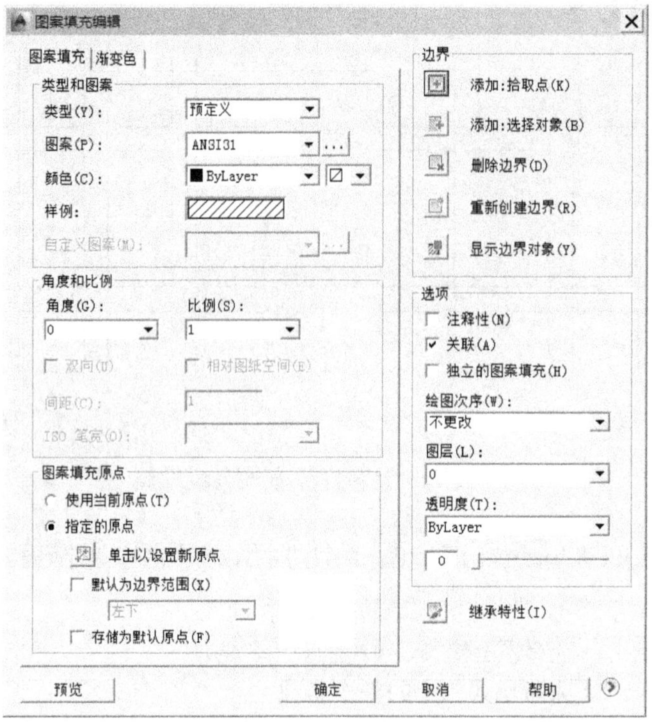

图 3.43　"图案填充编辑"对话框

3.13　分解

1．命令

命令：EXPLODE（缩写名为 X）

菜单：修改→分解

图标："修改"工具栏图标

2．功能

用于将组合对象（如多段线、块、图案填充等）拆开为其组成成员。

3．格式

命令：**EXPLODE**✓

选择对象：（选择要分解的对象）

4．说明

对不同的对象，具有不同的分解后的效果。

（1）块：对具有相同 X、Y、Z 比例插入的块，分解为其组成成员，将带属性的块分解后会丢失属性值，显示其相应的属性标志。

系统变量 EXPLMODE 控制对不等比插入块的分解，其默认值为 1，允许分解，分解后的块中的圆、圆弧将保持不等比插入所引起的变化，转化为椭圆、椭圆弧。如取值为 0，则不允许分解。

（2）二维多段线：分解后拆开为直线段或圆弧段，丢失相应的宽度和切线方向信息，对于宽多线段，分解后的直线段或圆弧段在其中心线位置，如图 3.44 所示。

图 3.44　宽多段线的分解

（3）尺寸：分解为段落文本（mtext）、直线、区域填充（solid）和点。

（4）图案填充：分解为组成图案的一条条直线。

3.14　图形编辑综合示例

利用编辑命令编辑图 3.45（a）所示图形，完成结果如图 3.45（b）所示。

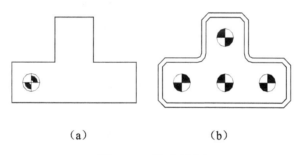

（a）　　　　　　　　　（b）

图 3.45　综合示例

操作步骤如下。

（1）在点画线图层上，画出图形的对称中心线。

（2）比较图 3.45（a）、（b）两图的小圆图形，可以看出，多段线圆弧段的起点、终点在小圆半径中点处，圆弧段的圆心即小圆圆心，圆弧段的宽度为小圆半径，据此可画出右图的小圆图形。两图的差别就是圆弧段的宽度不同，为此可以用 PEDIT 命令，选择小圆弧段，选择宽度（W）选项，修改宽度为小圆半径，使其成为如图 3.45（b）所示的图形。

（3）图 3.45（b）中有四个小圆，两两相同，为此可以用多重复制（COPY）命令复制。首先复制成四个小圆，然后用 ROTATE 命令把其中两个小圆旋转 90°即可。

（4）对于图形外框，如图 3.45（a）所示为一条多段线，则可以利用 CHAMFER 命令，设置倒角距离，然后选多段线，全部倒棱角。

（5）由于有两个小圆角，为此可以先用分解（EXPLODE）命令拆开多段线，在有小圆角的部位，用 ERASE 命令删除原有的两条倒角棱边，再用 FILLET 命令，指定圆角半径后，作出两个小圆角。

（6）为了做外轮廓线的等距线，可以使用 OFFSET 命令，但当前的外轮廓线已是分离的直线段和圆弧段。为此，先用 PEDIT 命令中的连接（J）选项，把外轮廓线合并为一条多段线，再用 OFFSET 命令作等距线即可。

 思考题 3

一、连线题

1. 请将下面左侧所列图形编辑命令与右侧命令功能用连线连起来。

（1）ERASE	（a）矩形阵列
（2）COPY	（b）移动
（3）ARRAYRECT	（c）打断
（4）MOVE	（d）镜像
（5）BREAK	（e）比例
（6）TRIM	（f）编辑图案填充
（7）EXTEND	（g）删除
（8）FILLET	（h）圆角
（9）MIRROR	（i）倒角
（10）SCALE	（j）延伸
（11）PEDIT	（k）修剪
（12）HATCHEDIT	（l）编辑多段线
（13）CHAMFER	（m）环形阵列
（14）ARRAYPOLAR	（n）复制

2. 请将下面左侧所列构造选择集选项与右侧选项含义用连线连起来。

（1）ALL	（a）从已选对象中扣除
（2）W	（b）选中窗口内及与窗口相交的对象
（3）C	（c）选中窗口内的对象
（4）R	（d）选中当前图形中的所有对象

二、选择题

1. 分解命令 EXPLODE 可分解的对象有（　　）。

A．块　　　　B．多段线　　　C．尺寸

D．图案填充　E．以上全部

2. 一个图案填充被分解后，则其构成将变为（　　）。

A．图案块　　　　　　　B．直线和圆弧

C．多段线   D．直线

三、填空题

如图 3.46 所示各组图形均系使用某一图形修改命令由左图得到右图，请在图形下的下划线内填写所用的图形修改命令。

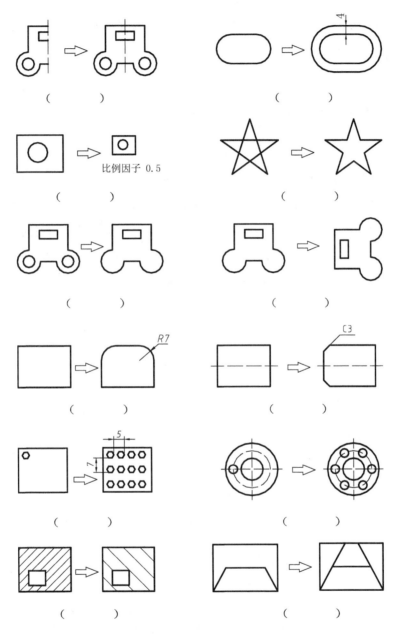

图 3.46　图形的修改

四、简答题

1．比较 ERASE 命令、OOPS 命令与 UNDO 命令、REDO 命令在功能上的区别。

2．使用 CHAMFER 命令和 FILLET 命令时，需要先设置哪些参数？举例说明使用 FILLET 命令连接直线与圆弧、圆弧与圆弧时，点取对象位置的不同，圆角连接后的结果亦不同。

3．如何将用多段线（PLINE）命令绘制的折线段转换为用直线（LINE）命令绘制的

折线段？反之呢？

 ## 上机实习 3

1．按所给操作步骤上机完成本章各例题。

2*．打开所给基础图形文件，按照上面思考题填空题中的要求，使用上面所选定的图形修改命令，在左图图形的基础上修改为右图所示图形。

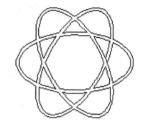

图 3.47　卫星轨道图形

3．用绘图和编辑命令绘制卫星轨道图形如图 3.47 所示。

提示

用画椭圆（ELLIPSE）命令画一个椭圆；用偏移（OFFSET）命令将这个椭圆向内偏移复制，形成两个套在一起的椭圆；用环形阵列（ARRAYPOLAR）命令将这两个套在一起的椭圆阵列复制为 3 组，阵列的中心为椭圆的中心；用修剪（TRIM）命令将每两个椭圆之间相交的部分剪切掉，修剪边用窗口选择的方式（W）选择全部的图形，被修剪的边为每两个椭圆之间相交的部分，即进行相互修剪操作。

4*．运用 TRIM（修剪）命令将如图 3.48（a）所示五角星分别编辑修改为如图 3.48（b）所示空心五角星及如图 3.48（c）所示剪去五个角后的五边形。

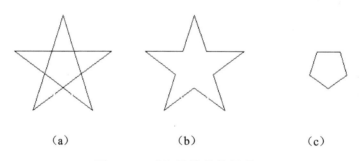

（a）　　　　　　（b）　　　　　（c）

图 3.48　五角星的修剪操作

提示

先用多边形（POLYGON）命令绘制一个正五边形，再用直线命令依次连接五边形的五个顶点，构成五角星图形，如图 3.48（a）所示；用修剪（TRIM）命令进行修剪操作，修剪边用 "ALL" 方式选择所画五角星的所有边，被修剪边选择内五边形各边，则形成图 3.48（b）所示的空心五角星；当被修剪边选择五个角的各边时，则形成图 3.48（c）所示的五边形。

5．绘制如图 3.49 所示的紫荆花图形。

图 3.49　紫荆花图形

🔊 提示

　　用画圆弧（ARC）命令画 4 段圆弧，构成花瓣外框；直接引用上面第 4 题中绘制的五角星，通过比例（SCALE）命令将所画的五角星缩放到合适的大小；用移动（MOVE）命令和旋转（ROTATE）命令将五角星调整到合适的位置；用画圆弧（ARC）命令画圆弧，构成花梗；用环形阵列（ARRAYPOLAR）命令将所画的花瓣阵列为 5 组；将所绘图形以"紫荆花.dwg"为文件名存盘。

　　6. 绘制如图 3.50 所示的金刚石图形。

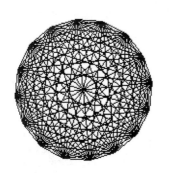

图 3.50　金刚石图形

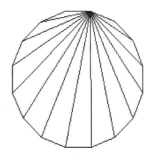

图 3.51　过程连线

🔊 提示

　　用多边形的命令中给定边长度的方法先画出一个边长为 100 的正 16 边形，再用直线命令将其中的 1 个顶点分别与其它的各顶点相连，如图 3.51 所示；用环形阵列命令，框选已画的直线部分作为阵列对象，以正 16 边形的中心为阵列中心，环形阵列数目为 16。

　　7*. 请打开所提供的图形文件，综合运用图形修改命令，在图 3.52 各组左图图形的基础上修改为右图所示图形。

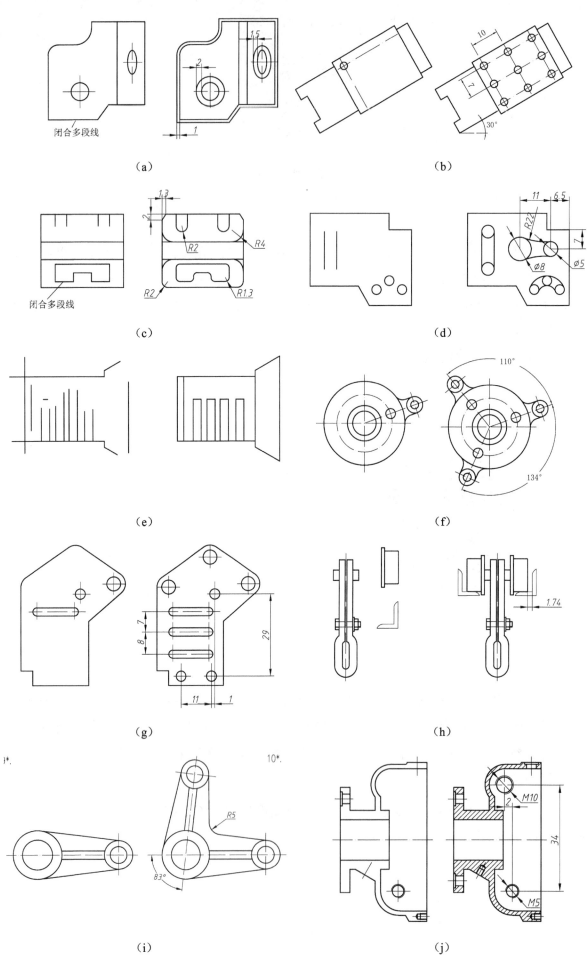

图 3.52　图形的修改操作

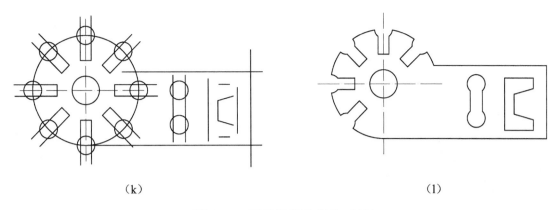

（k）　　　　　　　　　　　　　　　　　（l）

图 3.52　图形的修改操作（续）

8*. 请用编辑图案填充命令将如图 3.53（a）所示图形修改为如图 3.53（b）所示图形。

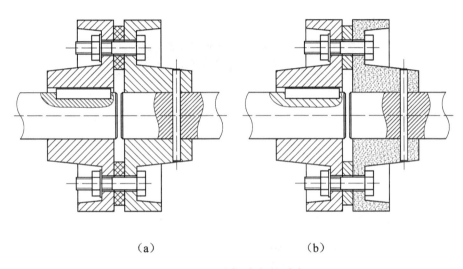

（a）　　　　　　　　　（b）

图 3.53　图案填充的编辑

🔊 提示 ·

右轮的图案由 "ANSI31" 修改为 "AR-SAND" （粉末冶金）；垫圈的图案由 "ANSI37" （非金属材料）修改为 "ANSI31"；增大左轴局部剖的剖面线间距。最后将所有填充图案用分解命令进行分解。

第4章

辅助绘图命令

知识目标

1. 掌握 AutoCAD 常用辅助绘图命令的功能及运用方法。
2. 理解软件以人为本、方便用户的设计思想。

技能目标

1. 能正确运用 AutoCAD 主要辅助绘图命令及命令选项进行环境和绘图设置。
2. 能根据图形的结构特点选择合适的 AutoCAD 辅助命令并完成相应上机操作。
3. 能综合运用绘图命令、修改命令及辅助命令和设置进行简单图形的绘制。

利用前面两章介绍的绘图命令和编辑功能，我们已经能够绘制出基本的图形对象。但在实际绘图中仍会遇到很多问题，例如，想用点取的方法找到某些特殊点（如圆心、切点、交点等），无论怎么小心，要准确地找到这些点都非常困难，有时甚至根本不可能；要画一张很大的图，由于显示屏幕的大小有限，与实际所要画的图比例存在很大悬殊时，图中一些细小结构要看清楚就非常困难。运用 AutoCAD 提供的多种辅助绘图工具即可轻松地解决这些问题。

本章将介绍 AutoCAD 提供的主要辅助绘图命令，包括：绘图单位、精度的设置，图形界限的设置，间隔捕捉和栅格、对象捕捉，图形显示控制，以及 AutoCAD 对象特性的概念、命令、设置和应用。

4.1 绘图单位和精度

1. 命令

命令名：DDUNITS（可透明使用）

菜单：格式→单位

2. 功能

调用"图形单位"对话框，如图 4.1 所示，规定记数单位和精度。

图 4.1 "图形单位"对话框

（1）长度单位默认设置为十进制，小数位数为 4。

（2）角度单位默认设置为度，小数位数为 0。

（3）单击"方向"按钮，弹出"方向控制"对话框，默认设置为 0 度，方向为正东，逆时针方向为正。

4.2 图形界限

1. 命令

命令名：LIMITS（可透明使用）

菜单：格式→图形界限

2. 功能

设置图形界限，以控制绘图的范围。图形界限的设置方式主要有以下两种。

（1）按绘图的图幅设置图形界限。如 A3 图幅，图形界限可控制在 420×297 左右。

（2）按实物实际大小使用绘图面积，设置图形界限。这样可以按 1∶1 绘图，在图形输出时设置适当的比例系数。

3．格式

命令：**LIMITS**✓
重新设置模型空间界限：
指定左下角点或 [开(ON)/关(OFF)] <0.0000,0.0000>:（重设左下角点）
指定右上角点 <420.0000,297.0000>:（重设右上角点）

4．说明

提示中的"[开(ON)/关(OFF)]"指启用图形界限检查功能，设置为"ON"时，检查功能打开，图形画出界限时 AutoCAD 会给出提示。

4.3 辅助绘图工具

当在图上画线、圆、圆弧等对象时，定位点的最快的方法是直接在屏幕上拾取点。但是，用光标很难准确地定位于对象上某一个特定的点。为解决快速精确定点问题，AutoCAD 提供了一些辅助绘图工具，包括捕捉、栅格显示、正交模式、极轴追踪、对象捕捉、对象捕捉追踪、显示/隐藏线宽等。利用这些辅助工具，能提高绘图精度，加快绘图速度。

4.3.1 捕捉和栅格

捕捉用于控制间隔捕捉功能，如果捕捉功能打开，光标将锁定在不可见的捕捉网格点上，做步进式移动。捕捉间距在 X 轴和 Y 轴一般相同，也可以不同。

栅格是显示可见的参照网格点，当栅格打开时，它在图形界限范围内显示出来。栅格既不是图形的一部分，也不会输出，但对绘图起到了重要的辅助作用，如同坐标纸。栅格点的间距值既可以和捕捉间距相同，也可以不同。

1．命令

命令名：DSETTINGS（可透明使用）
菜单：工具→绘图设置

2．功能

利用对话框打开或关闭捕捉和栅格功能，并对其模式进行设置。

3．对话框

AutoCAD 弹出"草图设置"对话框，其中的"捕捉和栅格"选项卡用来对捕捉和栅格功能进行设置，如图 4.2 所示。

对话框中的"启用捕捉"复选框控制是否打开捕捉功能；在"捕捉间距"选项组中可以设置捕捉栅格的 X 轴间距和 Y 轴间距；"角度"文本框用于输入捕捉网格的旋转角度；"X 基点"和"Y 基点"用来确定捕捉网格旋转时的基准点。按 F9 键也可以在打开和关闭捕捉功能之间切换。

"启用栅格"复选框用来控制是否打开栅格功能；"栅格"选项组用来设置可见网格的间距。按 F7 键也可以在打开和关闭栅格功能之间进行切换。

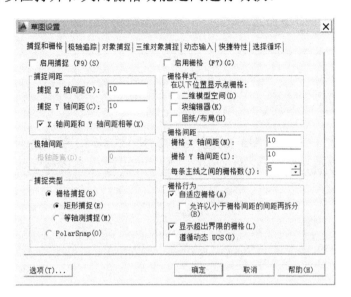

图 4.2　"草图设置"对话框的"捕捉和栅格"选项卡

4.3.2　自动追踪

AutoCAD 提供的自动追踪功能，可以使用户在特定的角度和位置绘制图形。打开自动追踪功能，执行绘图命令时屏幕上会显示临时辅助线，帮助用户在指定的角度和位置上精确地绘出图形对象。自动追踪功能包括两种：极轴追踪和对象捕捉追踪。

1．极轴追踪

在绘图过程中，当 AutoCAD 要求用户给定点时，利用极轴追踪功能可以在给定的极角方向上出现临时辅助线。例如，图 4.3 中先从点 1 到 2 画一水平线段，再从点 2 到 3 画一条线段与之成 60° 角，这时可以打开极轴追踪功能并设极角增量为 60°，则当光标在 60° 位置附近时 AutoCAD 显示一条辅助线和提示，如图 4.3 所示，光标远离该位置时辅助线和提示消失。

极轴追踪的有关设置可在"草图设置"对话框的"极轴追踪"选项卡中完成。是否打开极轴追踪功能，可按 F10 键或单击状态栏中的"极轴"按钮进行切换。

2．对象捕捉追踪

对象捕捉追踪与对象捕捉功能相关，启用对象捕捉追踪功能之前必须先启用对象捕捉功能。利用对象捕捉追踪可产生基于对象捕捉点的辅助线，例如，在图 4.4 中，在画线过程中 AutoCAD 捕捉到前一段线段的端点，追踪提示说明光标所在位置与捕捉的端点间距离为 46.6315，辅助线的极轴角为 330°。关于对象捕捉功能将在 4.4 节中介绍。

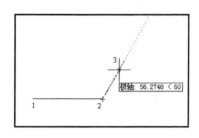

图 4.3　极轴追踪功能

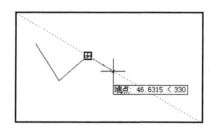

图 4.4　对象捕捉追踪

4.3.3　正交模式

当正交模式打开时，AutoCAD 限定只能画水平线和铅垂线，使用户可以精确地绘制水平线和铅垂线，极大地方便了绘图操作。另外，执行移动命令时也只能沿水平和铅垂方向移动图形对象。

1．命令

命令名：ORTHO

2．功能

控制是否以正交方式画图。

3．格式

命令: ORTHO↙
输入模式 [开(ON)/关(OFF)] <OFF>:

在此提示下，选择"ON"可打开正交模式绘制水平线或铅垂线，选择"OFF"则关闭正交模式，用户可画任意方向的直线。另外，用户也可以按 F8 键或单击状态栏中的"正交"按钮，在打开和关闭正交功能之间进行切换。

4.3.4　设置线宽

1．命令

命令名：LINEWEIGHT
菜单：格式→线宽
图标："特性"工具栏中的"线宽"下拉列表如图 4.5（a）所示

2．功能

设置当前线宽及线宽单位，控制线宽的显示及调整显示比例。

3．对话框

弹出如图 4.5（b）所示的"线宽设置"对话框。可通过"线宽"列表框设置图线的线宽。"显示线宽"复选框和状态栏中的"线宽"按钮控制当前图形中是否显示线宽。

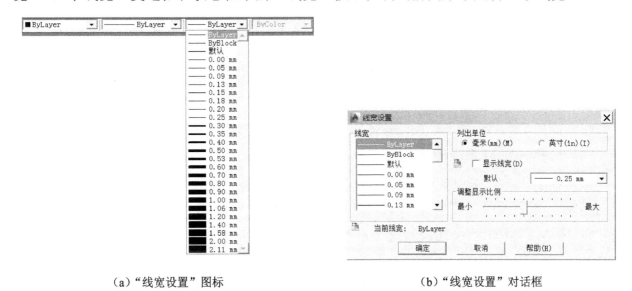

（a）"线宽设置"图标　　　　　　　　　　（b）"线宽设置"对话框

图 4.5　"线宽设置"图标及对话框

4.3.5　状态栏控制

状态栏位于 AutoCAD 绘图界面的底部，如图 4.6 所示。默认情况下，左端显示绘图区中光标定位点的 X、Y、Z 坐标值；中间依次有"捕捉"、"栅格"、"正交"、"极轴"、"对象捕捉"、"对象追踪"、"DUCS"（动态坐标系）、"DYN"（动态输入）、"线宽"和"模型"十个辅助绘图工具按钮，单击任一按钮，即可打开相应的辅助绘图工具；单击右端的状态行菜单按钮，即可弹出"状态行"菜单，如图 4.7 所示，在该菜单中可以设置和修改状态栏中要显示的辅助绘图工具按钮。

图 4.6　状态栏

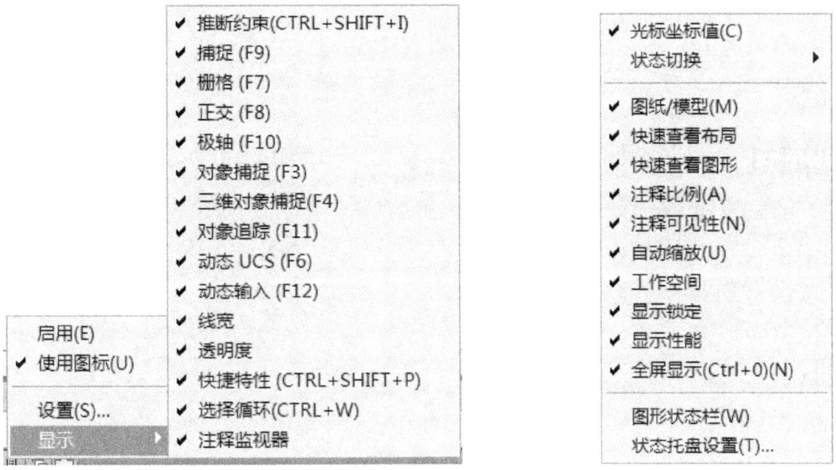

图 4.7　"状态行"菜单

4.3.6 举例

设置一张 A4（210×297）图幅，单位精度小数位为 2 位，捕捉间隔为 1.0，栅格间距为 10.0 的新图。

操作步骤如下。

（1）开始画新图，采用"无样板打开—公制"模板。

（2）在"格式"菜单中选择"单位"选项，弹出"图形单位"对话框，将长度单位的类型设置为小数，精度设为 0.00。

（3）调用 LIMITS 命令，设图形界限左下角为 10，10；右上角为 220，307。

（4）选择 ZOOM 命令的 All（全部）选项，按设定的图形界限调整屏幕显示。

（5）在"工具"菜单中选择"草图设置"选项，弹出"草图设置"对话框，在"捕捉与栅格"选项卡内设置捕捉 X 轴间距为 1，捕捉 Y 轴间距为 1；设置栅格 X 轴间距为 10，栅格 Y 轴间距为 10；勾选"启用捕捉"和"启用栅格"复选框，启动捕捉和栅格功能。

（6）利用 PLINE 命令，画出图幅边框。

（7）利用 PLINE 命令，按左边有装订边的格式以粗实线画出图框（线宽 W=0.7），单击状态栏中的"线宽"按钮，以显示线宽设置效果。

（8）注意状态栏中 X、Y 坐标显示的变化。

（9）单击状态栏中的"捕捉""栅格""线宽"按钮，观察对绘图与屏幕显示的影响。

4.4 对象捕捉

对象捕捉是 AutoCAD 精确定位于对象上某一点的一种重要方法，它能迅速地捕捉图形对象的端点、交点、中点、切点等特殊点和位置，从而提高绘图精度，简化设计、计算过程，提高绘图速度。

4.4.1 设置对象捕捉模式

1．命令

命令名：OSNAP（可透明使用）
菜单：工具→草图设置

2．功能

设置对象捕捉模式。

3．对话框

选择"草图设置"对话框中的"对象捕捉"选项卡，如图 4.8 所示。

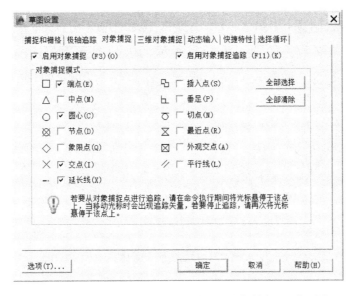

图 4.8 "草图设置"对话框的"对象捕捉"选项卡

选项卡中的两个复选框——"启用对象捕捉"和"启用对象捕捉追踪"用来确定是否启用对象捕捉功能和对象捕捉追踪功能。在"对象捕捉模式"选项组中，规定了对象上 13 种特征点的捕捉。选择捕捉模式后，在绘图屏幕上，只要把靶区放在对象上，即可捕捉到对象上的特征点。在每种特征点前都规定了相应的捕捉显示标记，例如，中点用小三角表示，圆心用一个小圆圈表示。选项卡中还有"全部选择"和"全部清除"两个按钮，单击前者，则选择所有捕捉模式；单击后者，则清除所有捕捉模式。

各捕捉模式的含义如下。

（1）端点（END）：捕捉直线段或圆弧的端点，捕捉到离靶框较近的端点。

（2）中点（MID）：捕捉直线段或圆弧的中点。

（3）圆心（CEN）：捕捉圆或圆弧的圆心，靶框放在圆周上，捕捉到圆心。

（4）节点（NOD）：捕捉到靶框内的孤立点。

（5）象限点（QUA）：相对于当前 UCS，圆周上最左、最右、最上、最下的四个点称为象限点，靶框放在圆周上，捕捉到最近的一个象限点。

（6）交点（INT）：捕捉两线段的显示交点和延伸交点。

（7）延长线（EXT）：当靶框在一个图形对象的端点处移动时，AutoCAD 显示该对象的延长线，并捕捉正在绘制的图形与该延长线的交点。

（8）插入点（INS）：捕捉图块、图像、文本和属性等的插入点。

（9）垂足（PER）：当向一对象画垂线时，把靶框放在对象上，可捕捉到对象上的垂足位置。

（10）切点（TAN）：当向一对象画切线时，把靶框放在对象上，可捕捉到对象上的切点位置。

（11）最近点（NEA）：当靶框放在对象附近拾取，捕捉到对象上离靶框中心最近的点。

（12）外观交点（APP）：当两对象在空间交叉，而在一个平面上的投影相交时，可以从投影交点捕捉到某一对象上的点；或者捕捉两投影延伸相交时的交点。

（13）平行线（PAR）：捕捉图形对象的平行线。

对垂足捕捉和切点捕捉，AutoCAD 还提供延迟捕捉功能，即根据直线的两端条件来准确求解直线的起点与端点。如图 4.9（a）所示为求两圆弧的公切线；如图 4.9（b）所示为求圆弧与直线的公垂线；如图 4.9（c）所示为作直线与圆相切且和另一直线垂直。

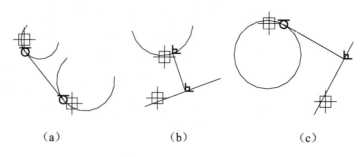

（a）　　　　　　　　（b）　　　　　　　　（c）

图 4.9　延迟捕捉功能

注意

① 选择了捕捉类型后，在后续命令中，要求指定点时，这些捕捉设置长期有效，作图时可以看到出现靶框要求捕捉。若要修改，要再次启动"草图设置"功能。

② AutoCAD 为了操作方便，在状态栏中设置了对象捕捉开关，对象捕捉功能可通过状态栏中的"对象捕捉"按钮来控制其打开和关闭。

4.4.2　利用光标菜单和工具栏进行对象捕捉

AutoCAD 还提供了另一种对象捕捉的操作方式，即在命令要求输入点时，临时调用对象捕捉功能，此时它覆盖"对象捕捉"选项卡的设置，称为单点优先方式。此方式只对当前点有效，对下一点的输入无效。

1. 对象捕捉光标菜单

在命令要求输入点时，按 Shift 键的同时右击，在屏幕上当前光标处出现对象捕捉光标菜单，如图 4.10 所示。

2. "对象捕捉"工具栏

"对象捕捉"工具栏如图 4.11 所示，在"视图"菜单中选择"工具栏"选项，弹出"工具栏"对话框，在该对话框中勾选"对象捕捉"复选框，即可使"对象捕捉"工具栏显示在屏幕上。从内容上看，它和对象捕捉光标菜单类似。

图 4.10　"对象捕捉"光标菜单

图 4.11　"对象捕捉"工具栏

【例 4.1】如图 4.12（a）所示，已知上边一个圆和下边一条水平线，现利用对象捕捉功能从圆心→直线中点→圆切点→直线端点画一条折线。

具体过程如下：

> 命令：**LINE**↙
> 指定第一点：（单击"对象捕捉"工具栏中的"捕捉到圆心"图标）
> _cen 于 （拾取圆1）
> 指定下一点或 [放弃(U)]：　　　　（单击"对象捕捉"工具栏中的"捕捉到中点"图标）
> _mid 于 （拾取直线2）
> 指定下一点或 [放弃(U)]：　　　　（单击"对象捕捉"工具栏中的"捕捉到切点"图标）
> _tan 到 （拾取圆3）
> 指定下一点或 [闭合(C)/放弃(U)]：（单击"对象捕捉"工具栏中的"捕捉到端点"图标）
> _endp 于 （拾取直线4）
> 指定下一点或 [闭合(C)/放弃(U)]：↙（按回车键）

3. 追踪捕捉

追踪捕捉用于二维制图，可以先后提取捕捉点的 X、Y 坐标值，从而综合确定一个新点。因此，它经常和其他对象捕捉方式配合使用。

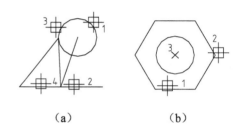

（a）　　　　　（b）

图 4.12　对象捕捉、追踪捕捉应用举例

【例 4.2】以图 4.12（b）中的正六边形中心为圆心，画一半径为 30 的圆。

具体过程如下：

> （先绘制出图中的六边形）
> 命令：**CIRCLE**↙
> 指定圆的圆心或 [三点(3P)/两点(2P)/相切、相切、半径(T)]：**TRACKING**↙（拾取追踪捕捉，自动启用正交功能）
> 第一个追踪点：（拾取中点捕捉）
> _mid 于（拾取底边中心1处）
> 下一点（按回车键结束追踪）：（拾取交点捕捉）
> _int 于（拾取交点2处）
> 下一点（按回车键结束追踪）：↙（按回车键结束追踪，AutoCAD提取1点X坐标，2点Y坐标，定位于3点，即正六边形中心）
> 指定圆的半径或 [直径(D)]：**30**↙（画一半径为30的圆）
> 命令：

启用追踪后，系统自动启用正交功能，拾取到第 1 点后，如靶框水平移动，则提取 1 点的 Y 坐标，如靶框垂直移动则提取 1 点的 X 坐标，然后由第二点补充另一坐标。

4. 点过滤器

点过滤通过过滤拾取点坐标值的方法来确定一个新点的位置，在图 4.10 所示的光标菜单中"点过滤器"菜单项的下一级菜单内："·X"为提取拾取点的 X 坐标；"·XY"为提取拾取点的 X、Y 坐标。

【例 4.3】如图 4.13 所示，以正六边形中心点为圆心，画一半径为 30 的圆。

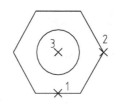

图 4.13　利用点过滤器绘图

利用点过滤实现绘图的操作过程如下：

命令：**CIRCLE**✓
指定圆的圆心或 [三点(3P)/两点(2P)/相切、相切、半径(T)]:（按Shift键的同时右击，弹出快捷菜单，拾取快捷菜单中点过滤器子菜单中的.XZ项）
XZ于（拾取中点捕捉）
_mid 于（拾取中点1）
（需要 Y）:（拾取交点捕捉）
_int 于 （拾取2点，综合后定位于3点）
指定圆的半径或 [直径(D)]: **30**✓（画出圆）

把这种操作与追踪捕捉对照，就可以看出追踪捕捉只是在二维制图中取代了点过滤的操作。

4.5　自动捕捉

AutoCAD 的自动捕捉功能提供了视觉效果来指示出对象正在被捕捉的特征点，以便使用户正确的捕捉。当光标放在图形对象上时，自动捕捉会显示一个特征点的捕捉标记和捕捉提示。可通过如图 4.14 所示的"选项"对话框中的"绘图"选项卡设置自动捕捉的有关功能。打开该对话框的方法：在"工具"菜单中选择"选项"选项，即可弹出"选项"对话框，在该对话框中选择"绘图"选项卡。

在该选项卡中自动捕捉的有关设置如下。

（1）标记：若选中该复选框，则当拾取靶框经过某个对象时，该对象上符合条件的特征点就会显示捕捉点类型标记并指示捕捉点的位置，如图 4.14 所示，中点的捕捉标记为一个小三角形；在该选项卡中，还可以通过"自动捕捉标记大小"和"自动捕捉标记颜色"两项来调整标记的大小和颜色。

（2）磁吸：若选中该复选框，则拾取靶框会锁定在捕捉点上，拾取靶框只能在捕捉点间跳动。

（3）显示自动捕捉工具栏提示：若选中该复选框，则系统将显示关于捕捉点的文字说明，捕捉到中点，则在该点旁边显示"中点"，如图4.15 所示。

（4）显示自动捕捉靶框：若选中该复选框，则系统将显示拾取靶框；选项卡中的"靶框大小"项用于调整靶框的大小。

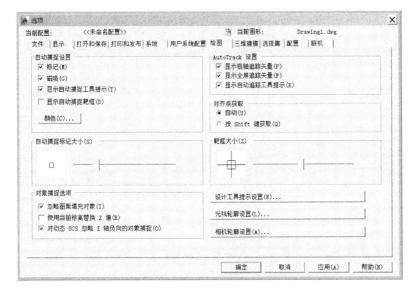

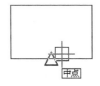

图 4.14　"选项"对话框的"绘图"选项卡　　　　图 4.15　捕捉标记和捕捉提示

4.6　动态输入

使用动态输入功能可以在工具栏提示中输入坐标值,而不必在命令窗口中进行输入。

光标旁边显示的工具栏提示信息将随着光标的移动而动态更新。当某个命令处于活动状态时,可以在工具栏提示中输入值,如图 4.16 所示。

有两种动态输入方式,分别为指针输入和标注输入。指针输入用于输入坐标值;标注输入用于输入距离和角度。动态输入方式可通过如图 4.17 所示的"草图设置"对话框中的"动态输入"选项卡进行设置。指针输入及标注输入的格式与可见性可通过在如图 4.17 所示的"草图设置"对话框中单击左边或右边的"设置"按钮来设置,在弹出的如图 4.18 所示的"指针输入设置"对话框或如图 4.19 所示的"标注输入的设置"对话框中进行选择。

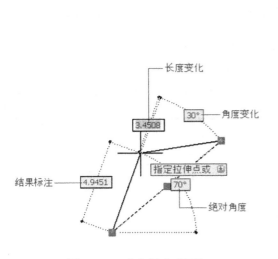

图 4.16　动态输入显示

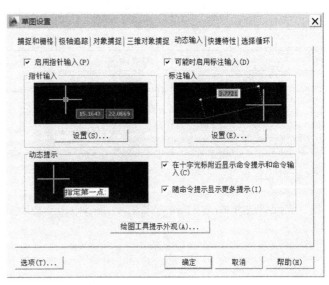

图 4.17　"草图设置"对话框中的"动态输入"选项卡

111

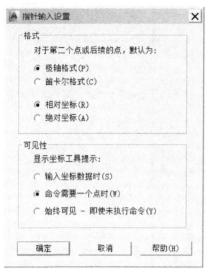

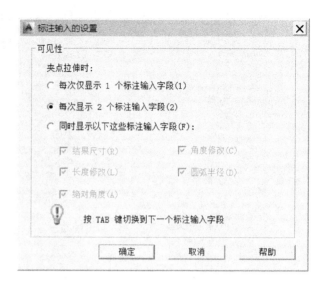

图 4.18 "指针输入设置"对话框　　　　图 4.19 "标注输入的设置"对话框

可以通过单击状态栏中的"DYN"按钮来打开或关闭动态输入。

4.7 快捷功能键

键盘上的功能键在 AutoCAD 中都具有指定功能，具体如表 4.1 所示，使用功能键可方便用户的相关操作。

表 4.1 快捷功能键

主　键	功　能	说　明
F1	帮助	显示活动工具提示、命令、选项板或对话框的帮助
F2	展开的历史记录	在命令窗口中显示展开的命令历史记录
F3	对象捕捉	打开和关闭对象捕捉
F4	三维对象捕捉	打开三维元素的其他对象捕捉
F5	等轴测平面	循环浏览二维等轴测平面设置
F6	动态 UCS	打开和平面对齐的 UCS（用户坐标系）
F7	栅格显示	打开和关闭栅格显示
F8	正交	锁定光标按水平或垂直方向移动
F9	栅格捕捉	限制光标按指定的栅格间距移动
F10	极轴捕捉	引导光标按指定的角度移动
F11	对象捕捉追踪	从对象捕捉位置水平或垂直追踪光标
F12	动态输入	显示光标附近的距离和角度并在字段之间使用 Tab 键时接收输入

◁》 提示

功能键 F8 和 F10 相互排斥，即打开一个必将关闭另外一个。

112

4.8　显示控制

在绘图过程中，经常需要对所画图形进行显示缩放、平移、重画、重生成等各种操作。本节的命令用于控制图形在屏幕上的显示，可以按照用户所期望的位置、比例和范围控制屏幕窗口对"图纸"相应部位的显示，便于观察和绘制图形。这些命令只改变视觉效果，而不改变图形的实际尺寸及图形对象间的相互位置关系。本节将介绍刷新屏幕的重画和重生成命令，以及控制显示的缩放和平移命令，并介绍鸟瞰视图。

4.8.1　显示缩放

显示缩放 ZOOM 命令的功能如同相机的变焦镜头，它能将镜头对准"图纸"上的任何部分，放大或缩小观察对象的视觉尺寸，而其实际尺寸保持不变。

1．命令

命令名：ZOOM（缩写名为 Z，可透明使用）

菜单：视图→缩放→由级联菜单列出各选项

图标："标准工具栏"的三个图标："实时缩放"；"缩放为前一个"；"缩放窗口"和弹出工具栏，如图 4.20 所示。

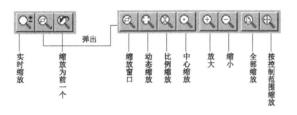

图 4.20　显示缩放的图标

2．常用选项说明

（1）实时缩放（R）：在实时缩放时，从图形窗口中当前光标点处上移光标，图形显示放大；下移光标，图形显示缩小。右击，将弹出快捷菜单，如图 4.21 所示。

图 4.21　快捷菜单

该菜单包括下列选项。

① 退出：退出实时模式。

② 平移：从实时缩放转换到实时平移。

③ 缩放：从实时平移转换到实时缩放。

④ 三维动态观察器：进行三维轨道显示。

⑤ 窗口缩放：显示一个指定窗口，然后回到实时缩放。

⑥ 缩放为原窗口：恢复原窗口显示。

⑦ 范围缩放：按图形界限显示全图，然后回到实时缩放。

（2）缩放为前一个（P）：恢复前一次显示。

（3）缩放窗口（W）：指定一个窗口，如图 4.22（a）所示，把窗口内图形放大到全屏，如图 4.22（b）所示。

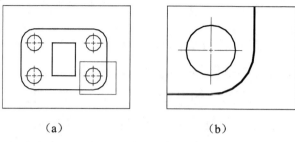

（a） （b）

图 4.22 缩放窗口

（4）比例缩放（S）：以屏幕中心为基准，按比例缩放，这里给出以下几个例子。

2：以图形界限为基础，放大一倍显示。

0.5：以图形界限为基础，缩小一半显示。

2x：以当前显示为基础，放大一倍显示。

0.5x：以当前显示为基础，缩小一半显示。

（5）放大（I）：相当于 2x 的比例缩放。

（6）缩小（O）：相当于 0.5x 的比例缩放。

（7）全部缩放（A）：按图形界限显示全图。

（8）按范围缩放（E）：按图形对象占据的范围全屏显示，而不考虑图形界限的设置。

4.8.2　显示平移

1．命令

命令名：PAN（可透明使用）

菜单：视图→平移→由级联菜单列出常用操作

图标："标准"工具栏中"实时平移"图标 ⚞

2．说明

在选择"实时平移"时，光标变成一只小手，按住鼠标左键移动光标，当前视图中的图形就会随着光标的移动而移动。

在选择"定点"平移时，AutoCAD 会提示：

指定基点或位移：（输入点1）
指定第二点：（输入点2）

通过给定的位移矢量来控制平移的方向与大小。

进入实时平移或缩放后，按 Esc 键或回车键可以随时退出"实时"状态。

4.8.3　重画

1．命令

命令名：REDRAW（缩写名为 R，可透明使用）

菜单：视图→重画

2．功能

快速地刷新当前视图中显示内容，去掉所有的临时"点标记"和图形编辑残留。

4.8.4　重生成

1．命令

命令名：REGEN（缩写名为 RE）
菜单：视图→重生成

2．功能

重新计算当前视图中的所有图形对象，进而刷新当前视图中的显示内容。它将原显示不太光滑的图形重新变得光滑。重生成（REGEN）命令比重画（REDRAW）命令更费时间。对绘图过程中有些设置的改变，如填充（FILL）模式、快速文本（QTEXT）的打开与关闭，往往要执行一次 REGEN，才能使屏幕产生变动。

4.9　对象特性概述

对象特性是指对象的图层、颜色、线型、线宽和打印样式。它是 AutoCAD 提供的另一类辅助绘图命令。图层类似于透明胶片，用来分类组织不同的图形信息；颜色可以用来区分图形中相似的图形对象；线型可以很容易地区分不同的图形对象（如实线、虚线、点画线等）；同一线型的不同线宽可用来表示不同的表达对象（如工程制图中的粗线和细线）；打印样式可控制图形的输出形式。用图层来组织和管理图形对象可使得图形的信息管理更加清晰。

4.9.1　图层

图形分层的例子随处可见。套印和彩色照片都是分层做成的。AutoCAD 的图层（Layer）可以被想象为一张没有厚度的透明纸，上边画着属于该层的图形对象。图形中所有这样的层叠放在一起，就组成了一个 AutoCAD 的完整图形。

应用图层在图形设计和绘制中具有很大的实际意义。例如，在城市道路规划设计中，就可以将道路、建筑以及给水、排水、电力、电信、煤气等管线的布置图画在不同的图层上，把所有图层加在一起就是整条道路规划设计图。而单独对各个图层进行处理时（如要对排水管线的布置进行修改），只要单独对相应的图层进行修改即可，不会影响到其他层。

图层是 AutoCAD 用来组织图形的有效工具之一，AutoCAD 图形对象必须绘制在某一层上。

图层具有如下特点：

（1）每一图层对应有一个图层名，系统默认设置的图层为"0"（零）层。其余图层由用户根据绘图需要命名创建，数量不限。

（2）各图层具有同一坐标系，好像透明纸重叠在一起一样。每一图层对应一种颜色、一种线型。新建图层的默认设置为白色、连续线（实线）。图层的颜色和线型设置可以修改。一般在一个图层上创建图形对象时，就自然采用该图层对应的颜色和线型，称为随层（Bylayer）方式。

（3）当前作图使用的图层称为当前层，当前层只有一个，但可以切换。

（4）图层具有以下特征，用户可以根据需要进行设置。

① 打开（ON）/关闭（OFF）：控制图层上的实体在屏幕上的可见性。图层打开，则该图层上的对象可见，图层关闭，该图层的对象从屏幕上消失。

② 冻结（Freeze）/解冻（Thaw）：也影响图层的可见性，并且控制图层上的实体在打印输出时的可见性。图层冻结，该图层的对象不仅在屏幕上不可见，也不能打印输出。另外，在图形重新生成时，冻结图层上的对象不参加计算，因此可明显提高绘图速度。

③ 锁定（Lock）/解锁（Unlock）：控制图层上的图形对象能否被编辑修改，但不影响其可见性。图层锁定，该图层上的对象仍然可见，但不能对其做删除、移动等图形编辑操作。

（5）AutoCAD 通过图层命令（LAYER）、"特性"工具栏中的图层列表以及工具栏图标等实施图层操作。

如图 4.23 所示为一机械"减速器"的装配图，左上位置为其"图层"工具栏中的图层列表，从中可以看到该图的部分图层设置。

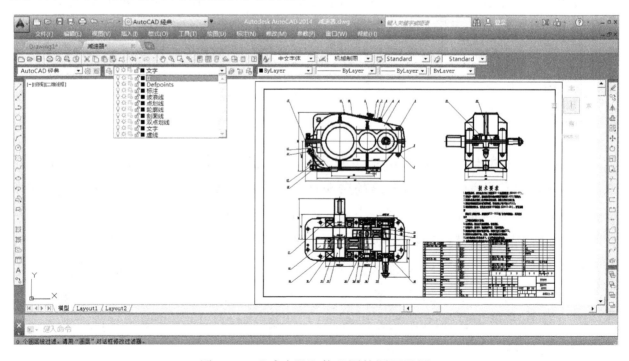

图 4.23　"减速器"装配图的图层设置

4.9.2 颜色

颜色也是 AutoCAD 图形对象的重要特性，在 AutoCAD 颜色系统中，图形对象的颜色设置可分为如下几种。

（1）随层（ByLayer）：依对象所在图层，具有该层所对应的颜色。

（2）随块（ByBlock）：当对象创建时，具有系统默认设置的颜色（白色），当该对象定义到块中，并插入到图形中时，具有块插入时所对应的颜色（块的概念及应用将在第6 章中介绍）。

（3）指定颜色：即图形对象不随层、随块时，可以具有独立于图层和图块的颜色，AutoCAD 颜色由颜色号对应，编号是 1~255，其中 1~7 是 7 种标准颜色，如表 4.2 所示。其中，7 号颜色随背景而变，背景为黑色时，7 号代表白色；背景为白色时，则其代表黑色。

表 4.2　标准颜色列表

编　　号	颜 色 名 称	颜　　色
1	RED	红
2	YELLOW	黄
3	GREEN	绿
4	CYAN	青
5	BLUE	蓝
6	MAGENTA	绛红
7	WHITE/BLACK	白/黑

因此，根据具体的设置，画在同一图层中的图形对象，可以具有随层的颜色，也可以具有独立的颜色。在实际操作中，颜色的设置常用"选择颜色"对话框（如图 4.24 所示）进行直观选择。AutoCAD 提供的 COLOR 命令，可以弹出该对话框。

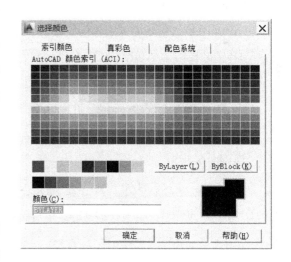

图 4.24　"选择颜色"对话框

4.9.3　线型

线型（Linetype）是 AutoCAD 图形对象的另一重要特性，在公制测量系统中，AutoCAD 提供线型文件 Acadiso.lin，其以毫米为单位定义了各种线型（如虚线、点画线等）的划长、间隔长等。AutoCAD 支持多种线型，用户可据具体情况选用，例如，中心线一般采用点画线，可见轮廓线采用粗实线，不可见轮廓线采用虚线等。

1．线型分类

用 AutoCAD 绘图时可采用的线型有三大类：ISO 线型、AutoCAD 线型和组合线型。下面分别对其予以介绍。

1）ISO 线型

在线型文件 Acadiso.lin 中按国际标准（ISO）、采用线宽 W=1.00mm 定义的一组标准线型。如

Acad_iso02w100：线型说明为 ISO dash，即 ISO 虚线。

Acad_iso04w100：线型说明为 ISO long-dash dot，即 ISO 长点画线。

AutoCAD 的连续线（Continuous）用于绘制粗实线或细实线。

2）AutoCAD 线型

在线型文件 Acad.lin 中由 AutoCAD 软件自定义的一组线型，如图 4.25 所示。

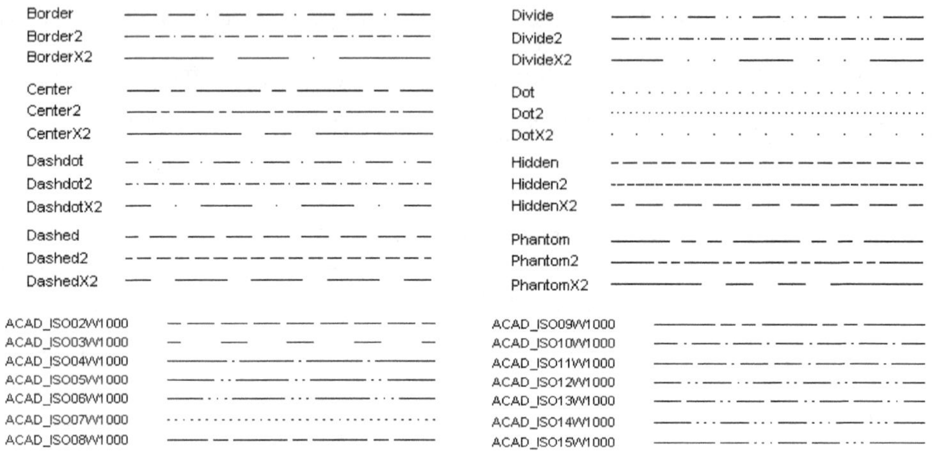

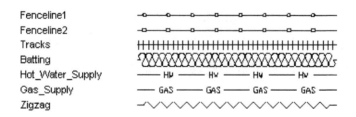

图 4.25　AutoCAD 中的线型

除连续线（Continuous）外，其余的线型有 DASHED（虚线）、HIDDEN（隐藏线）、CENTER（中心线）、DOT（点线）、DASHDOT（点画线）等。

AutoCAD 线型定义中，短划、间隔的长度和线宽无关。为了使用户能调整线型中短划和间隔的长度，AutoCAD 又把一种线型按短划、间隔长度的不同扩充为三种，例如，

DASHED（虚线），短划、间隔具有正常长度；

DASHED.5X(虚线)，短划、间隔为正常长度的一半；

DASHED2X（虚线），短划、间隔为正常长度的 2 倍。

3）组合线型

除上述一般线型外，AutoCAD 还在 Ltypeshp.lin 线型文件中提供了一些组合线型，如图 4.26 所示：由线段和字符串组合的线型，如 Gas_Supply（煤气管道线）、Hot_Water_Supply（热水供运管线）等；由线段和图案（形）组合的线型，如 Fenceline（栅栏线）、Zigzag（折线）等。它们的使用方法和简单线型相同。

图 4.26　AutoCAD 中的组合线型

2．线型设置

和颜色相似，AutoCAD 中图形对象的线型设置有 3 种方式，如下所示。

（1）随层（ByLayer）：按对象所在图层，具有该层所对应的线型。

（2）随块（ByBlock）：当对象创建时，具有系统默认设置的线型（连续线），当该对象定义到块中，并插入到图形中时，具有块插入时所对应的线型。

（3）指定线型：即图形对象不随层、随块，而是具有独立于图层的线型，用对应的线型名表示。

因此，画在同一图层中的对象可以具有随层的线型，也可以具有独立的线型。在实际操作中，线型的设置常通过对话框直观地从线型文件中加载到当前图形。AutoCAD 提供的 LINETYPE 命令，用于定义线型、加载线型和设置线型。执行该命令，弹出如图 4.27 所示的"线型管理器"对话框，在文本窗口中列出了 AutoCAD 默认的 3 种线型设置：ByLayer（随层）、ByBlock（随块）、Continuous（连续线），可从中选取。如果其中没有所需线型，单击"加载"按钮，弹出如图 4.28 所示的"加载或重载线型"对话框，选取相应的线型文件，单击"确定"按钮将其加载到线型管理器中，再进行选择。

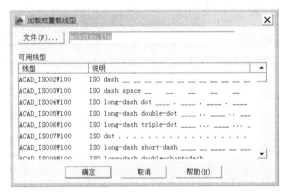

图 4.27　"线型管理器"对话框　　　　　图 4.28　　"加载或重载线型"对话框

3．线型比例

AutoCAD 还提供了线型比例功能，即对一个线段，在总长不变的情况下，用线型比例来调整线型中短划、间隔的显示长度，该功能通过 LTSCALE 命令实现。具体如下：

命令名：LTSCALE（缩写名为 LTS，可透明使用）

格式：

> 命令：**LTSCALE**✓
> 新比例因子<1.0000>：（输入新值）

此时，AutoCAD 根据新的比例因子自动重新生成图形。比例因子越大，则线段越长。

4.9.4　对象特性的设置与控制

AutoCAD 提供了"图层""特性"两个工具栏，如图 4.29 和图 4.30 所示，排列了有关图层、颜色、线型的有关操作。由此可方便地设置和控制有关的对象特性。

（1）将对象的图层置为当前：用于改变当前图层。单击该图标，然后在图形中选择某个对象，则该对象所在图层将成为当前层。

（2）图层特性管理器：用于打开图层特性管理器。单击该图标，AutoCAD 弹出如图 4.31 所示的"图层特性管理器"对话框，可对图层的各个特性进行修改。

（3）图层列表：用于修改图层的开/关、锁定/解锁、冻结/解冻、打印/非打印特性。单击右侧箭头，弹出图层下拉列表，用户可单击相应层的相应图标改变其特性。

图 4.29　"图层"工具栏

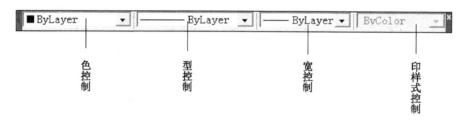

图 4.30　"特性"工具栏

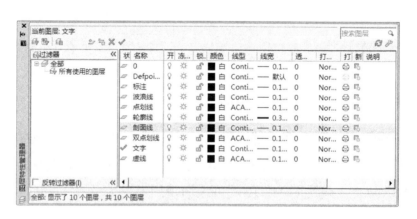

图 4.31　"图层特性管理器"对话框

（4）颜色控制：用于修改当前颜色。下拉列表中列出了"随层""随块"及 7 种标准颜色，单击"其他"按钮可弹出"选择颜色"对话框，从中可修改当前绘制图形所用的颜色。此修改不影响当前图层的颜色设置。

（5）线型控制：用于修改当前线型。此修改只改变当前绘制图形用的线型，不影响当前图层的线型设置。

（6）线宽控制：用于修改当前线宽。与前两项相同，不影响图层的线宽设置。

（7）打印样式控制：用于修改当前的打印样式，不影响对图层打印样式的设置。

4.10 图层

AutoCAD 提供的图层特性管理器，使用户可以方便地对图层进行操作，例如，建立新图层、设置当前图层、修改图层颜色、线型，以及打开/关闭图层、冻结/解冻图层、锁定/解锁图层等。

4.10.1 图层的设置与控制

1．命令

命令名：LAYER（缩写名为 LA，可透明使用）
菜单：格式→图层
图标："特性"工具栏中图标 ▨

2．功能

对图层进行操作，控制其各项特性。

3．格式

命令：**LAYER**↙

弹出如图 4.31 所示的"图层特性管理器"对话框，利用此对话框可对图层进行各种操作。

1）创建新图层

单击新建图层按钮 ▨ 可创建新的图层，新图层将继承 0 层的特性或继承已选择的某一图层的特性。新图层的默认名为"图层 n"，显示在中间的图层列表中，用户可以立即更名。图层名也可以使用中文。

一次可以生成多个图层，单击"新建"按钮后，在名称栏中输入新层名，并输入","，就可以再输入下一个新层名。

2）图层列表框

在图层特性管理器中有一个图层列表框，列出了用户指定范围的所有图层，其中"0"图层为 AutoCAD 系统默认的图层。对每一图层，都有一状态条说明该层的特性，内容说明如下。

- 名称：列出图层名。
- 开：有一灯泡形图标，单击此图标可以打开/关闭图层，灯泡发光说明该层打开，灯泡变暗说明该图层关闭。

- 在所有视图冻结：有一雪花形/太阳形图标，单击此图标可以冻结/解冻图层，图标为太阳说明该层处于解冻状态，图标为雪花说明该层被冻结，注意当前层不可以被冻结。
- 锁（定）：有一锁形图标，单击此图标可以锁定/解锁图层，图标为打开的锁说明该层处于解锁状态，图标为闭合的锁说明该层被锁定。
- 颜色：有一色块形图标，单击此图标将弹出"选择颜色"对话框，如图 4.24 所示，可修改图层颜色。
- 线型：列出图层对应的线型名，单击线型名图标，将弹出如图 4.32 所示的"选择线型"对话框，可以从已加载的线型中选择一种代替该图层线型，如果"选择线型"对话框中列出的线型不够，则可单击底部的"加载"按钮弹出"加载或重载线型"对话框，如图 4.28 所示，从线型文件中加载所需的线型。
- 线宽：列出图层对应的线宽，单击线宽值图标，AutoCAD 弹出"线宽"对话框，如图 4.33 所示，可用于修改图层的线宽。
- 打印样式：显示图层的打印样式。
- 打（印）：有一打印机形图标，单击它可控制图层的打印特性，打印机上有一红色球时表明该层不可被打印，否则可被打印。

图 4.32 "选择线型"对话框

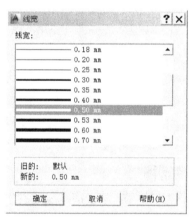

图 4.33 "线宽"对话框

3）设置当前图层

从图层列表框中选择任一图层，单击"当前"按钮 ✓，即可把它设置为当前图层。

4）图层排序

单击图层列表中的"名称"图标，就可以改变图层的排序。例如，要按层名排序，第一次单击"名称"图标，系统按字典顺序降序排列；第二次单击"名称"图标，系统按字典顺序升序排列。如单击"颜色"图标，则图层按 AutoCAD 颜色排序。

5）删除已创建的图层

用户创建的图层若从未被引用过，则可以单击"删除"按钮将其删除。方法如下：选择该图层，单击"删除"按钮 ✗，则该图层消失。系统创建的 0 层不能删除。

6）图层操作快捷菜单

在图层特性管理器中右击，将弹出快捷菜单，如图 4.34 所示，利用此菜单中的各选项可方便地对图层进行操作，包括设置当前层、建立新图层、全部选择或全部删除图层、设置图层过滤条件等。

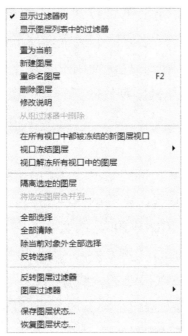

图 4.34 图层操作快捷菜单

4.10.2 图层设置的国标规定

国家标准规定了计算机制图中图层、颜色等的具体设置，如表 4.3 所示。

表 4.3 图层设置的国标规定（摘自 GB/T 18229—2000）

图 线 名 称	图 线 型 式	层 号	颜 色
粗实线	————————	01	白色
细实线	————————	02	绿色
波浪线	∿∿		
粗虚线	▬ ▬ ▬ ▬ ▬	03	白色
细虚线	– – – – – –	04	黄色
细点画线	—·—·—·—·—	05	红色
细双点画线	——··——··——	07	粉红色
尺寸界线、尺寸线等	⊢——————⊣	08	
剖面符号	/////	10	
文本细实线	ABCD	11	
尺寸值和公差	421±0.234	12	
文本粗实线	**ABCDEF**	13	
用户选用		14、15、16	

123

4.10.3　图层应用示例

图层广泛应用于组织图形，通常可以按线型（如粗实线、细实线、虚线和点画线等）、按图形对象类型（如图形、尺寸标注、文字标注、剖面线等）或按生产过程、管理需要来分层，并给每一层赋予适当的名称，使图形管理变得十分方便。

【**例 4.4**】如图 4.35 所示为一机械零件的工程图，现结合绘图与生产过程对其设置图层，并进行绘图操作。

操作步骤如下。

（1）在"图层特性管理器"对话框中建立三个图层，并依国标规定其名称、颜色、线型、线宽如下（保留系统提供的 0 层，供辅助作图用）。

05 层：红色，线型 ACAD_ISO04W100，线宽 0.2——用于画定位轴线（点画线）。

01 层：白色，线型 Continuous，线宽 0.4——用于画可见轮廓线（粗实线）。

04 层：黄色，线型 ACAD_ISO02W100，线宽 0.2——用于画不可见轮廓线（虚线）。

（2）选中 05 层，单击"当前"按钮，将其设为当前层，画定位轴线。

（3）设 01 层为当前层，画可见轮廓线。

（4）设 04 层为当前层，画中间钻孔。

（5）如设 0 层为当前层，并关闭 04 层，则显示钻孔前的零件图形，如图 4.36 所示。

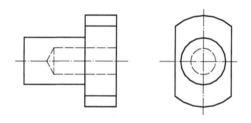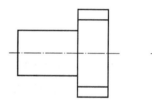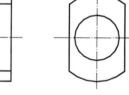

图 4.35　机械零件的工程图　　　　　图 4.36　显示钻孔前的零件图形

4.11　颜色

用户可以根据需要为图形对象设置不同的颜色，从而把不同类型的对象区分开来。颜色的确定可以采用"随层"方式，即取其所在层的颜色；也可以采用"随块"方式，对象随着图块插入到图形中时，根据插入层的颜色而改变；对象的颜色还可以脱离于图层或图块单独设置。对于若干取相同颜色的对象，如全部的尺寸标注，可以把它们放在同一图层上，为图层设定一个颜色，而对象的颜色设置为"随层"方式。有关颜色的操作说明如下。

1. 为图层设置颜色

在图层特性管理器中，单击所选图层属性条的颜色块，AutoCAD 将弹出"选择颜色"对话框，如图 4.24 所示，用户可从中选择适当颜色作为该层颜色。

2．为图形对象设置颜色

"特性"工具栏的颜色下拉列表如图 4.37 所示，它用于改变图形对象的颜色或为新创建对象设置颜色。

图 4.37　"颜色"下拉列表　　　　图 4.38　"线型控制"下拉列表

① 颜色列表框中的颜色设置：第一行通常显示当前层的颜色设置。列表框中包括"随层"（ByLayer）、"随块"（ByBlock）、7 种标准颜色和选择其他颜色选项，选择"选择颜色…"选项，将弹出"选择颜色"对话框，用户可从中选择颜色，新选中的颜色将加载到颜色列表框的底部，最多可加载 4 种其他颜色。

② 改变图形对象的颜色：应先选取图形对象，然后从颜色列表框中选择所需要的颜色。

③ 为新创建对象设置颜色：可直接从颜色列表框中选取颜色，将显示成为当前颜色，AutoCAD 将以此颜色绘制新创建的对象；也可调用颜色（COLOR）命令，在命令窗口中输入该命令，弹出"选择颜色"对话框，确定一种颜色为当前色。

4.12　线型

除了用颜色区分图形对象之外，用户还可以为对象设置不同的线型。线型的设置可采用"随层"方式，即与其所在层的线型一致；"随块"方式，与所属图块插入到的图层线型一致；还可以独立于图层和图块而具有确定的线型。为方便绘图，可以把相同线型的图形对象放在同一图层上绘制，而其线型采用"随层"方式，例如，可把所有的中心线放在一个层上，该层的线型设定为点画线。有关线型的操作说明如下。

1．为图层设置线型

在图层特性管理器中单击所选图层属性条中的"线型"图标，通过"选择线型"对话框（图 4.32）或"加载或重载线型"对话框（图 4.28）为该图层设置线型。

2．为图形对象设置线型

（1）修改图形对象的线型。

可通过"特性"工具栏中的"线型控制"下拉列表实现，如图 4.38 所示，先选择要修改线型的图形对象，然后在下拉列表中选择某一线型，则该对象的线型改为所选线型。

（2）为新建图形对象设置线型。

用户可以通过线型管理器为新建的图形设置线型，在线型管理器的线型列表中选择一种线型，单击"当前"按钮，即可把它设置为当前线型。打开线型管理器的方法有以下几种。

命令名：LINETYPE

菜单：格式→线型

图标："特性"工具栏中的"线型控制"下拉列表

4.13　修改对象特性和特性匹配

AutoCAD 提供了修改对象特性的功能，可执行 PROPERTIES 命令通过"特性"对话框来实现。其中包含对象的图层、颜色、线型、线宽、打印样式等基本特性以及该对象的几何特性，可根据需要进行修改。

另外，AutoCAD 提供了特性匹配（MATCHPROP）命令，可以方便地把一个图形对象的图层、线型、线型比例、线宽等特性赋予另一个对象，而不用再逐项设定，极大地提高了绘图速度，节省时间，并保证对象特性的一致性。

4.13.1　修改对象特性

1．命令

命令名：PROPERTIES

菜单：修改→特性

图标："标准"工具栏图标

2．功能

修改所选对象的图层、颜色、线型、线型比例、线宽、厚度等基本属性及其几何特性。

3．格式

命令：**PROPERTIES**✓

弹出"特性"对话框，如图 4.39 所示，其中列出了所选对象的基本特性和几何特性的设置，用户可根据需要进行相应修改。

4．说明

（1）选择要修改特性的对象可用以下 3 种方法，在调用特性修改命令之前用夹点选中对象；调用命令弹出"特性"对话框之后用夹点选择对象；单击"特性"对话框右上角的"快速选择"按钮，弹出"快速选择"对话框，产生一个选择集。

（2）选择的对象不同，对话框中显示的内容也不一样。选择一个对象，执行特性修改命令，可修改的内容包括对象所在的图层、颜色、线型、线型比例、线宽、厚度等基本特性以及线段长度、角度、坐标、直径等几何特性，如图 4.39 所示为修改直线特性的对话框。如选取多个对象，则执行修改特性命令后，对话框中只显示这些对象的图层、颜色、线型、线型比例、线宽、厚度等基本特性，如图 4.40 所示，可对这些对象的基本特性进行统一修改，文本框中的"全部（6）"表示共选择了 5 个对象。也可单击右侧箭头按钮，在下拉列表中选择某一对象对其特性进行单独修改。

图 4.39　修改直线特性的对话框　　　图 4.40　"特性"对话框设置示例

4.13.2　特性匹配

1．命令

命令名：MATCHPROP（缩写名为 MA，可透明使用）

菜单：修改→特性匹配

图标："标准"工具栏图标

2．功能

将源对象的图层、颜色、线型、线型比例、线宽和厚度等特性复制到目标对象。

3．格式

命令：**MATCHPROP**↙
选择源对象：（拾取1个对象）
当前活动设置：颜色 图层 线型 线型比例 线宽 厚度 打印样式 标注 文字 填充图案 多段线视口 表格材质 阴影显示
选择目标对象或 [设置(S)]：（拾取目标对象）

则源对象的图层、颜色、线型、线型比例和厚度等特性将复制到目标对象上。

选择"设置(S)"选项，将弹出"特性设置"对话框，如图 4.41 所示，可设置复制源对象的指定特性。

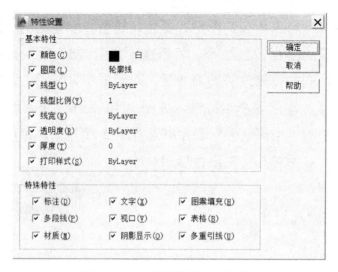

图 4.41   "特性设置"对话框

4.14   综合应用示例

本节介绍的两个示例综合应用了第 2、3、4 章介绍的有关命令，目的是给读者一个相对完整的绘图概念。

【例 4.5】利用相关命令根据如图 4.42（a）所示图形完成如图 4.42（b）所示图形。

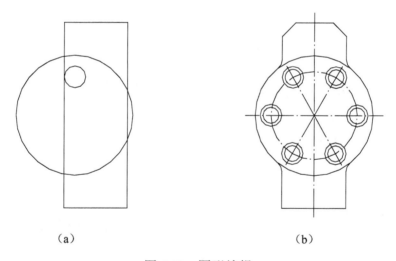

（a）   （b）

图 4.42   图形编辑

操作步骤如下。

（1）利用 LINE 命令或 XLINE 命令找出矩形的中心，然后利用 MOVE 命令使大圆圆心与矩形中心重合。

（2）利用 CHAMFER 命令做出矩形上部的两个倒角。

（3）利用 TRIM 命令剪切掉矩形边的圆内部分。

（4）利用 OFFSET 命令在小圆内复制一个同心圆。

（5）新建一点画线图层并将其设置为当前层，分别捕捉矩形上下两边的中点，利用 LINE 命令绘制出竖直点画线；利用 XLINE 命令的 H 选项绘制出过大圆圆心的水平点画线；分别捕捉大圆和小圆的圆心，利用 LINE 命令绘制出小圆的法向中心线；利用

CIRCLE 命令绘制过小圆圆心的切向中心线。

（6）利用 LENGTHEN 命令（或 TRIM、EXTEND 命令）调整点画线的长度。

（7）利用 ARRAYPOLAR 命令将两同心小圆及其法向中心线绕大圆圆心做环形阵列，分成 6 份。

【例 4.6】利用相关命令根据如图 4.43（a）所示图形完成如图 4.43（b）所示图形。

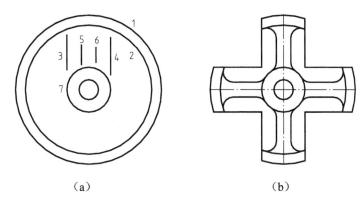

图 4.43 零件二图形编辑

操作步骤如下。

（1）利用 EXTEND 命令分别延伸 3、4 直线的两端均与圆 1 相交。

（2）利用 TRIM 命令剪切掉 3、4 直线外侧的圆 1 和圆 2。

（3）利用 ARRAYPOLAR 命令将 3、4 直线及圆 1 和圆 2 的剩余部分绕圆心进行两次环形阵列。

（4）用 TRIM 剪切命令剪切掉"大十字"形的中间部分。

（5）用 FILLET 命令在 5、6 直线与圆 2 及圆 7 之间倒圆角。

（6）用 ARRAYPOLAR 命令将 5、6 直线及其相连圆角绕圆心做环形阵列，分成 4 份。

（7）新建一点画线图层并将其设置为当前层，捕捉最左、最右圆弧的中点，利用 LINE 命令绘制水平对称线；捕捉最上、最下圆弧的中点，利用 LINE 命令绘制垂直对称线。

 思考题 4

一、选择题

1. 确定图形界限所考虑的主要因素是（　　）。

    A. 图形的尺寸　　　　　　　　B. 绘图比例

    C. 图形的复杂度　　　　　　　D. 以上全部

2. AutoCAD 的对象特性主要有（　　）。

    A. 图层　　　　B. 颜色　　　　C. 线型

D．线宽　　　　E．以上全部

二、简答题

1．为什么要运用对象捕捉？对象捕捉有哪两种模式？它们分别适用于什么情况？

2．直线、圆、圆弧 3 种图形对象分别有哪些对象捕捉特殊点？

3．图形显示命令是否改变图形的实际尺寸及图形对象间的相对位置关系？实时缩放和实时平移命令有何特点？

4．在工程制图中图层可以有哪些应用？

5．在 AutoCAD 环境下如何新建图层，设置图层的颜色、线型、线宽？

6．绘图时图形总是画在哪一图层上？如何将某一图层设置为当前图层？如何打开和关闭某一图层？

7．图层的状态包括哪些？如何设置？

8．图层的颜色和层上图形对象的颜色是否是"一回事儿"？之间关系如何？

9．如何把一个图形中错画为虚线的中心线改为点画线？

三、分析题

1．图 4.44 中各组图形均是通过捕捉图形某一特征点在左图图形的基础上用直线命令绘制成右图所示图形。请分析并在图上的括号内填写所捕捉的具体特征点。

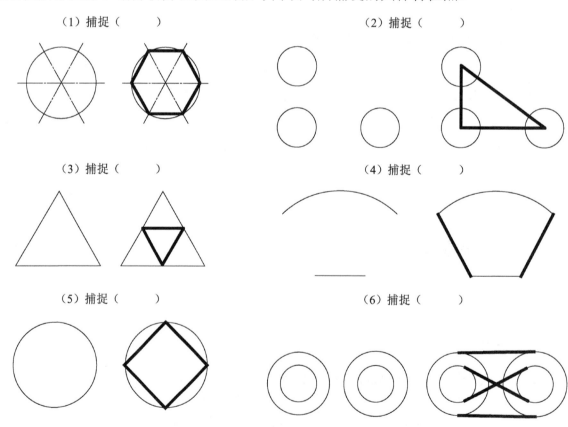

图 4.44　特征点捕捉

2．如图 4.45（a）所示，已绘有 1、2 两圆及直线 3，现欲利用对象捕捉功能绘制

图 4.45（b）中所示的折线：圆 1 圆心（A）→ 与圆 2 相切（B）→ 与直线 3 垂直（C）→ 圆 2 最下点（D）→ 直线 3 中点（E）→ 圆 2 上任意一点（F）→ 直线 3 端点（G），该如何操作？

3．极轴追踪和对象捕捉追踪练习：用极轴追踪功能绘制如图 4.46 所示边长为 50 的正六边形。

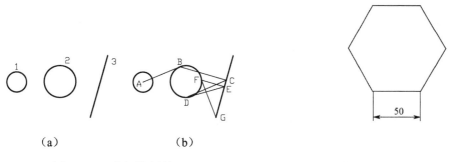

（a）　　　　　　（b）

图 4.45　对象捕捉练习

图 4.46　正六边形

🔊 提示

在状态栏中启用"极轴"功能，将极轴追踪增量角设置为 30°，用直线命令绘图。移动光标，待所需方向上出现辅助点线指示时输入边长数值 50。

4．如图 4.47（a）所示为工程制图中表示一平面立体的三视图。请分析如何利用 AutoCAD 的对象捕捉追踪功能由如图 4.47（b）所示俯视图和左视图方便地绘制其主视图。

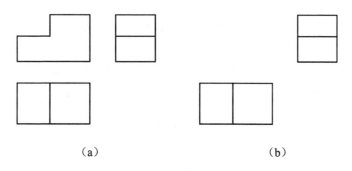

（a）　　　　　　　　　（b）

图 4.47　利用对象捕捉追踪绘制三视图

🔊 提示

主视图的形状与左视图相同。绘图时，在状态栏中启动"对象捕捉"功能，"捕捉模式"设置为"端点"；启动"对象追踪"功能，用直线命令绘图。将光标分别移近保持"长对正"和"高平齐"时欲追踪对齐的端点，待所需对应点处出现辅助点线及交点指示时确定直线端点。

5．参考国标的有关规定，为如图 4.48 所示图形设置图层及其相应的颜色、线型和线宽。

上机实习 4

1*. 打开图 4.44 各组左图所示基础图形，上机完成下述操作：新建图层"粗实线"，颜色"蓝色"，线型"ACAD_ISO02W100"，线宽"0.5"，并将其设置为当前层；据前述分析，在图 4.44 各组左图的基础上，通过捕捉图形特征点，用直线命令绘制成右图（图中的粗线部分），并请用"光标菜单捕捉"和状态栏"对象捕捉"两种方法分别实现之。

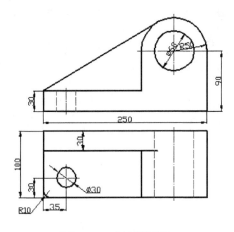

图 4.48　设置图层

2. 根据如图 4.49 所示图形的尺寸特点（均为 10 的倍数），设置适当的间距，利用栅格和捕捉功能绘制下面的图形。

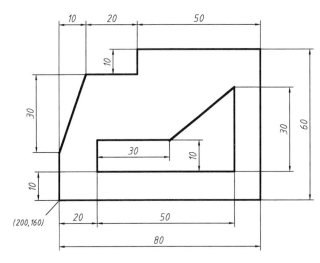

图 4.49　利用栅格和捕捉功能绘图

3*. 打开如图 4.45（a）所示的基础图形文件，将当前线宽设置为 0.5mm，然后根据上面所做分析，利用对象捕捉功能绘制图中的折线，完成图 4.45（b）的绘制。

4. 显示控制：以上面所绘图形为样图，练习 ZOOM、PAN、DSVIEWER、REDRAW、REGEN 命令及有关选项的使用。

5. 对象特性的基本操作：打开 C：\Program Files\Autodesk\AutoCAD 2014\Sample\Mechanical Sample 文件夹下的某一 dwg 文件，然后对其中的某些图层进行关闭、冻结、改变颜色、改变线型、改变线宽等操作，观察图形显示的变化情况，最后不保存退出。

6. 根据上面所做分析，利用图层绘制如图 4.48 所示图形（只画图形，不标注尺寸）。

🔊 提示

在绘制图 4.48 时，可考虑建立如下三个图层：

（1）CSHX 层：绘制图中的粗实线。线型 CONTINOUS，颜色为白色或黑色，线宽 0.3 mm。

（2）XX 层：绘制图中的虚线。线型 ACAD_ISO02W100，颜色为红色，线宽 0.1 mm。

（3）DHX 层：绘制图中的点画线。线型 ACAD_ISO04W100，颜色为蓝色，线宽 0.1 mm。

若图中未直观地显示出所设图线的粗细，请检查状态栏中的"线宽"按钮是否按下；若显示出的图线太粗，可在状态栏"线宽"按钮处右击，在快捷菜单中选择"设置"选项，在弹出的"线宽设置"对话框内，向左拖动"调整显示比例"选项组内的滑块至适当位置）。

7*. 根据所做分析，打开如图 4.45～图 4.47 所示的基础图形文件，上机完成上面分析题中各题图形的绘制。

8. 按照所给步骤完成 4.14 节两例图的绘制和编辑，并提出对此方法和步骤的改进意见。

9*. 打开第 2 章上机实习中所绘制的花枝图形（文件名：花枝.dwg），然后用修改对象特性（DDMODIFY）命令对其进行修改，将花瓣与花茎分别设置在两个层上："HB"层和"HJ"层，"HB"层的颜色设置为红色，"HJ"层的颜色设置为绿色；以原文件名存盘。

图 4.50 花瓣

10. 综合运用绘图命令、修改命令及绘图辅助命令，绘制如图 4.50 所示由 5 段半圆圆弧围成的红色花瓣。

🔊 提示

（1）新建图层"花"，颜色"红色"；

（2）用画圆（CIRCLE）命令绘制一个圆。用画正多边形（POLYGON）命令绘制一个正五边形，用圆心捕捉方式捕捉圆的圆心来定位正五边形外接圆的圆心，用象限点捕捉方式捕捉圆的一个象限点来定位正五边形外接圆的半径；

（3）用画圆弧（ARC）命令绘制一段圆弧（采用起点、圆心、端点方式画圆弧），用端点捕捉方式捕捉正五边形的两个相邻端点，作为圆弧的起点和端点，用中点捕捉方式捕捉两个端点之间的边的中点，作为圆弧的圆心；

（4）用环形阵列（ARRAYPOLAR）命令对所画圆弧进行圆形阵列复制，用圆心捕捉方式捕捉圆的圆心，作为圆形阵列的中心。用删除（ERASE）命令删除圆和正五边形。

文字和尺寸标注

知识目标

1. 了解 AutoCAD 字体和字样的概念，理解工程图国标字体的设置和书写方法。

2. 明确机械图和建筑图在尺寸标注方面的不同特点，掌握设置相应标注样式的具体方法。

3. 熟悉 AutoCAD 主要标注命令的功能及运用方法。

技能目标

1. 能正确设置和在图中书写符合工程图国家标准规定的汉字、数字和字母。

2. 能根据尺寸标注的具体特点选择合适的 AutoCAD 标注命令并完成相应上机操作。

3. 能综合运用标注样式和标注命令为简单的工程图形进行尺寸标注。

在工程设计中，图形只能表达物体的结构形状，而物体的真实大小和各部分的相对位置必须通过标注尺寸才能确定。此外，图样中还要有必要的文字，如注释说明、技术要求以及标题栏等。尺寸、文字和图形一起表达完整的设计思想，在工程图样中起着非常重要的作用。

AutoCAD 提供了强大的尺寸标注、文字输入和尺寸、文字编辑功能，而且支持包括 True Type 字体在内的多种字体，用户可以用不同的字体、字形、颜色、大小和排列方式等实现多种多样的文字效果。本章将介绍如何利用 AutoCAD 进行图样中尺寸、文字的标注和编辑。

5.1　字体和字样

在工程图中，不同位置可能需要采用不同的字体，即使用同一种字体也可能需要采用不同的样式，如有的需要字体大一些，有的需要字体小一些，有的需要水平排列，有的需要垂直排列或倾斜一定角度排列等，这些效果可以通过定义不同的文字样式来实现。

5.1.1　字体和字样的概念

AutoCAD 使用的字体定义文件是一种形（SHAPE）文件，它存放在文件夹 FONTS 中，如 txt.shx、romans.shx、gbcbig.shx 等。由一种字体文件，采用不同的高宽比、字体倾斜角度等可定义多种字样。系统默认使用的字样名为 STANDARD，它根据字体文件 txt.shx 定义生成。用户如果需定义其他字体样式，可以使用文字样式（STYLE）命令。

AutoCAD 还允许用户使用 Windows 提供的 True Type 字体，包括宋体、仿宋体、隶书、楷体等汉字和特殊字符，它们具有实心填充功能。同一种字体可以定义多种样式，如图 5.1 所示为用仿宋体定义的几种文字样式。

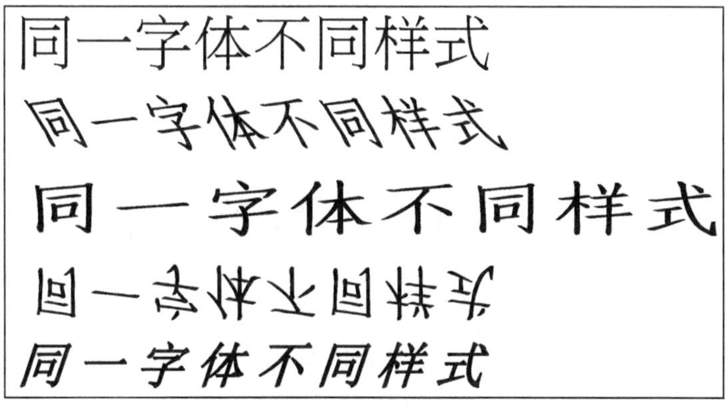

图 5.1　用仿宋体创建的不同文字样式

5.1.2　文字样式的定义和修改

用户可以利用 STYLE 命令建立新的文字样式，或对已有样式进行修改。一旦一个文字样式的参数发生变化，则所有使用该样式的文字都将随之更新。

1．命令

命令名：STYLE

菜单：格式→文字样式

图标："文字"工具栏图标

2．功能

定义和修改文字样式，设置当前样式，删除已有样式以及文字样式重命名。

3．格式

命令： **STYLE↙**

弹出如图 5.2 所示的"文字样式"对话框，从中可以选择字体，建立或修改文字样式。

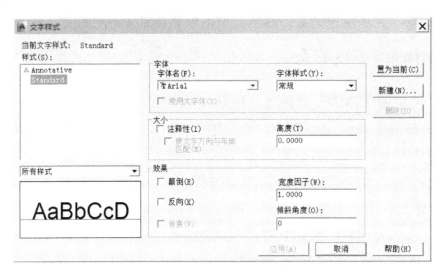

图 5.2　"文字样式"对话框

如图 5.3 所示为不同设置下的文字效果。

（a）不同放置

（b）不同宽度比例　　　　　　　　　　　　　（c）不同倾斜角度

图 5.3　不同设置下的文字效果

在"文字样式"对话框中，也可使用 AutoCAD 中文版提供的符合我国工程制图国家标准的专用字体。汉字为长仿宋矢量字体，具体方法如下：选中"使用大字体"复选框，然后在"字体样式"下拉列表中选择"gbcbig.shx"选项；数字和字母可选择"gbenor.shx"（直体）或"gbeitic.shx"（斜体）选项。

4．示例

【例 5.1】建立名为"工程图"的工程制图用文字样式，字体采用仿宋体，常规字体样式，固定字高 10mm，宽度比例为 0.707。

操作步骤如下。

（1）在"格式"菜单中选择"文字样式"选项，弹出"文字样式"对话框。

（2）单击"新建"按钮，弹出如图 5.4 所示的"新建文字样式"对话框，输入新建文字样式名"工程图"后，单击"确定"按钮关闭该对话框。

（3）取消选中"使用大字体"复选框，在"字体"选项组的"字体名"下拉列表中选择"仿宋"选项，在"字体样式"下拉列表中选择"常规"选项，在"高度"文本框中输入 10.000。

图 5.4　"新建文字样式"对话框

（4）在"效果"选项组中，设置"宽度因子"为 0.7070，"倾斜角度"为 0，其余复选框均不选中。各项设置如图 5.5 所示。

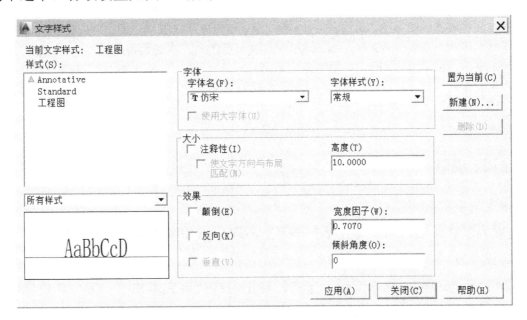

图 5.5　建立名为"工程图"的文字样式

（5）依次单击"应用"和"关闭"按钮，建立此字样并关闭对话框。

如图 5.6 所示为用上面建立的"工程图"字样书写的文字效果。

图样是工程界的一种技术语言

图 5.6　使用"工程图"字样书写的文字

5.2 单行文字

1．命令

命令名：TEXT 或 DTEXT
菜单：绘图→文字→单行文字
图标："文字"工具栏图标 A

2．功能

动态书写单行文字，在书写时所输入的字符动态显示在屏幕上，并用方框显示下一文字书写的位置。书写完一行文字后按回车键可继续输入另一行文字，利用此功能可创建多行文字，但是每一行文字为一个对象，可单独进行编辑修改。

3．格式

```
命令: TEXT↙
当前文字样式: 工程图
指定文字的起点或 [对正(J)/样式(S)]: （点取一点作为文本的起始点）
指定高度 <2.5000>:（确定字符的高度）
指定文字的旋转角度 <0>:（确定文本行的倾斜角度）
（输入欲书写的文字内容）
（输入下一行文字，或直接按回车键以结束命令）
```

4．选项及说明

1）指定文字的起点

此选项为默认选项，用户可直接在屏幕上点取一点作为输入文字的起始点。

2）对正（J）

此选项用于选择输入文本的对正方式，对正方式决定文本的哪一部分与所选的起始点对齐。选择此选项，AutoCAD 提示：

```
输入选项
[对齐(A)/调整(F)/中心(C)/中间(M)/右(R)/左上(TL)/中上(TC)/右上(TR)/左中(ML)/正中(MC)/右中(MR)/左下(BL)/中下(BC)/右下(BR)]:
```

AutoCAD 提供了 14 种对正方式，这些对正方式都基于为水平文本行定义的顶线、中线、基线和底线，以及 12 个对齐点：左上（TL）/左中（ML）/左下（BL）/中上（TC）/正中（MC）/中央（M）/中心（C）/中下（BC）/右上（TR）/右中（MR）/右（R）/右下（BR），各对正点如图 5.7 所示。

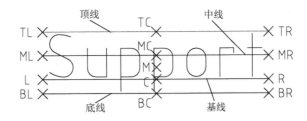

图 5.7　文字的对正方式

用户应根据文字书写外观布置要求，选择一种适当的文字对正方式。

3）样式（S）

此选项用于确定当前使用的文字样式。

5．文字输入中的特殊字符

对有些特殊字符，如直径符号、正负公差符号、度符号以及上画线、下画线等，AutoCAD 提供了控制码的输入方法，常用控制码及其输入示例和输出效果如表 5.1 所示。

表 5.1　常用控制码

控 制 码	意　义	输 入 示 例	输 出 效 果
%%o	文字上画线开关	%%oAB%%oCD	ABCD
%%u	文字下画线开关	%%uAB%%uCD	ABCD
%%d	度符号	45%%d	45°
%%p	正负公差符号	50%%p0.5	50±0.5
%%c	圆直径符号	%%c60	Φ60

5.3　多行文字

MTEXT 命令允许用户在多行文字编辑器中创建多行文本，与 TEXT 命令创建的多行文本不同的是，前者所有文本行为一个对象，作为一个整体进行移动、复制、旋转、镜像等编辑操作。多行文本编辑器与 Windows 的文字处理程序类似，可以灵活方便地输入文字，不同的文字可以采用不同的字体和文字样式，而且支持 True Type 字体、扩展的字符格式（如粗体、斜体、下画线等）、特殊字符，并可实现堆叠效果以及查找和替换功能等。多行文本的宽度由用户在屏幕上划定一个矩形框来确定，也可在多行文本编辑器中精确设置，文字书写到该宽度后自动换行。

1．命令

命令名：MTEXT

菜单：绘图→文字→多行文字

图标："绘图"工具栏图标 A

　　　"文字"工具栏图标 A

2．功能

利用多行文字编辑器书写多行的段落文字，可以控制段落文字的宽度、对正方式，允许段落内文字采用不同字样、不同字高、不同颜色和排列方式，整个多行文字是一个对象。

如图5.8所示为一个多行文字对象，共有5行，各行采用不同的字体、字样或字高。

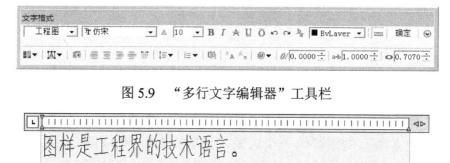

图5.8　多行的段落文字

3．格式

命令：**MTEXT**✓
当前文字样式: Standard。文字高度: 2.5
指定第一角点：（指定矩形框的第一个角点）
　指定对角点或 [高度(H)/对正(J)/行距(L)/旋转(R)/样式(S)/宽度(W)]：（指定矩形框的另一个角点）

在此提示下指定矩形框的另一个角点，则会显示一个矩形框，文字按默认的左上角对正方式排布，矩形框内有一箭头表示文字的扩展方向。当指定第二个角点后，AutoCAD弹出"文字格式"工具栏如图5.9所示和"多行文字编辑器"文本框如图5.10所示，从中可输入和编辑多行文字，并进行文字参数的多种设置。

图5.9　"多行文字编辑器"工具栏

图5.10　多行文字编辑器

4．说明与操作

"文字格式"工具栏用于控制多行文字对象的文字样式和选定文字的字符格式。其中从左至右的各选项说明如下。

文字样式：设定多行文字的文字样式。

字体：为新输入的文字指定字体或改变选定文字的字体。True Type 字体按字体族的名称列出。AutoCAD 编译的形（SHX）字体按字体所在文件的名称列出。

文字高度：按图形单位设置新文字的字符高度或更改选定文字的高度。如果当前文字样式没有固定高度，则文字高度是 TEXTSIZE 系统变量中存储的值。多行文字对象可以包含不同高度的字符。

粗体：为新输入文字或选定文字打开或关闭粗体格式。此选项仅适用于使用 True

Type 字体的字符。

　　斜体：为新输入文字或选定文字打开或关闭斜体格式。此选项仅适用于使用 True Type 字体的字符。

　　下画线：为新输入文字或选定文字打开或关闭下画线格式。

　　放弃：在多行文字编辑器中撤销操作，包括对文字内容或文字格式的更改。

　　重做：在多行文字编辑器中重做操作，包括对文字内容或文字格式的更改。

　　堆叠：如果选定文字中包含堆叠字符，则创建堆叠文字（如分数）。如果选定不堆叠文字，则取消堆叠。使用堆叠字符、插入符（^）、正向斜杠（/）和磅符号（#）时，堆叠字符左侧的文字将堆叠在字符右侧的文字之上。

　　默认情况下，包含插入符（^）的文字转换为左对正的公差值。包含正斜杠（/）的文字转换为居中对正的分数值，斜杠被转换为一条同较长的字符串长度相同的水平线。包含磅符号（#）的文字转换为被斜线（高度与两个字符串高度相同）分开的分数。斜线上方的文字向右下对齐，斜线下方的文字向左上对齐。

　　文字颜色：为新输入文字指定颜色或修改选定文字的颜色。可以将文字颜色设置为随层或随块，也可以从颜色列表中选择一种颜色 C:\Users\qufanghua\Desktop\24888-W\0-7\acr_c35.html - 452587。

　　关闭：关闭多行文字编辑器并保存所做的任何修改。也可以在编辑器外的图形中单击"关闭"按钮以保存修改并退出编辑器。

　　需说明的是，在多行文字编辑器中，直径符号显示为%%c，而不间断空格显示为空心矩形。两者在图形中会正确显示。

5.4　文字的修改

　　用户可以利用 DDEDIT 命令或 PROPERTIES 命令编辑已创建的文本对象，但 DDEDIT 命令只能修改单行文本的内容和多行文本的内容及格式，而 PROPERTIES 命令不仅可以修改文本的内容，还可以改变文本的位置、倾斜角度、样式和字高等属性。

5.4.1　修改文字内容

1．命令

命令名：DDEDIT
菜单：修改→对象→文字→编辑
图标："文字"工具栏图标 A/

2．功能

修改已经绘制在图形中的文字内容。

3．格式

> 命令：**DDEDIT**✓
> 选择注释对象或 [放弃(U)]：

在此提示下选择想要修改的文字对象，如果选择的文本是用 TEXT 命令创建的单行文本，则文字将处于可编辑状态，可直接对其进行修改；如果选择的文本是用 MTEXT 命令创建的多行文本，选择后会弹出"多行文字编辑器"对话框，可在对话框中对已有文字进行修改和编辑。

5.4.2 修改文字大小

1．命令

命令名：SCALETEXT
菜单：修改→对象→文字→比例
图标："文字"工具栏图标 Ⓐ

2．功能

修改已经绘制在图形中的文字的大小。

3．格式

> 命令：**SCALETEXT**✓
> 选择对象：（指定欲缩放的文字）
> 选择对象：✓
> 输入缩放的基点选项
> [现有(E)/左(L)/中心(C)/中间(M)/右(R)/左上(TL)/中上(TC)/右上(TR)/左中(ML)/正中(MC)/右中(MR)/左下(BL)/中下(BC)/右下(BR)] <现有>：（指定缩放的基准点）
> 指定新高度或 [匹配对象(M)/缩放比例(S)] <2.5>：（指定新高度或缩放比例）

5.4.3 一次修改文字的多个参数

1．命令

命令名：PROPERTIES
菜单：修改→对象特性
图标："标准"工具栏图标 🗒

2．功能

修改文字对象的各项特性。

3. 格式

> 命令: **PROPERTIES**✓

先选择需要编辑的文字对象，然后启动该功能，AutoCAD 将弹出"特性"对话框如图 5.11 所示，利用此对话框可以方便地修改文字对象的内容、样式、高度、颜色、线型、位置、角度等属性。

图 5.11 "特性"对话框

5.5 尺寸标注命令

尺寸标注命令由于标注类型较多，AutoCAD 把标注命令和标注编辑命令集中安排在"标注"下拉菜单如图 5.12 所示和"标注"工具栏如图 5.13 所示中，使得用户可以灵活方便地进行尺寸标注。

图 5.12 "标注"下拉菜单

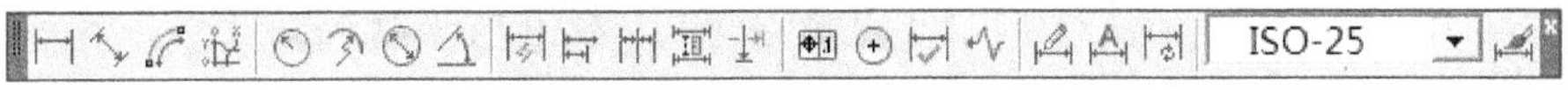

图 5.13 "标注"工具栏

一个完整的尺寸标注由四部分组成：尺寸界线、尺寸线、箭头和尺寸文字，涉及大量的数据。AutoCAD 采用半自动标注的方法，即用户只需指定一个尺寸标注的关键数据，其余参数由预先设定的标注样式和标注系统变量来提供，从而使尺寸标注得到简化。

5.5.1 线性尺寸标注

线性尺寸标注命令名为 DIMLINEAR，用于标注线性尺寸，根据用户操作能自动判别标出水平尺寸或垂直尺寸，在指定尺寸线倾斜角后，可以标注斜向尺寸。

1．命令

命令名：DIMLINEAR
菜单：标注→线性
图标："标注"工具栏图标 ⊢⊣

2．功能

标注垂直、水平或倾斜的线性尺寸。

3．格式

命令： **DIMLINEAR**✓
指定第一条尺寸界线原点或 <选择对象>:（指定第一条尺寸界线的起点）
指定第二条尺寸界线原点：（指定第二条尺寸界线的起点）
指定尺寸线位置或[多行文字(M)/文字(T)/角度(A)/水平(H)/垂直(V)/旋转(R)]:（指定尺寸线的位置）

用户指定了尺寸线位置之后，AutoCAD 自动判别标出水平尺寸或垂直尺寸，尺寸文字按 AutoCAD 自动测量值标出，如图 5.14 所示。

4．选项说明

（1）在"指定第一条尺寸界线原点或<选择对象>:"提示下，若按回车键，则光标变为拾取框，系统要求拾取一条直线或圆弧对象，并自动取其两端点为两条尺寸界线的起点。

（2）在"指定尺寸线位置或[多行文字(M)/文字(T)/角度(A)/水平(H)/垂直(V)/旋转(R)]:"提示下，如选择 M（多行文字），则系统弹出多行文字编辑器，用户可以输入复杂的标注文字。

（3）如选择 T（文字），则系统在命令窗口中显示尺寸的自动测量值，用户可以修改尺寸值。

（4）如选择 A（角度），则可指定尺寸文字的倾斜角度，使尺寸文字倾斜标注。

（5）如选择 H（水平），则取消自动判断并限定标注水平尺寸。

（6）如选择 V（垂直），则取消自动判断并限定标注垂直尺寸。

（7）如选择 R（旋转），则取消自动判断，尺寸线按用户输入的倾斜角标注斜向尺寸。

5.5.2　对齐尺寸标注

对齐尺寸标注命令名为 DIMALIGNED，也是标注线性尺寸，其特点是尺寸线和两条尺寸界线起点连线平行，如图 5.15 所示。

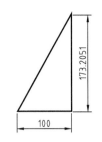

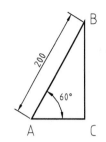

图 5.14 线性尺寸的标注　　　　　图 5.15 对齐尺寸和角度尺寸的标注

1．命令

命令名：DIMALIGNED

菜单：标注→对齐

图标："标注"工具栏图标

2．功能

标注对齐尺寸。

3．格式

命令：**DIMALIGNED**↙
指定第一条尺寸界线原点或 <选择对象>:（指定A点，如图5.15所示）
指定第二条尺寸界线原点:（指定B点）
指定尺寸线位置或[多行文字(M)/文字(T)/角度(A)]:（指定尺寸线位置）

尺寸线位置确定之后，AutoCAD 即自动标出尺寸，尺寸线和 AB 线平行，如图 5.15 所示。

4．选项说明

（1）如果直接按回车键用拾取框选择要标注的线段，则对齐标注的尺寸线与该线段平行。

（2）其他选项 M、T、A 的含义与线性尺寸标注中相应选项相同。

5.5.3　半径标注

半径标注用于标注圆或圆弧的半径，并自动带半径符号"R"，如图 5.16 中的 R50 所示。

1．命令

命令名：DIMRADIUS

菜单：标注→半径

图标："标注"工具栏图标

2．功能

标注半径。

145

3．格式

> 命令：**DIMRADIUS**✓
> 选择圆弧或圆：（选择圆弧，国家标准规定，圆及大于半圆的圆弧应标注直径）
> 标注文字 =50
> 指定尺寸线位置或 [多行文字(M)/文字(T)/角度(A)]:（确定尺寸线的位置，尺寸线总是指向或通过圆心）

4．选项说明

其三个选项的含义与前面所述相同。

5.5.4 直径标注

直径标注用于在圆或圆弧上标注直径尺寸，并自动带直径符号"Φ"，如图5.17所示。

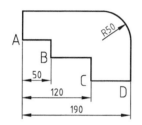
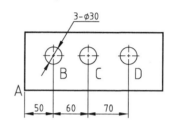

图 5.16 半径标注和基线标注   图 5.17 直径标注和连续标注

1．命令

命令名：DIMDIAMETER

菜单：标注→直径

图标："标注"工具栏

2．功能

标注直径。

3．格式及示例

> 命令： **DIMDIAMETER**✓
> 选择圆弧或圆： （选择要标注直径的圆弧或圆，如图5.17中的小圆所示）
> 标注文字 =30
> 指定尺寸线位置或 [多行文字(M)/文字(T)/角度(A)]:**T**✓（输入选项T）
> 输入标注文字 <30>:**3-<>**✓（"<>"表示测量值，"3-"为附加前缀）
> 指定尺寸线位置或 [多行文字(M)/文字(T)/角度(A)]:（确定尺寸线位置）

结果如图 5.17 中的 3-Φ30 所示。

4．选项说明

命令选项 M、T 和 A 的含义和前面所述相同。当选择 M 或 T 项，在多行文字编辑器或命令窗口中修改尺寸文字的内容时，用"<>"表示保留 AutoCAD 的自动测量值。若取

消 "<>"，则用户可以完全改变尺寸文字的内容。

5.5.5　角度尺寸标注

角度尺寸标注用于标注角度尺寸，角度尺寸线为圆弧。如图 5.15 所示，指定角度顶点 A 和 B、C 两点，标注角度 60°。此命令可标注两条直线所夹的角、圆弧的中心角及三点确定的角。

1．命令

命令名：DIMANGULAR
菜单：标注→角度
图标："标注"工具栏图标 ⬓

2．功能

标注角度。

3．格式

命令：**DIMANGULAR**↙
选择圆弧、圆、直线或 <指定顶点>：（选择一条直线）
选择第二条直线：（选择角的第二条边）
指定标注弧线位置或 [多行文字(M)/文字(T)/角度(A)]：（确定尺寸弧的位置）
标注文字 =60

5.5.6　基线标注

基线标注用于标注有公共的第一条尺寸界线（作为基线）的一组尺寸线互相平行的线性尺寸或角度尺寸。但必须先标注第一个尺寸后才能使用此命令，如图 5.16 所示，在标注 AB 间尺寸 50 后，可用基线尺寸命令选择第二条尺寸界线起点 C、D 来标注尺寸 120、190。

1．命令

命令名：DIMBASELINE
菜单：标注→基线
图标："标注"工具栏图标 ⊞

2．功能

标注具有共同基线的一组线性尺寸或角度尺寸。

3．格式及示例

命令：**DIMBASELINE**↙

指定第二条尺寸界线原点或 [放弃(U)/选择(S)] <选择>:（按回车键，选择作为基准的尺寸标注）
选择基准标注：（如图5.16所示，选择AB间的尺寸标注50为基准标注）
指定第二条尺寸界线原点或 [放弃(U)/选择(S)] <选择>:（指定C点，标注出尺寸120）
指定第二条尺寸界线原点或 [放弃(U)/选择(S)] <选择>:（指定D点，标注出尺寸190）

5.5.7　连续标注

连续标注用于标注尺寸线连续或链状的一组线性尺寸或角度尺寸。如图 5.17 所示，从 A 点标注尺寸 50 后，可用连续尺寸命令继续选择第二条尺寸界线起点，链式标注尺寸 60、70。

1．命令

命令名：DIMCONTINUE
菜单：标注→连续
图标："标注"工具栏中图标 ⊢⊣

2．功能

标注连续型链式尺寸。

3．格式及示例

命令: **DIMCONTINUE**↙
指定第二条尺寸界线原点或 [放弃(U)/选择(S)] <选择>:（按回车键，选择作为基准的尺寸标注）

选择连续标注:（选择图5.17中的尺寸标注50作为基准）
指定第二条尺寸界线原点或 [放弃(U)/选择(S)] <选择>:（指定C点，标出尺寸60）
指定第二条尺寸界线原点或 [放弃(U)/选择(S)] <选择>:（指定D点，标出尺寸70）

5.5.8　引线标注

引线标注用引线将图形中的有关内容引出标注。引线标注的基本命令有 LEADER 命令和 QLEADER 命令。此外，从 AutoCAD 2008 起又增加了一个新的引线标注命令——多重引线（MQLEADER）命令，可进行多种形式和多个内容的标注，其具体操作与 LEADER 命令和 QLEADER 命令相似，此处不再详述。

1．LEADER 命令

1）命令
命令名：LEADER
2）功能
完成带文字的注释或形位公差标注。如图 5.18

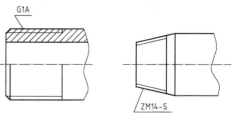

图 5.18　引线标注

所示为用不带箭头的引线标注圆柱管螺纹和圆锥管螺纹代号的标注示例。

3）格式

　　命令：**LEADER**✓

　　指定引线起点：

　　指定下一点：

　　指定下一点或 [注释(A)/格式(F)/放弃(U)] <注释>：

在此提示下直接按回车键，则输入文字注释。按回车键后提示如下：

　　输入注释文字的第一行或 <选项>：

在此提示下，输入一行注释按回车键后，则出现以下提示：

　　输入注释文字的下一行：

在此提示下可以继续输入注释，按回车键则结束注释的输入。

　　若需要改变文字注释的大小、字体等，在提示"输入注释文字的第一行或 <选项>："下直接按回车键，则提示"输入注释选项 [公差(T)/副本(C)/块(B)/无(N)/多行文字(M)] <多行文字>："，继续按回车键将弹出"多行文字编辑器"对话框，可由此输入和编辑注释。

　　如果需要修改标注格式，在提示"指定下一点或 [注释(A)/格式(F)/放弃(U)] <注释>："下选择选项"格式(F)"，则后续提示如下：

　　输入引线格式选项 [样条曲线(S)/直线(ST)/箭头(A)/无(N)] <退出>：

各选项说明如下。

① 样条曲线（S）：设置引线为样条曲线。

② 直线（ST）：设置引线为直线。

③ 箭头（A）：在引线的起点绘制箭头。

④ 无（N）：绘制不带箭头的引线。

2．QLEADER 命令

1）命令

命令名：QLEADER

2）功能

快速绘制引线和进行引线标注。利用 QLEADER 命令可以实现以下功能。

① 进行引线标注和设置引线标注格式。

② 设置文字注释的位置。

③ 限制引线上的顶点数。

④ 限制引线线段的角度。

3）格式

　　命令：**QLEADER**✓

　　指定第一个引线点或 [设置(S)]<设置>：

　　指定下一点：

　　指定下一点：

　　指定文字宽度 <0>：

　　输入注释文字的第一行 <多行文字(M)>：（在该提示下按回车键，则弹出"多行文字编辑器"对话框）

　　输入注释文字的下一行：

若在提示"指定第一个引线点或 [设置(S)]<设置>:"下直接按回车键，则弹出"引线设置"对话框，如图 5.19 所示。

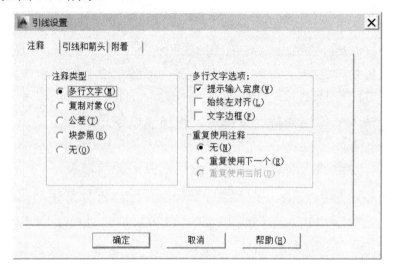

图 5.19　"引线设置"对话框

在"引线设置"对话框中有 3 个选项卡，通过选项卡可以设置引线标注的具体格式。

5.5.9　几何公差标注

对于一个零件，其实际形状和位置相对于理想形状和位置存在一定的误差，该误差称为几何公差（也称形状与位置公差，简称形位公差）。在工程图中，通常应当标注出零件某些重要因素的几何公差。AutoCAD 提供了标注几何公差的功能，其标注命令为 TOLERANCE。所标注的几何公差文字的大小由系统变量 DIMTXT 确定。

1．命令

命令名：TOLERANCE
菜单：标注→公差
图标："标注"工具栏图标

2．功能

标注几何公差。

3．格式

启动该功能后，弹出"形位公差"对话框，如图 5.20 所示。

在对话框中，单击"符号"下面的黑色方块，弹出"特征符号"对话框，如图 5.21 所示，通过该对话框可以设置形位公差的代号。在该对话框中，选择某个符号则单击该符号，若不进行选择，则单击右下角的白色方块或按 Esc 键退出对话框。

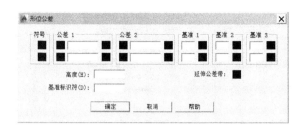

图 5.20 "形位公差"对话框

图 5.21 "特征符号"对话框

在"形位公差"对话框"公差 1"输入区的文本框中输入公差数值，单击文本框左侧的黑色方块则设置直径符号 Φ，单击文本框右侧的黑色方块，则弹出"包容条件"对话框，利用该对话框设置包容条件。

若需要设置两个公差，则可利用同样的方法在"公差 2"输入区中进行设置。

在"形位公差"对话框的"基准"输入区中设置基准，在其文本框中输入基准的代号，单击文本框右侧的黑色方块，则可以设置包容条件。

如图 5.22 所示为标注的圆柱轴线的直线度公差。

图 5.22 圆柱轴线的直线度公差

5.5.10 快速标注

一次选择多个对象时，可同时标注多个相同类型的尺寸，这样可大大节省时间，提高工作效率。

1. 命令

命令名：QDIM
菜单：标注→快速标注
图标："标注"工具栏图标

2. 功能

快速生成尺寸标注。

3. 格式

命令：**QDIM**✓
选择要标注的几何图形：（选择需要标注的对象，按回车键结束选择）
指定尺寸线位置或[连续(C)/并列(S)/基线(B)/坐标(O)/半径(R)/直径(D)/基准点(P)/编辑(E)/设置(T)]<连续>:

系统默认状态为指定尺寸线的位置，通过拖动鼠标可以确定调整尺寸线的位置。其余各选项说明如下。

（1）连续（C）：对所选择的多个对象快速生成连续标注，如图 5.23（a）所示。

（2）并列（S）：对所选择的多个对象快速生成尺寸标注，如图 5.23（b）所示。

（3）基线（B）：对所选择的多个对象快速生成基线标注，如图 5.23（c）所示。

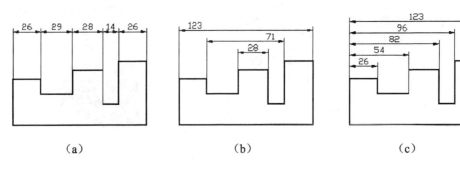

（a）   （b）   （c）

图 5.23　快速标注

（4）坐标（O）：对所选择的多个对象快速生成坐标标注。

（5）半径（R）：对所选择的多个对象标注半径。

（6）直径（D）：对所选择的多个对象标注直径。

（7）基准点（P）：为基线标注和连续标注确定一个新的基准点。

（8）编辑（E）。

（9）设置（T）：为尺寸界线原点设置默认的捕捉对象（端点或交点）。

5.5.11　标注间距

标注间距可以自动调整图形中现有的平行线性标注和角度标注，以使其间距相等或在尺寸线处相互对齐。

1．命令

命令名：DIMSPACE
菜单：标注→标注间距
工具栏："标注"工具栏图标 工

2．功能

调整多个尺寸线的间距。

3．格式

> 命令：**DIMSPACE**↙
> 选择基准标注：（选择平行线性标注或角度标注）
> 选择要产生间距的标注：（选择平行线性标注或角度标注以从基准标注均匀隔开，并按回车键）
> 输入值或 [自动(A)]<自动>：（指定间距或按回车键）

4．选项

（1）输入间距值：指定从基准标注均匀隔开选定标注的间距值，如图 5.24（a）和图 5.24（b）所示。

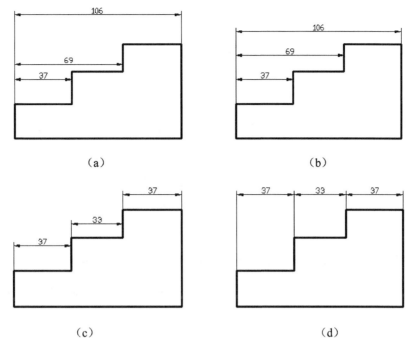

图 5.24　标注间距

> **⚠ 注意**
>
> 可以使用间距值 0（零）将对齐选定的线性标注和角度标注的末端对齐，如图 5.24（c）和图 5.24（d）所示。

（2）自动：基于在选定基准标注的标注样式中指定的文字高度自动计算间距。所得的间距值是标注文字高度的两倍。

5.6　设置标注样式

AutoCAD 提供的尺寸标注功能是一种半自动标注，它只要求用户输入最少的标注信息，其他参数（如箭头的大小、尺寸数字的高低、尺寸界限的长短、尺寸线之间的间距等）都是通过标注样式的设置来确定的，而标注样式中的各种状态与参数都对应有相应的尺寸标注系统变量。

当进行尺寸标注时，AutoCAD 默认的设置往往不能满足需要，这就需要新建标注样式或对已有的标注样式进行修改，DIMSTYLE 命令提供了设置和修改标注样式的功能。

1. 命令

命令名：DIMSTYLE

菜单：标注→标注样式

图标："标注"工具栏图标 ![icon]

2．功能

创建和修改标注样式，设置当前标注样式。

3．格式

调用 DIMSTYLE 命令后，弹出"标注样式管理器"对话框，如图 5.25 所示。

在该对话框的"样式"列表框中，显示了标注样式的名称。若在"列出"下拉列表中选择"所有样式"，则在"样式"列表框中显示所有样式名；若在下拉列表中选择"正在使用的样式"，则显示当前正在使用的样式的名称。AutoCAD 提供的默认标注样式为 Standard。

在该对话框中单击"修改"按钮，弹出修改标注样式对话框，如图 5.26 所示。

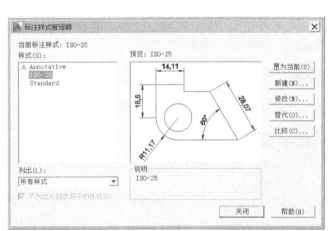

图 5.25　"标注样式管理器"对话框

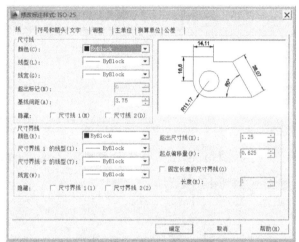

图 5.26　"线"选项卡

在修改标注样式对话框中，通过 7 个选项卡可以实现标注样式的修改。各选项卡的主要内容简介如下。

（1）"线"选项卡如图 5.26 所示：设置尺寸线、尺寸界线的格式及相关尺寸。

（2）"符号和箭头"选项卡，如图 5.27（a）所示。设置箭头、圆心标记、弧长符号、半径标注折弯等格式及尺寸。

（3）"文字"选项卡，如图 5.28 所示：设置尺寸文字的形式、位置、大小和对齐方式。

（4）"调整"选项卡，如图 5.29 所示。在进行尺寸标注时，在某些情况下尺寸界线之间的距离太小，不能够容纳尺寸数字，在此情况下，可以通过该选项卡根据两条尺寸界线之间的空间，设置将尺寸文字、尺寸箭头放在两条尺寸界线的里边还是外边，以及定义尺寸要素的缩放比例等。

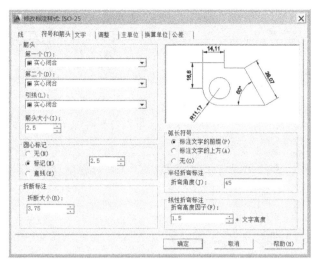 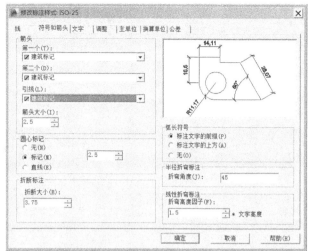

（a）机械图的通常设置　　　　　　　　（b）建筑图的通常设置

图 5.27　"符号和箭头"选项卡

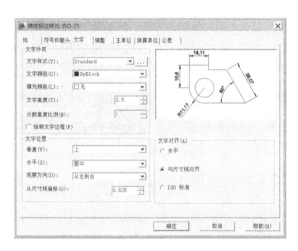 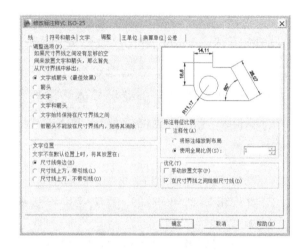

图 5.28　"文字"选项卡　　　　　　　图 5.29　"调整"选项卡

（5）"主单位"选项卡，如图 5.30 所示：设置尺寸标注的单位和精度等。注意，一般应将其中的"小数分隔符"修改为"句点"。若均取整数，则可将"精度"设置为"0"。

（6）"换算单位"选项卡，如图 5.31 所示：设置换算单位及格式。

（7）"公差"选项卡，如图 5.32 所示：设置尺寸公差的标注形式和精度。

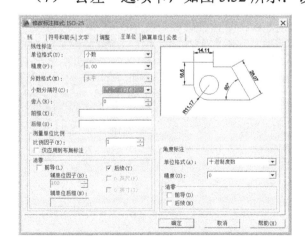 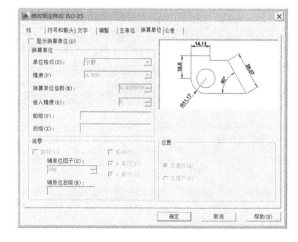

图 5.30　"主单位"选项卡　　　　　　图 5.31　"换算单位"选项卡

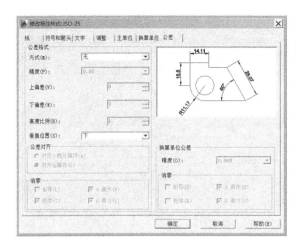

图 5.32　"公差"选项卡

5.7　尺寸标注的修改

如前所述，AutoCAD 提供的尺寸标注功能是一种半自动标注，它只要求用户输入最少的标注信息，其他参数是通过标注样式的设置来确定的，当进行尺寸标注时，AutoCAD 默认的设置往往不能完全满足具体的需要，这就需要对已有的标注进行修改。

对标注样式的修改仍然使用 DIMSTYLE 命令，具体方法与设置标注样式完全相同，此处不再赘述。

在进行尺寸标注时，系统的标注形式和内容有时也可能不符合具体要求，在此情况下，可以根据需要对所标注的尺寸进行编辑。

5.7.1　修改尺寸标注系统变量

标注样式中的各种状态与参数设置除可以通过上述"修改标注样式"对话框控制外，也都对应有相应的尺寸标注系统变量，可直接修改尺寸标注系统变量来设置标注状态与参数。

尺寸标注系统变量的设置方法与其他系统变量的设置完全一样，下面的例子说明了尺寸标注中文字高度变量的设置过程：

命令：**DIMTXT**✓✓
输入 DIMTXT 的新值 <2.5000>：**5.0**✓✓

5.7.2　修改尺寸标注

1．命令

命令名：DIMEDIT
图标："标注"工具栏图标 ![A]

2．功能

用于修改选定标注对象的文字位置、文字内容和倾斜尺寸线。

3．格式

命令：**DIMEDIT**↙
输入标注编辑类型 [默认(H)/新建(N)/旋转(R)/倾斜(O)] <默认>:

各选项说明如下。

（1）默认（H）：使标注文字放回到默认位置。

（2）新建（N）：修改标注文字内容，
弹出"多行文字编辑器"对话框。

（3）"旋转（R）"：使标注文字旋转一
角度。

（4）"倾斜（O）"：使尺寸线倾斜，与
此相对应的菜单为"标注"下拉菜单的
"倾斜"选择。如把图 5.33（a）图形的尺
寸线修改成图 5.33（b）所示尺寸线。

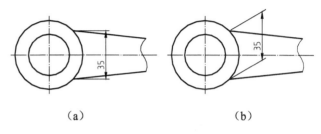

（a）　　　　　　　　　（b）

图 5.33　使尺寸线倾斜

5.7.3　修改尺寸文字位置

1．命令

命令名：DIMTEDIT
菜单：标注→对齐文字
图标："标注"工具栏图标

2．功能

用于移动或旋转标注文字，可动态拖动文字。

3．操作

命令：**DIMTEDIT**↙
选择标注：（选择一标注对象）
指定标注文字的新位置或 [左(L)/右(R)/中心(C)/默认(H)/角度(A)]:

🔊 **提示**

默认状态为指定标注所选择的标注对象的新位置，通过鼠标拖动所选对象到合适的位
置。其余各选项说明如表 5.2 所示。

表5.2　尺寸文字编辑命令的选项

选 项 名	说 明	图 例
左（L）	把标注文字左移	图5.34（a）
右（R）	把标注文字右移	图5.34（b）
中心（C）	把标注文字定位在尺寸线上的中间位置	图5.34（c）
默认（H）	把标注文字恢复为默认位置	
角度（A）	把标注文字旋转一角度	图5.34（d）

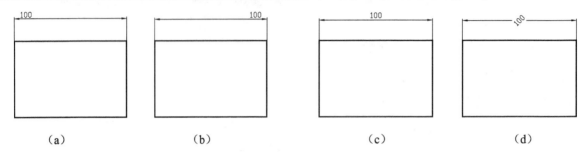

图5.34　标注文本的编辑

思考题5

一、连线题

请将下面左边所列尺寸标注命令与右边对应的功能用直线连接起来。

（1）DIMALIGNED　　　　　　　　（a）对齐尺寸标注

（2）DIMLINEAR　　　　　　　　　（b）半径标注

（3）DIMRADIUS　　　　　　　　　（c）线性尺寸标注

（4）DIMDIAMETER　　　　　　　（d）基线标注

（5）DIMANGULAR　　　　　　　　（e）引线标注

（6）DIMBASELINE　　　　　　　　（f）几何公差标注

（7）DIMCONTINUE　　　　　　　（g）快速标注

（8）LEADER　　　　　　　　　　（h）角度型尺寸标注

（9）TOLERANCE　　　　　　　　（i）连续标注

（10）QDIM　　　　　　　　　　　（j）直径标注

二、填空题

1．如图5.35所示7组图形的尺寸标注均系使用AutoCAD的某一标注命令得到的，请在题号后的括号内填写出对应的菜单选项并在上机时进行具体标注。

（1）（　　　　） 　　（2）（　　　　） 　　（3）（　　　　） 　　（4）（　　　　）

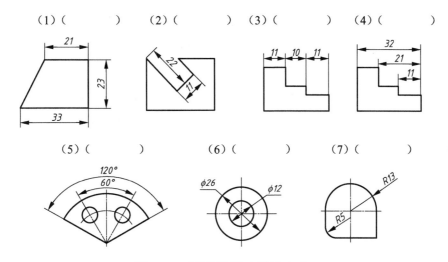

（5）（　　　　） 　　　　（6）（　　　　） 　　　　（7）（　　　　）

图 5.35 图形的尺寸标注命令

2．如图 5.36 所示为标注样式管理器对话框中的界面，请填空回答样式设置中的调整内容及调整方向。

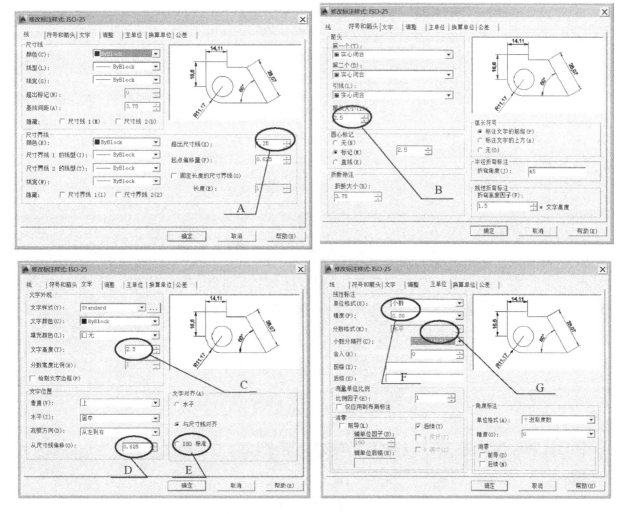

图 5.36 标注格式及参数的设置

（1）当标注出的尺寸数字高度太小时，需增大（　　　　）处的数值；当发现尺寸数字与尺寸线几乎连在一起时，需增大（　　　　）处的数值；欲使标注出的尺寸格式基本符合国家标准的规定，须选中（　　　　）单选按钮。

（2）当标注出的尺寸箭头太大时，需减小（　　　　　）处的数值；当尺寸界线超出箭头部分的长度太小时，需增大（　　　　　）处的数值。

（3）当需标注出的尺寸数字均为整数时，需将（　　　　　　）处的精度设置为 0；欲在图中正确地标注出带小数的尺寸时，需将（　　　　　）处的分隔符设置为"句点"。

（4）欲在非圆视图上标注直径尺寸时，须先选择"T"选项，然后在直径尺寸数字前面加上（　　　　　）。

三、分析题

分析标注如图 5.37 中所示的各尺寸时需应用的标注命令。

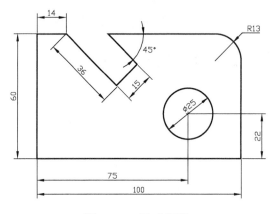

图 5.37　尺寸标注

上机实习 5

1．定义文字样式和输入文字。

（1）建立一个名为 USER 的工程制图用文字样式，采用仿宋体，固定字高 16mm，宽度比例 0.66；再分别用单行文字（TEXT）和多行文字（MTEXT）命令输入自己的校名、班级和姓名；最后用编辑文字（DDEDIT）命令做部分文字修改。

（2）输入下述文字和符号。

$$45° \; \varnothing 60 \; 100\pm0.1$$
$$123456 \; Auto\overline{CAD}$$

2*．打开如图 5.35 所示七组基础图形，用适当的尺寸标注命令标注出各图中的尺寸。

3*．打开基础图形，完成如图 5.37 所示图形的尺寸标注。

4*．打开如图 5.38（a）所示基础图形，按照如图 5.38（b）所示的格式上机为图 5.38（a）标注尺寸。

🔊 **提示**

请用线性尺寸命令和连续尺寸命令标注图形的长度尺寸，用线性尺寸命令和基线尺寸命令标注图形的高度尺寸，用对齐尺寸命令标注图形的倾斜尺寸，用角度尺寸命令及直径和半径尺寸命令标注角度、圆和圆角尺寸。

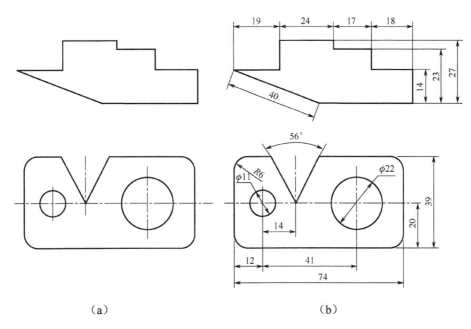

（a） （b）

图 5.38 标注尺寸

5*. 打开基础图形，按照如图 5.39 所示的格式为零件图形标注尺寸。

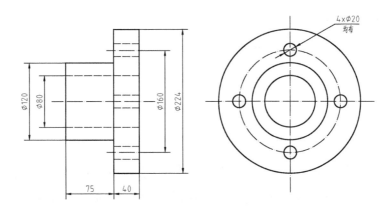

图 5.39 零件图形的尺寸标注

🔊 **提示**

在该图的尺寸中，有三种尺寸标注类型：

（1）线性尺寸标注，如"Φ120""Φ80""Φ224"，可用线性尺寸标注命令 DIMLINEAR 标注，直径符号"Φ"通过控制码"%%C"表示；

（2）连续标注，如"75""40"，可用连续标注（DIMCONTINUE）命令标注；

（3）直径标注，如"Φ160""4-Φ20"，可用直径标注（DIMDIAMETER）命令标注，用单行文字命令 TEXT，注写"均布"。

第 6 章

图块及其运用

1. 明确图块的概念和特点。
2. 熟悉图块的定义、插入和存盘方法。

1. 能正确进行图块的定义和插入操作；必要时能给图块增加属性定义。
2. 能根据图形特点和应用需要，正确运用图块建立符号库和基础图形库。

  块是可由用户定义的子图形，它是 AutoCAD 提供给用户的最有用的工具之一。对于在绘图中反复出现的"图形"（它们往往是多个图形对象的组合），不必再花费重复劳动、一遍又一遍地画图，而只需将它们定义成一个块，在需要的位置插入即可。还可以给块定义属性，在插入时填写可变信息。块有利于用户建立图形库，便于对子图形的修改和重定义，同时节省存储空间。如机械图样中的螺钉、螺栓、螺母等标准件图形和表面粗糙度等符号，建筑设计中的门、窗、家具、橱具、卫生洁具等基础图形，在用 AutoCAD 进行绘图时大多是以图块的形式定义和应用的。

  本章将学习块定义、属性定义、块插入、块存盘等内容。

6.1　块定义

1．命令

命令名：BLOCK（缩写名为B）

菜单：绘制→块→创建

图标："绘图"工具栏图标 ⬚

2．功能

创建块定义，弹出如图6.1所示的"块定义"对话框。

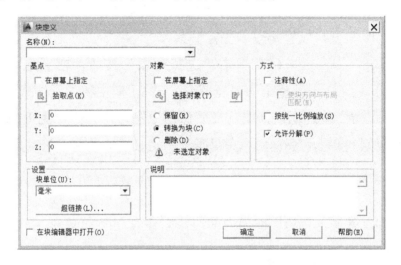

图6.1　"块定义"对话框

对话框内各项的意义如下。

（1）名称：在名称输入框中指定块名，它可以是中文或由字母、数字、下画线构成的字符串。

（2）基点：在块插入时作为参考点。可以用两种方式指定基点，一是单击"拾取点"按钮，在图形窗口中给出一点，二是直接输入基点的X、Y、Z坐标值。

（3）"对象"选项组：指定定义在块中的对象。可以用构造选择集的各种方式，将组成块的对象放入选择集。选择完毕，重新弹出对话框，并在选项组下部显示：已选择 X 个对象。

保留：保留构成块的对象。

转换为块：将定义块的图形对象转换为块对象。

删除：定义块后，删除已选择的对象。

（4）"方式"选项组：指定块的定义方式。

注释性：指定块为注释性对象。

按统一比例缩放：指定是否阻止块参照不按统一比例缩放。

允许分解：指定块参照是否可以被分解。

163

在定义完块后，单击"确定"按钮。如果用户指定的块名已被定义，则 AutoCAD 显示一个警告信息，询问是否重新建立块定义，如果选择重新建立，则同名的旧块定义将被取代。

图 6.2　块"梅花鹿"的定义

3．块定义的操作步骤

下面以将如图 6.2 所示图形定义成名称为"梅花鹿"的块为例，介绍块定义的具体操作步骤。

（1）画出块定义所需的"梅花鹿"图形。

（2）调用 BLOCK 命令，弹出"块定义"对话框。

（3）输入块名"梅花鹿"。

（4）单击"拾取点"按钮，在图形中拾取基准点（也可以直接输入坐标值）。

（5）单击"选择对象"按钮，在图形中选择欲定义成块的图形对象（如窗选图 6.2 中的整个梅花鹿图形），对话框中将显示块成员的数目。

（6）若选中"保留"复选框，则块定义后保留原图形，否则原图形将被删除。

（7）单击"确定"按钮，完成块"梅花鹿"的定义，它将保存在当前图形中。

4．说明

（1）用 BLOCK 命令定义的块称为内部块，它保存在当前图形中，且只能在当前图形中用块插入命令引用。

（2）块可以嵌套定义，即块成员可以包括块插入。

6.2　块插入

1．命令

命令名：INSERT（缩写名为 I）

菜单：插入→块

图标："绘图"工具栏图标

2．功能

弹出"插入"对话框（图 6.3），将块或另一个图形文件按指定位置插入到当前图中。插入时可改变图形的 X、Y 方向比例和旋转角度。（另一个命令-INSERT 命令是通过命令窗口输入的块插入命令，两者功能相似。）

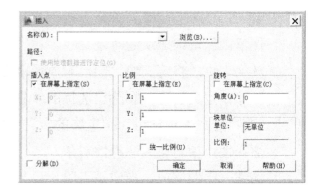

图 6.3　"插入"对话框

3．对话框操作说明

（1）利用"名称"下拉列表，可以显示出当前图中已定义的图块块名列表，从中可选定某一图块。

（2）单击"浏览…"按钮，弹出"选择文件"对话框，可选择磁盘上的某一图形文件并插入到当前图形中，并在当前图形中生成一个内部块。

（3）可以在对话框中，用输入参数的方法指定插入点、缩放比例和旋转角，若选中"在屏幕上指定"复选框，则在命令窗口依次出现相应的提示：

指定插入点或 [比例(S)/X/Y/Z/旋转(R)/预览比例(PS)/PX/PY/PZ/预览旋转(PR)]:（给出插入点）
输入 X 比例因子，指定对角点，或者 [角点(C)/XYZ] <1>:（给出X方向的比例因子）
输入 Y 比例因子或 <使用 X 比例因子>:（给出Y方向的比例因子或按回车键）
指定旋转角度 <0>:（给出旋转角度）

（4）选项内容如下。

角点（C）：以确定一矩形两个角点的方式，对应给出 X、Y 方向的比例值。

X、Y、Z：用于确定三维块插入，给出 X、Y、Z 三个方向的比例因子。

比例因子若使用负值，则可产生对原块定义镜像插入的效果。如图 6.4（a）和图 6.4（b）为将前述"梅花鹿"块定义 X 方向分别使用正比例因子和负比例因子插入后的结果。

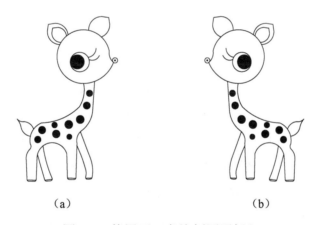

（a）　　　　　　　　　　　　（b）

图 6.4　使用正、负比例因子插入

（5）"分解"复选框：若选中该复选框，则块插入后分解为构成块的各成员对象；反之，块插入后仍是一个对象。对于未进行分解的块，在插入后的任何时候都可以用 EXPLODE 命令将其分解。

4．块和图层、颜色、线型的关系

块插入后，插入体的信息（如插入点、比例、旋转角度等）记录在当前图层中，插入体的各成员一般继承各自原有的图层、颜色、线型等特性。但若块成员画在"0"层上，且颜色或线型使用 ByLayer（随层），则块插入后，该成员的颜色或线型采用插入时当前图层的颜色或线型，称为"0"层浮动；当创建块成员时，对颜色或线型使用 ByBlock（随块），则块成员采用白色与连续线绘制，而在插入时按当前层设置的颜色或线型画出。

5. 单位块的使用

为了控制块插入时的形状大小，可以定义单位块，如定义一个 1×1 的正方形为块，则插入时，X、Y 方向的比例值就直接对应所画矩形的长和宽。

图 6.5 所示为将块"梅花鹿"用不同比例和旋转角插入后所构成的"梅花鹿一家"。

图 6.5　由块"梅花鹿"构成的"梅花鹿一家"

6.3　定义属性

图块除了包含图形对象以外，还可以具有非图形信息，例如，把一台电视机图形定义为图块后，还可把其型号、参数、价格以及说明等文本信息一并加入图块中。图块的这些非图形信息，称为图块的属性，它是图块的一个组成部分，与图形对象一起构成一个整体，在插入图块时，AutoCAD 把图形对象连同属性一起插入到图形中。

一个属性包括属性标记和属性值两方面的内容。例如，可以把 PRICE（价格）定义为属性标记，而具体的价格"2.09 元"是属性值。在定义图块之前，要事先定义好每个属性，包括属性标记、属性提示、属性的默认值、属性的显示格式（在图中是否可见）、属性在图中的位置等。属性定义好后，以其标记在图中显示出来，而把有关信息保存在图形文件中。

当插入图块时，AutoCAD 通过属性提示要求用户输入属性值，图块插入后属性以属性值显示出来。同一图块，在不同点插入时可以具有不同的属性值。若在属性定义时把属性值定义为常量，则 AutoCAD 不询问属性值。在图块插入以后，可以对属性进行编辑，还可以把属性单独提取出来写入文件，以供统计、制表使用。

1. 命令

命令名：ATTDEF（缩写名为 ATT）

菜单：绘图→块→定义属性

2．功能

通过"属性定义"对话框创建属性定义如图 6.6 所示。（另一个 ATTDEF 命令用于通过命令窗口输入定义属性的命令，两者功能相似。）

3．使用属性的操作步骤

以图 6.7 为例，如布置一办公室，各办公桌应注明编号、姓名、年龄等说明，则可以使用带属性的块定义，然后在块插入时给属性赋值。属性定义的操作步骤如下。

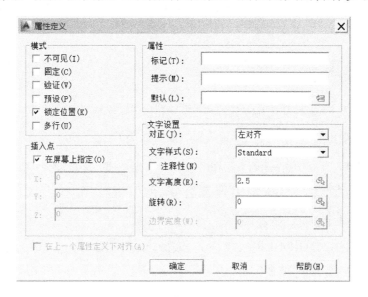

图6.6　"属性定义"对话框

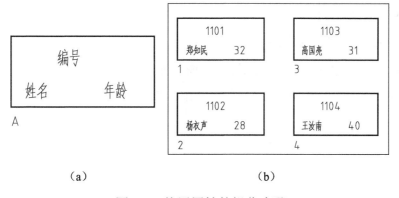

（a）　　　　　　　　　　（b）

图6.7　使用属性的操作步骤

（1）画出相关的图形（如办公桌，如图 6.7（a）所示。

（2）调用 DDATTDEF 命令，弹出"属性定义"对话框。

（3）在"模式"选项组中，规定属性的特性，如属性值可以显示为"可见"或"不可见"，属性值可以是"固定"或"非常数"等。

（4）在"属性"选项组中，输入属性标记（如"编号"），属性提示（若不指定，则用属性标记），属性值（指属性默认值，可不指定）。

（5）在"插入点"选项组中，指定字符串的插入点，可以使用"拾取点"按钮在图形中定位，或直接输入插入点的 X、Y、Z 坐标。

（6）在"文字选项"选项组中，指定字符串的对正方式、文字样式、字高和字符串旋转角。

（7）单击"确定"按钮即可定义一个属性，此时在图形相应的位置会出现该属性的标记"编号"。

（8）同理，重复步骤（2）～步骤（7）可定义属性"姓名""年龄"。在定义"姓名"时，若选中对话框中的"在前一个属性下方对齐"复选框，则"姓名"自动定位在"桌号"的下方。

（9）调用 BMAKE 命令，把办公桌及三个属性定义为块"办公桌"，其基准点为 A，如图 6.7（a）所示。

4．属性赋值的步骤

属性赋值是在插入带属性的块的操作中进行的，其步骤如下。

（1）调用 DDINSERT 命令，指定插入块为"办公桌"。

（2）在图 6.7（b）中，指定插入基准点为 1，指定插入的 X、Y 比例，旋转角为 0，由于"办公桌"带有属性，系统将出现属性提示（"编号""姓名""年龄"），应依次赋值，在插入基准点 1 处插入"办公桌"。

（3）同理，再调用 DDINSERT 命令，在插入基准点 2、3、4 处依次插入块"办公桌"，即可完成图 6.7（b）的设置。

5．关于属性操作的其他命令

ATTDEF：在命令窗口中定义属性。

ATTDISP：控制属性值显示可见性。

DDATTE：通过对话框修改一个插入块的属性值。

DDATTEXT：通过对话框提取属性数据，生成文本文件。

6.4　块存盘

1．命令

命令名：WBLOCK（缩写名为 W）

2．功能

将当前图形中的块或图形保存为图形文件，以便其他图形文件引用，又称为"外部块"。

3. 操作及说明

输入命令后，屏幕上将弹出"写块"对话框，如图 6.8 所示。其中的选项及含义如下。

图 6.8 "写块"对话框

（1）"源"选项组：指定保存对象的类型。

① 块：当前图形文件中已定义的块，可从下拉列表中选择。

② 整个图形：将当前图形文件保存起来，相当于 SAVEAS 命令，但未被引用过的命名对象（如块、线型、图层、字样等）不写入文件。

③ 对象：将当前图形中指定的图形对象赋名保存起来，相当于在定义图块的同时将其保存。此时，可在"基点"和"对象"选项组中指定块基点及组成块的对象和处理方法。

（2）"目标"选项组：指定保存文件的有关内容。

① 文件名和路径：保存的文件名及其路径。文件名可以与被保存的块名相同，也可以不同。

② 插入单位：图形的计量单位。

4. 一般图形文件和外部块的区别

一般图形文件和用 WBLOCK 命令创建的外部块都是.DWG 文件，格式相同，但在生成与使用时略有不同。

（1）一般图形文件常带有图框、标题栏等，是某一主题完整的图形，图形的基准点常采用默认值，即（0,0）点。

（2）一般图形文件常按产品分类，在对应的文件夹中存放。

（3）外部块常带有子图形性质，图形的基准点应以插入时能准确定位和使用方便为准，常定义在图形的某个特征点处。

（4）外部块的块成员，其图层、颜色、线型等的设置，更应考虑通用性。

（5）外部块常做成单位块，便于公用，使用户能通过插入比例方便地控制插入图形的大小。

（6）外部块是用户建立图库的一个元素，因此其存放的文件夹和文件命名都应按图库创建与检索的需要而定。

6.5 块定义的分解与更新

用 INSERT 命令插入的图块是作为一个整体而存在的，是一个图形对象，不便直接对其中的组成元素进行编辑和修改。必要时，可用 EXPLODE 命令解除块约束，将构成块的图形元素分解为各自独立的图形对象。

另外，随设计规范和设计标准的不断更新或设计的修改，一些图例符号会发生变化，因而会经常需要更新图库的块定义。

更新内部块定义使用 BMAKE 或 BLOCK 命令。具体步骤如下。

（1）插入要修改的块或使用图中已存在的块。

（2）利用 EXPLODE 命令将块分解，使之成为独立的对象。

（3）利用编辑命令按新块图形要求修改旧块图形。

（4）运行 BLOCK 命令，选择新块图形作为块定义选择对象，给出与分解前的块相同的名字。

（5）完成此命令后会弹出如图 6.9 所示警告框，此时若单击"重定义"按钮，块会被重新定义，图中所有对该块的引用插入同时被自动修改更新。

图 6.9 块重定义警告框

 思考题 6

一、连线题

请将下列左侧块操作命令与右侧相应功能用连线连起来。

（1）BMAKE 和 BLOCK   （a）分解块

（2）DDINSERT 和 INSERT   （b）块存盘

（3）WBLOCK   （c）插入块

（4）EXPLODE   （d）定义块

二、选择题

1．若欲在图中定义一个图块，必须（   ）。

   A．指定插入基点

B．选择组成块的图形对象

C．给出块名

D．上述各条均需

2．若欲在图中插入一个图块，必须（　　　）。

A．指定插入点

B．给出插入图块块名

C．确定 X、Y 方向的插入比例和图块旋转角度

D．上述各条均需

三、简答题

请分析将如图 6.10 所示机械工程图中表面粗糙度符号定义为图块，并将之插入到零件图中的方法和步骤。

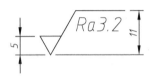

图 6.10　表面粗糙度符号

上机实习 6

1．示意性绘制类似如图 6.11 所示的笑脸，将其定义成名为"SMILE"的块；然后以不同的插入点、比例及旋转角度插入图中，形成由不同大小和胖瘦的笑脸组成的类似图 6.12 所示的笑脸图；最后将该图块以"笑脸"为文件名存盘。

图 6.11　笑脸　　　　　　　　　　　图 6.12　笑脸图

2*．以前面上机实习中所绘"花枝"（如图 2.40 所示）为基础，在所绘制的 "田间小房"图形（如图 2.43 所示）中添加 3 簇鲜花，形成类似如图 6.13 所示的效果。

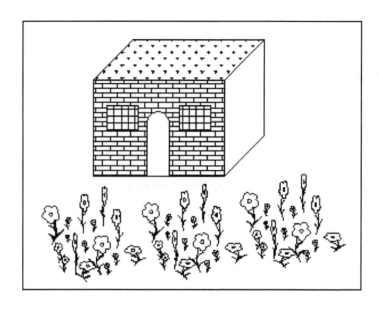

图 6.13 添加鲜花的"田间小房"

🔊 提示

图 6.13 中的花簇，是由若干图 2.40 所示"花枝"，经不同的变换比例和旋转所形成的。因此，可以将图 2.40 所示"花枝"图形定义为一个图块，然后，对该块进行块的多重插入操作，就可以绘制出一簇鲜花的图案，如图 6.14 所示；再将该花簇定义为一个块，并将其 3 次插入到"田间小屋"前面即可。或者，花簇图形不进行图块定义，直接用 COPY 命令复制 3 份亦可。

图 6.14 花簇

3. 根据上面的分析，将如图 6.10 所示表面粗糙度符号定义为图块并将之以不同的倾斜角度（0°、45°、90°）插入到图形中。

4*. 打开电子图档，将如图 6.15 所示机械工程图表面粗糙度符号定义为带属性的图块（其中的"Ra3.2"为属性值，在图块插入时可通过键盘输入改变其具体数值，如"Ra6.3""Rz12.5"等）。

图 6.15 带属性的表面粗糙度符号

5．绘制如图 6.16 所示位置公差基准代号，将其定义成带属性的图块，并练习不同属性值（即图中的字母）图块的插入方法。

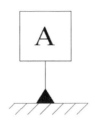

图 6.16 几何公差基准代号

6*．图块的机械应用：绘制螺栓连接图。在机械制图中绘制螺栓、螺母和垫圈时，其采用的是比例画法，即其是随公称直径 d 的大小成比例变化的。根据对螺栓连接图（图 6.17（d））的分析，可将螺栓连接分成三部分：上面部分包括螺母、垫圈和螺栓地伸出部分（图 6.17（a）），下面部分为螺栓头（图 6.17（b）所示），中间部分为两块带孔的板（图 6.17（c））及螺栓的圆柱部分。其中上面部分和下面部分可分别定义成块，便于按比例插入到不同规格的螺栓连接图中，板厚是不随公称直径而变化的，所以不宜定义成块。绘制图块图形时，请以公称直径 d=10 的尺寸来绘制螺栓和螺母，这样，在基于此图块绘制不同直径的螺栓连接图时只需参照当下直径与 10 的比例关系，并以此作为图块插入的比例即可。图中"×"的位置为定义图块时的基点和插入图块时的插入点。请依上述思路将图 6.17（a）和图 6.17（b）分别定义成名为"螺栓头"和"螺栓尾"的图块，然后通过图块的插入操作，分别绘制 d=6、d=20 以及 d=30 的螺栓连接图。

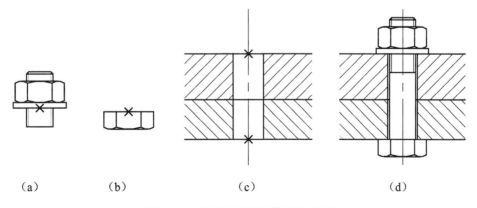

　　　（a）　　　　　（b）　　　　　　　（c）　　　　　　　　（d）

图 6.17 螺栓连接及其图块分解

7*．图块的建筑应用：窗户与阳台。打开电子图档，将如图 6.18（a）所示的两种窗户图形及阳台图形分别定义为图块，然后将其分别插入到如图 6.18（b）所示的图形中，以生成如图 6.18（c）所示的建筑立面图。

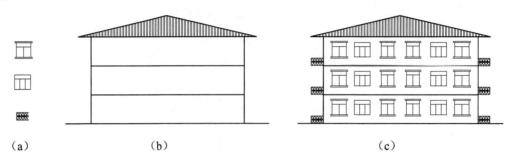

（a）　　　　　　　　　　（b）　　　　　　　　　　（c）

图 6.18　窗户、阳台与建筑立面图

第 7 章

工程图形绘制实训

1. 熟悉工程图形的结构特点，常用的绘图和修改命令。
2. 明确工程图形绘制的作业过程。

能用 AutoCAD 绘制一般的工程图形。

本章将结合 3 个不同结构特点的工程图形的绘制过程，介绍综合应用前面所学图形绘制命令、图形编辑命令进行平面图形绘制的具体方法，以巩固和加深对前面所学命令的理解和掌握，提高对软件运用能力的培养。

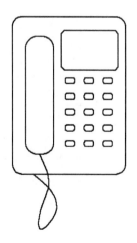

图 7.1　电话机

7.1　电话机

绘制如图 7.1 所示的"电话机"图形。

该图形比较简单，主要是由带圆角的矩形、带倒角的矩形及自由曲线组成的。因此，可以用绘制矩形（RECTANG）命令绘制图形的主要轮廓线；用圆角（FILLET）命令和倒角（CHAMFER）命令对矩形进行圆角和倒角处理；用样条曲线（SPLINE）命令绘制听筒与电话主机的连线。

其操作步骤如下。

1．启动软件

双击计算机桌面上的 AutoCAD 2014 中文版图标，启动 AutoCAD。

2．设置图形的大小

设置图形界限，并进行缩放操作，使所绘制的图形尽可能大地显示在窗口中。

> 命令：**LIMITS**✓（在命令行中输入LIMITS命令，设置图形界限）
> 重新设置模型空间界限指定左下角点或 [开(ON)/关(OFF)] <0.0000,0.0000>:✓（按回车键，取默认值）
> 指定右上角点 <420.0000,297.0000>:✓（按回车键，取默认值）
> 命令：**ZOOM**✓（输入ZOOM命令，对图形界限进行缩放）
> 指定窗口角点，输入比例因子 (nX 或 nXP)，或
> [全部(A)/中心点(C)/动态(D)/范围(E)/上一个(P)/比例(S)/窗口(W)] <实时>: **E**✓（输入E，选择"范围"缩放模式，使所绘制的图形尽可能大地显示在窗口内）
> 正在重生成模型

3．绘制基本轮廓

使用 RECTANG 命令，在点（10，10）～（70，90）、（17，20）～（32，80）、（36，63）～（66，83）和（38，24）～（43，27）之间分别绘制 4 个矩形作为基本轮廓线。具体操作过程如下。

> 命令：**RECTANG**✓
> 指定第一个角点或 [倒角(C)/标高(E)/圆角(F)/厚度(T)/宽度(W)]: **10,10**✓
> 指定另一个角点或 [面积(A)/尺寸(D)/旋转(R)]: **70,90**✓
> 命令：✓（重复执行"矩形"操作）
> RECTANG
> 指定第一个角点或 [倒角(C)/标高(E)/圆角(F)/厚度(T)/宽度(W)]: **17,20**✓
> 指定另一个角点或 [面积(A)/尺寸(D)/旋转(R)]: **32,80**✓
> 命令：✓
> RECTANG
> 指定第一个角点或 [倒角(C)/标高(E)/圆角(F)/厚度(T)/宽度(W)]: **36,63**✓
> 指定另一个角点或 [面积(A)/尺寸(D)/旋转(R)]: **66,83**✓
> 命令：✓
> RECTANG
> 指定第一个角点或 [倒角(C)/标高(E)/圆角(F)/厚度(T)/宽度(W)]: **38,24**✓
> 指定另一个角点或 [面积(A)/尺寸(D)/旋转(R)]: **43,27**✓

结果如图 7.2 所示。

4．修改轮廓线

（1）使用 FILLET 命令，将矩形的四个角改为圆弧状。单击"修改"工具栏中的 图

标，并根据提示进行如下操作。

```
命令: FILLET↙
当前设置: 模式 = 修剪，半径 = 0.0000
选择第一个对象或 [放弃(U)/多段线(P)/半径(R)/修剪(T)/多个(M)]: R↙
指定圆角半径 <0.0000>: 5↙ （指定圆角的半径）
选择第一个对象或 [放弃(U)/多段线(P)/半径(R)/修剪(T)/多个(M)]: P↙ （指定采用多段线方式
进行圆角操作）
选择二维多段线: （选择图7.2中最外面的矩形）
4条直线已被圆角
```

修改的结果如图 7.3 所示。

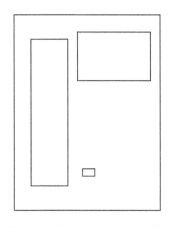
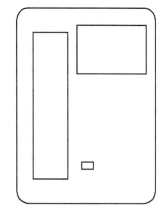

图 7.2　电话机的基本轮廓　　　　图 7.3　圆角后的外轮廓线

（2）同上一步的操作过程一样，再次调用 FILLET 命令，以 6 为半径对图形内左侧的矩形进行圆角操作；以 1 为半径对图形中最小的矩形进行圆角操作。结果如图 7.4 所示。

（3）使用 CHAMFER 命令，将右上方的矩形的四个角改为折线。单击"修改"工具栏中的 图标，并根据提示进行如下操作。

```
命令: CHAMFER↙
（"修剪"模式) 当前倒角距离 1 = 0.0000，距离 2 = 0.0000
选择第一条直线或 [放弃(U)/多段线(P)/距离(D)/角度(A)/修剪(T)/方式(E)/多个(M)]: D↙ （指定
倒角的距离）
指定第一个倒角距离 <0.0000>: 1.5↙ （指定倒角的距离1为1.5）
指定第二个倒角距离 <1.5000>: 1.5↙ （指定倒角的距离2为1.5）
选择第一条直线或 [放弃(U)/多段线(P)/距离(D)/角度(A)/修剪(T)/方式(E)/多个(M)]: P↙ （指定
采用多段线方式进行倒角操作）
选择二维多段线: （选择图7.4中右上角的矩形）
4条直线已被倒角
```

倒角操作的结果如图 7.5 所示。

5. 创建电话按键和连线

（1）利用矩形阵列命令由已创建的按键来生成其他按键。单击"修改"工具栏中的 图标，并根据提示进行如下操作。

```
命令: ARRAYRECT↙
选择对象: （在绘图区中选择最小的矩形）
找到 1 个
```

选择对象: ✓

类型 = 矩形　关联 = 是

选择夹点以编辑阵列或 [关联(AS)/基点(B)/计数(COU)/间距(S)/列数(COL)/行数(R)/层数(L)/退出(X)] <退出>: **R**✓

输入行数数或 [表达式(E)] <3>: **5**✓

指定 行数 之间的距离或 [总计(T)/表达式(E)] <377.8634>: **8**✓（输入行间距数值）

指定 行数 之间的标高增量或 [表达式(E)] <0>:✓

选择夹点以编辑阵列或 [关联(AS)/基点(B)/计数(COU)/间距(S)/列数(COL)/行数(R)/层数(L)/退出(X)] <退出>: **COL**✓

输入列数数或 [表达式(E)] <4>: **3**✓

指定 列数 之间的距离或 [总计(T)/表达式(E)] <769.582>: **10**✓（输入列间距数值）

选择夹点以编辑阵列或 [关联(AS)/基点(B)/计数(COU)/间距(S)/列数(COL)/行数(R)/层数(L)/退出(X)] <退出>:✓

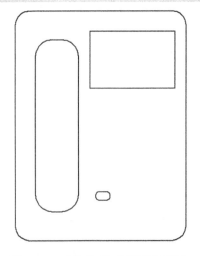　　　　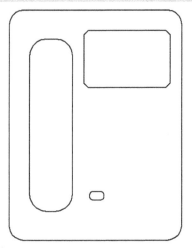

图 7.4　对其他轮廓线进行圆角　　　　图 7.5　倒角后的轮廓线

绘制结果如图 7.6 所示。

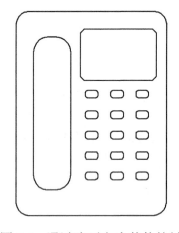

图 7.6　通过阵列产生其他按键

（2）调用 SPLINE 命令，用样条曲线将话筒与主机连接起来，结果如图 7.1 所示。

6. 保存文件

命令: **QSAVE**✓（单击"保存"按钮，以"电话机.dwg"为文件名保存图形）

7.2　冲剪模板

绘制如图 7.7 所示的"冲剪模板"图形。

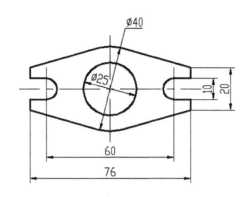

图 7.7　冲剪模板

该图形主要由圆、圆弧和直线组成，并且上下、左右均对称。对于此类对称结构图形，可以采用复制（COPY）命令及镜像（MIRROR）命令对图形的对称部分进行编辑操作，这样可以大大简化绘图过程，提高绘图速度。具体来说，可以用画圆（CIRCLE）命令、绘制多段线（PLINE）命令，并配合修剪（TRIM）命令绘制出图形的右上部分，再利用镜像命令分别进行上下及左右的镜像操作，即可完成图形的绘制。

需要注意的是，该图形中有两种线型，即粗实线及细点画线，因此在绘制图形之前，必须创建如下两个图层：CSX 层，线型为 CONTINOUS，颜色为白色，线宽为 0.3mm，用于绘制粗实线；XDHX 层，线型为 CENTER2，线宽为 0.09mm，用于绘制细点画线。

操作步骤如下。

（1）设置绘图环境。

① 用 LIMITS 命令设置图幅为 297×210。

> 命令：**LIMITS**↙（设置图纸界限命令）
> 重新设置模型空间界限：
> 指定左下角点或 [开(ON)/关(OFF)] <0.0000,0.0000>:↙（按回车键，图纸左下角点坐标取默认值）
> 指定右上角点 <420.0000,297.0000>: **297,210**↙（设置图纸右上角点坐标值）
> 命令：**ZOOM**↙（图形缩放命令）
> 指定窗口角点，输入比例因子 (nX 或 nXP)，或
> [全部(A)/中心点(C)/动态(D)/范围(E)/上一个(P)/比例(S)/窗口(W)] <实时>: **A**↙（进行全部缩放操作，显示全部图形）
> 正在重生成模型

② 用 LAYER 命令创建图层"CSX"及图层"XDHX"。

> 命令：**LAYER**↙（输入图层命令，或单击"图层"工具栏中的图层图标，弹出"图层特性管理器"对话框，分别设置"CSX"与"XDHX"层，并将"XDHX"层设置为当前层）

（2）用绘制直线（LINE）命令绘制图形的对称中心线。

> 命令：<线宽 开>（单击状态栏中的"线宽"按钮，显示线宽）
> 命令：**LINE**↙（绘制直线命令，绘制水平对称中心线）
> 指定第一点：**57,100**↙（给出第一点的坐标）
> 指定下一点或 [放弃(U)]: **143,100**↙（给出第二点的坐标）

指定下一点或 [放弃(U)]:↙

命令:↙（按回车键，继续执行该命令）

指定第一点: **100,75**↙

指定下一点或 [放弃(U)]: **100,125**↙

指定下一点或 [放弃(U)]:↙

（3）将当前层设置为"CSX"，用绘制圆（CIRCLE）命令及绘制多段线（PLINE）命令绘制图形的右上部分。

命令: **LA**↙（将"CSX"设置为当前层）

命令: **CIRCLE**↙（绘制圆命令，绘制Φ40的圆）

指定圆的圆心或 [三点(3P)/两点(2P)/相切、相切、半径(T)]: _int 于（打开交点捕捉，捕捉对称中心线的交点作为圆心）

指定圆的半径或 [直径(D)]: **D**↙（选择输入直径方式绘制圆）

指定圆的直径: **40**↙（输入圆的直径）

命令: ↙（绘制Φ25的圆）

CIRCLE 指定圆的圆心或 [三点(3P)/两点(2P)/相切、相切、半径(T)]: _int于（打开交点捕捉，捕捉对称中心线的交点作为圆心）

指定圆的半径或 [直径(D)] <20.0000>: **D**↙

指定圆的直径 <40.0000>: **25**↙

命令: **PLINE**↙（绘制多段线命令）

指定起点: **125,100**↙（输入起点坐标）

当前线宽为 0.0000

指定下一个点或 [圆弧(A)/半宽(H)/长度(L)/放弃(U)/宽度(W)]: **A**↙（绘制圆弧）

指定圆弧的端点或

[角度(A)/圆心(CE)/方向(D)/半宽(H)/直线(L)/半径(R)/第二个点(S)/放弃(U)/宽度(W)]: **CE**↙（选择指定圆心方式）

指定圆弧的圆心: **130,100**↙（输入圆心坐标）

指定圆弧的端点或 [角度(A)/长度(L)]: **A**↙（选择角度方式）

指定包含角: **-90**↙（输入圆弧的包角）

指定圆弧的端点或

[角度(A)/圆心(CE)/闭合(CL)/方向(D)/半宽(H)/直线(L)/半径(R)/第二个点(S)/放弃(U)/宽度(W)]: **L**↙（绘制直线）

指定下一点或 [圆弧(A)/闭合(C)/半宽(H)/长度(L)/放弃(U)/宽度(W)]: **@8,0**↙

指定下一点或 [圆弧(A)/闭合(C)/半宽(H)/长度(L)/放弃(U)/宽度(W)]: **@0,5**↙

指定下一点或 [圆弧(A)/闭合(C)/半宽(H)/长度(L)/放弃(U)/宽度(W)]: _tan到（捕捉Φ40圆的切点）

指定下一点或 [圆弧(A)/闭合(C)/半宽(H)/长度(L)/放弃(U)/宽度(W)]:↙

绘制结果如图 7.8 所示。

（4）用镜像（MIRROR）命令，镜像所绘制的图形。

命令: **LA**↙（将当前图层设置为"XDHX"）

命令: **L**↙（直线命令，绘制右端竖直对称中心线）

LINE指定第一点: **130,110**↙

指定下一点或 [放弃(U)]: **@0,-20**↙

指定下一点或 [放弃(U)]:↙

命令: **MIRROR**↙（镜像命令，对所绘制的多段线进行镜像操作）

选择对象:（选择绘制的多段线）

指定镜像线的第一点: _endp 于（捕捉水平对称中心线的左端点）

指定镜像线的第二点: _endp 于（捕捉水平对称中心线的右端点）

是否删除源对象？ [是(Y)/否(N)] <N>:↙

命令: **MI**↙（镜像命令，对所绘制的多段线进行镜像操作）

选择对象：（用窗口选择方式，指定窗口角点，选择右端的两段多段线与中心线）

指定镜像线的第一点：_endp 于（捕捉中间竖直对称中心线的上端点）

指定镜像线的第二点：_endp 于（捕捉中间竖直对称中心线的下端点）

是否删除源对象？[是(Y)/否(N)] <N>:✓

命令：**TRIM**✓（修剪命令，剪去多余的线段）

当前设置：投影=UCS，边=无

选择剪切边...

选择对象：（选择四条多段线，如图7.9所示）

......总计 4 个

选择对象:✓

选择要修剪的对象，按住 Shift 键选择要延伸的对象，或 [投影(P)/边(E)/放弃(U)]:（分别选择中间大圆的左右段）

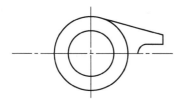

图 7.8　图形的主要轮廓线

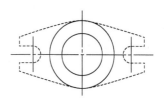

图 7.9　选择剪切边

绘制完成的图形如图 7.10 所示。

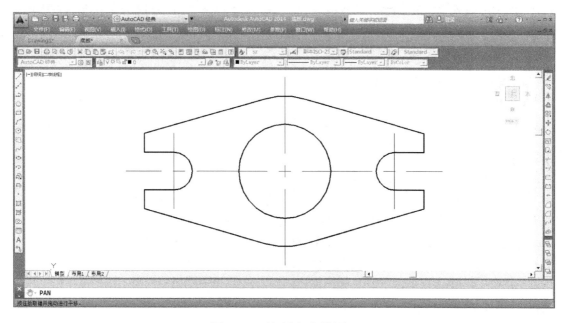

图 7.10　绘制完成的图形

（5）保存图形。

命令：**QSAVE**✓（以"冲剪模板"为文件名，将图形保存在指定路径中）

7.3　压力表

绘制如图 7.11 所示的"压力表"图形。

由图可知，压力表的最外轮廓可由重叠的矩形和圆经相互修剪形成；中间表盘部分的主要轮廓线及表轴均为同心圆，可分别通过偏移

图 7.11　压力表

（OFFSET）命令获得；表针可利用镜像和剪切得到；刻度线可借助绘制直线及环形阵列命令产生；文字可利用单行文字（TEXT）命令书写。

其操作步骤如下。

1．创建新图形文件

启动 AutoCAD，以"acadiso.dwt"文件为模板建立新的图形文件。

2．绘制压力表轮廓

先使用 CIRCLE 命令，以点（100,100）为圆心，以 50 为半径绘制一个圆；再调用"RECTANG"命令，在点（85,45）和点（115,155）之间绘制一个矩形。具体过程如下。

> 命令: **CIRCLE**✓
> 指定圆的圆心或 [三点(3P)/两点(2P)/相切、相切、半径(T)]: **100,100**✓
> 指定圆的半径或 [直径(D)]: **50**✓
> 命令: **RECTANG**✓
> 指定第一个角点或 [倒角(C)/标高(E)/圆角(F)/厚度(T)/宽度(W)]: **85,45**✓
> 指定另一个角点或 [面积(A)/尺寸(D)/旋转(R)]: **115,155**✓

结果如图 7.12 所示。

利用 TRIM 命令将圆内的矩形部分去掉。单击"修改"工具栏中的 图标，并根据提示进行如下操作。

> 命令: **TRIM**✓
> 当前设置:投影=UCS，边=无
> 选择剪切边...
> 选择对象或 <全部选择>: （选择圆作为修剪的边界）
> 找到 1 个
> 选择对象: ✓（确定所选择的修剪边界）
> 选择要修剪的对象，或按住 Shift 键选择要延伸的对象，或
> [栏选(F)/窗交(C)/投影(P)/边(E)/删除(R)/放弃(U)]: （选择圆内需要修剪的线段）
> 选择要修剪的对象，或按住 Shift 键选择要延伸的对象，或
> [栏选(F)/窗交(C)/投影(P)/边(E)/删除(R)/放弃(U)]: （选择圆内需要修剪的另一条线段）
> 选择要修剪的对象，或按住 Shift 键选择要延伸的对象，或
> [栏选(F)/窗交(C)/投影(P)/边(E)/删除(R)/放弃(U)]: ✓（结束修剪）

结果如图 7.13 所示。

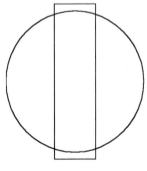

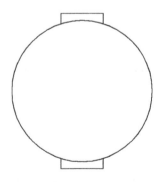

图 7.12　修剪前的图形　　　　　　　图 7.13　修剪后的图形

3. 绘制表盘

绘制另外两个圆。可以不必使用 CIRCLE 命令来绘制，而是利用 OFFSET 命令，由已有的圆直接生成新的圆。为了便于说明，将上一步骤中绘制的圆称为圆 1，本步骤中所绘制的圆分别称为圆 2 和圆 3。单击"修改"工具栏中的 图标，并根据提示进行如下操作。

> 命令: **OFFSET**✓
> 当前设置: 删除源=否　图层=源　OFFSETGAPTYPE=0
> 指定偏移距离或 [通过(T)/删除(E)/图层(L)] <1.0000>:　**5**✓（指定偏移距离为5）
> 选择要偏移的对象，或 [退出(E)/放弃(U)] <退出>:（选择圆1作为偏移对象）
> 指定要偏移的那一侧上的点，或 [退出(E)/多个(M)/放弃(U)] <退出>:（选择圆1内任一点来指定偏移方向）
> 选择要偏移的对象，或 [退出(E)/放弃(U)] <退出>: ✓（结束偏移）

这样，就通过对圆 1 的偏移操作而生成了与其具有同一圆心的圆 2，结果如图 7.14 所示。

现在利用 OFFSET 命令，由圆 2 生成圆 3。单击"修改"工具栏中的 图标，并根据提示进行如下操作。

> 命令:**OFFSET**✓
> 当前设置: 删除源=否　图层=源　OFFSETGAPTYPE=0
> 指定偏移距离或 [通过(T)/删除(E)/图层(L)] <1.0000>:　**3** ✓
> 选择要偏移的对象，或 [退出(E)/放弃(U)] <退出>:（选择圆2作为偏移对象）
> 指定要偏移的那一侧上的点，或 [退出(E)/多个(M)/放弃(U)] <退出>:（选择圆2内任一点来指定偏移方向）
> 选择要偏移的对象，或 [退出(E)/放弃(U)] <退出>: ✓（结束偏移）

完成后，结果应如图 7.15 所示。

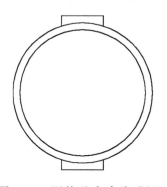

图 7.14　用偏移命令生成圆 2

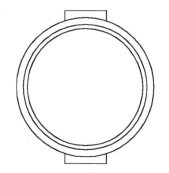

图 7.15　用偏移命令生成圆 3

4. 绘制刻度线

首先绘制零刻度线，调用 LINE 命令，利用中心点捕捉圆的圆心作为起点，然后输入极坐标"@3<-45"确定端点。具体过程如下。

> 命令:**LINE**✓
> 指定第一点:**CEN**✓
> 于（选择圆1）
> 指定下一点或 [放弃(U)]: **@3<-45**✓
> 指定下一点或 [放弃(U)]: ✓

绘制结果如图 7.16 所示。

将绘制好的零刻度线移动到指定的位置。单击"修改"工具栏中的⊕图标，并根据提示进行如下操作。

> 命令: **MOVE**↙
> 选择对象:（选择已绘制好的直线）
> 找到 1 个
> 选择对象:↙（结束选择）
> 指定基点或 [位移(D)] <位移>:（利用端点捕捉来选择直线上的右下端点作为移动的基点）
> 指定第二个点或 <使用第一个点作为位移>: **APPINT**↙
> 于 和 （利用外观交点捕捉来选择直线与圆3的外观交点作为移动的第二点）

完成后，结果如图 7.17 所示。

利用零刻度线来生成其他刻度线。单击"修改"工具栏中的环形阵列图标，按提示进行如下设置。

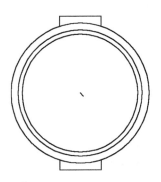

图 7.16　绘制零刻度线

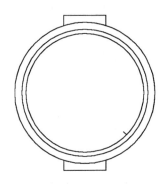

图 7.17　移动零刻度线

> 命令: **ARRAYPOLAR**↙
> 选择对象:（选择零刻度线）
> 找到1 个
> 选择对象:↙
> 类型 = 极轴　关联 = 是
> 指定阵列的中心点或 [基点(B)/旋转轴(A)]:（捕捉大圆的圆心）
> 选择夹点以编辑阵列或 [关联(AS)/基点(B)/项目(I)/项目间角度(A)/填充角度(F)/行(ROW)/层(L)/旋转项目(ROT)/退出(X)] <退出>: **I**↙
> 输入阵列中的项目数或 [表达式(E)] <6>:**31**↙
> 选择夹点以编辑阵列或 [关联(AS)/基点(B)/项目(I)/项目间角度(A)/填充角度(F)/行(ROW)/层(L)/旋转项目(ROT)/退出(X)] <退出>: **F**↙（指定阵列的角度范围）
> 指定填充角度(+=逆时针、-=顺时针)或 [表达式(EX)] <360>:**270**↙
> 选择夹点以编辑阵列或 [关联(AS)/基点(B)/项目(I)/项目间角度(A)/填充角度(F)/行(ROW)/层(L)/旋转项目(ROT)/退出(X)] <退出>: **ROT**↙
> 是否旋转阵列项目? [是(Y)/否(N)] <是>: **Y**↙　　（阵列时旋转项目）
> 选择夹点以编辑阵列或 [关联(AS)/基点(B)/项目(I)/项目间角度(A)/填充角度(F)/行(ROW)/层(L)/旋转项目(ROT)/退出(X)] <退出>:↙

绘制结果如图 7.18 所示。

利用延伸命令来着重显示主刻度线（即从零刻度线开始，每隔 4 条刻度线为主刻度线）。再次使用 OFFSET 命令，将圆 3 向内部偏移来生成一个临时的圆作为辅助线，偏移距离为 5.5；单击"修改"工具栏中的图标，并根据提示进行如下操作。

> 命令: **OFFSET**↙

当前设置: 删除源=否　　图层=源　　OFFSETGAPTYPE=0

指定偏移距离或 [通过(T)/删除(E)/图层(L)] <1.0000>: **5.5**✓

选择要偏移的对象, 或 [退出(E)/放弃(U)] <退出>: (选择圆3作为偏移对象)

指定要偏移的那一侧上的点, 或 [退出(E)/多个(M)/放弃(U)] <退出>: (选择圆3内任一点来指定偏移方向)

选择要偏移的对象, 或 [退出(E)/放弃(U)] <退出>:✓ (结束偏移)

命令: **EXTEND**✓

当前设置:投影=UCS, 边=无

选择边界的边...

选择对象或 <全部选择>: (选择辅助圆作为延伸的边界)

找到 1 个

选择对象:✓

选择要延伸的对象, 或按住 Shift 键选择要修剪的对象, 或

[栏选(F)/窗交(C)/投影(P)/边(E)/放弃(U)]: (依次选择主刻度线(共7条), 使之延伸至辅助圆上, 最后按回车键结束延伸)

选择要延伸的对象, 或按住 Shift 键选择要修剪的对象, 或

[栏选(F)/窗交(C)/投影(P)/边(E)/放弃(U)]:

选择要延伸的对象, 或按住 Shift 键选择要修剪的对象, 或

[栏选(F)/窗交(C)/投影(P)/边(E)/放弃(U)]:

选择要延伸的对象, 或按住 Shift 键选择要修剪的对象, 或

[栏选(F)/窗交(C)/投影(P)/边(E)/放弃(U)]:

选择要延伸的对象, 或按住 Shift 键选择要修剪的对象, 或

[栏选(F)/窗交(C)/投影(P)/边(E)/放弃(U)]:

选择要延伸的对象, 或按住 Shift 键选择要修剪的对象, 或

[栏选(F)/窗交(C)/投影(P)/边(E)/放弃(U)]:

选择要延伸的对象, 或按住 Shift 键选择要修剪的对象, 或

[栏选(F)/窗交(C)/投影(P)/边(E)/放弃(U)]:

选择要延伸的对象, 或按住 Shift 键选择要修剪的对象, 或

[栏选(F)/窗交(C)/投影(P)/边(E)/放弃(U)]:✓

完成后的结果如图 7.19 所示。绘制结束后删除辅助圆。

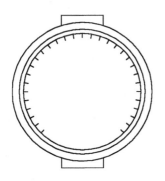

图 7.18　绘制其他刻度线

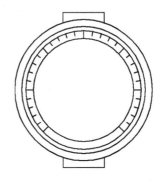

图 7.19　绘制主刻度线

5．绘制表针

仍以点 (100,100) 为圆心, 分别以 3、5 为半径绘制两个圆; 再绘制一条穿过这两个圆的直线, 其大概位置如图 7.20 所示。

现在先调用"镜像"命令绘制表针的另一条边, 然后用"圆"命令中的"相切、相切、半径"方式作与表针两直线相切的、半径为"3"的圆; 再用"修剪"命令剪去该圆

靠表针两直线内侧的圆弧部分及表针两直线超出圆的部分。具体过程如下。

命令:**MIRROR**✓

选择对象：（选择已绘制好的直线）

找到 1 个

选择对象: ✓（结束选择）

指定镜像线的第一点:（利用端点捕捉来选择直线上的端点，即针尖上的点）

指定镜像线的第二点:（利用中心点捕捉来选择圆心点）

要删除源对象吗？[是(Y)/否(N)] <N>: ✓（选择"N"来保留源对象）

命令:**CIRCLE**✓

指定圆的圆心或 [三点(3P)/两点(2P)/相切、相切、半径(T)]: **T**✓（指定用"相切、相切、半径"方式画圆）

指定对象与圆的第一个切点:（选择构成表针的第一条直线）

指定对象与圆的第二个切点:（选择构成表针的第二条直线）

指定圆的半径 <5.0000>: **3**✓

命令: **TRIM**✓

当前设置:投影=UCS，边=无

选择剪切边...

选择对象或 <全部选择>: （依次选择构成表针的第一条直线、第二条直线及与其相切的圆）找到 1 个

选择对象: 找到 1 个，总计 2 个

选择对象: 找到 1 个，总计 3 个

选择对象: ✓

选择要修剪的对象，或按住 Shift 键选择要延伸的对象，或

[栏选(F)/窗交(C)/投影(P)/边(E)/删除(R)/放弃(U)]:（依次选择构成表针的第一条直线、第二条直线及与其相切的圆中多余的部分）

选择要修剪的对象，或按住 Shift 键选择要延伸的对象，或

[栏选(F)/窗交(C)/投影(P)/边(E)/删除(R)/放弃(U)]:

选择要修剪的对象，或按住 Shift 键选择要延伸的对象，或

[栏选(F)/窗交(C)/投影(P)/边(E)/删除(R)/放弃(U)]:

选择要修剪的对象，或按住 Shift 键选择要延伸的对象，或

[栏选(F)/窗交(C)/投影(P)/边(E)/删除(R)/放弃(U)]: ✓

结果如图 7.21 所示。

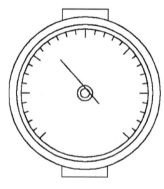
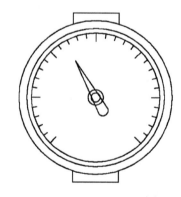

图 7.20　表针绘制（一）　　　　图 7.21　表针绘制（二）

最后，调用 TRIM 命令，先以两条表针直线为边界，将两条直线之间表轴处的部分圆弧修剪掉；再以剩下的圆弧为边界，将圆弧内部的部分直线修剪掉。具体过程如下。

命令:**TRIM**✓

当前设置:投影=UCS，边=无

选择剪切边…
选择对象或 <全部选择>: （依次选择构成表针的第一条直线、第二条直线及表轴处的大圆）
找到 1 个
选择对象: 找到 1 个，总计 2 个
选择对象: 找到 1 个，总计 3 个
选择对象: ↙
选择要修剪的对象，或按住 Shift 键选择要延伸的对象，或
[栏选(F)/窗交(C)/投影(P)/边(E)/删除(R)/放弃(U)]:（依次选择构成表针的第一条直线和第二条
直线位于圆内的部分及圆位于两条直线之间的部分）
选择要修剪的对象，或按住 Shift 键选择要延伸的对象，或
[栏选(F)/窗交(C)/投影(P)/边(E)/删除(R)/放弃(U)]:
选择要修剪的对象，或按住 Shift 键选择要延伸的对象，或
[栏选(F)/窗交(C)/投影(P)/边(E)/删除(R)/放弃(U)]:
选择要修剪的对象，或按住 Shift 键选择要延伸的对象，或
[栏选(F)/窗交(C)/投影(P)/边(E)/删除(R)/放弃(U)]:
选择要修剪的对象，或按住 Shift 键选择要延伸的对象，或
[栏选(F)/窗交(C)/投影(P)/边(E)/删除(R)/放弃(U)]: ↙

完成后的表针如图 7.22 所示。

6. 绘制文字和数字

在绘制文字前应先对当前的文字样式进行设置。选择"格式"→"文字样式"选项，
弹出"文字样式"对话框。在"字体名"下拉列表中选择"宋体"选项，并保持其他选项
不变。单击"应用"按钮使设置生效，然后单击"关闭"按钮关闭对话框。

调用 TEXT 命令，并根据提示进行如下操作。

命令:**TEXT**↙
当前文字样式: Standard 当前文字高度: 2.5000
指定文字的起点或 [对正(J)/样式(S)]:（在表盘下部偏左位置选择一点作为文字的起点）
指定高度 <2.5000>: **5**↙
指定文字的旋转角度 <0>: ↙
（在图中输入欲创建的文字"压力表"）
选择对象:
（按回车键结束创建文字）

完成后结果如图 7.23 所示。再次调用 TEXT 命令创建数字"0"，其位置如图 7.24
所示。

图 7.22 完成后的表针   图 7.23 创建文字

利用数字"0"来产生其他数字。启动环形阵列功能，按提示进行如下设置。

命令: ARRAYPOLAR↙
选择对象: （选择数字"0"）
找到 1 个
选择对象: ↙
类型 = 极轴　关联 = 是
指定阵列的中心点或 [基点(B)/旋转轴(A)]: （捕捉大圆的圆心）
选择夹点以编辑阵列或 [关联(AS)/基点(B)/项目(I)/项目间角度(A)/填充角度(F)/行(ROW)/层(L)/旋转项目(ROT)/退出(X)] <退出>: I↙
输入阵列中的项目数或 [表达式(E)] <6>:7↙
选择夹点以编辑阵列或 [关联(AS)/基点(B)/项目(I)/项目间角度(A)/填充角度(F)/行(ROW)/层(L)/旋转项目(ROT)/退出(X)] <退出>: F↙ （指定阵列的角度范围）
指定填充角度(+=逆时针、-=顺时针)或 [表达式(EX)] <360>:270↙
选择夹点以编辑阵列或 [关联(AS)/基点(B)/项目(I)/项目间角度(A)/填充角度(F)/行(ROW)/层(L)/旋转项目(ROT)/退出(X)] <退出>: ROT↙
是否旋转阵列项目? [是(Y)/否(N)] <是>: N↙ （阵列时旋转项目）
选择夹点以编辑阵列或 [关联(AS)/基点(B)/项目(I)/项目间角度(A)/填充角度(F)/行(ROW)/层(L)/旋转项目(ROT)/退出(X)] <退出>:B↙
指定基点或 [关键点(K)] <质心>: （单击数字"0"的中心）
选择夹点以编辑阵列或 [关联(AS)/基点(B)/项目(I)/项目间角度(A)/填充角度(F)/行(ROW)/层(L)/旋转项目(ROT)/退出(X)] <退出>:↙

绘制结果如图 7.25 所示。

图 7.24　创建数字"0"　　　　　　　图 7.25　创建其他数字

调用 DDEDIT 命令，并根据提示选择第二个数字"0"，在图中将其修改为"1"，然后按回车键确定；以此方式依次将其他数字分别改为 2、3、4、5 和 6，最终完成的结果如图 7.11 所示。

7. 保存文件

命令: **QSAVE**↙ （以"压力表.dwg"为文件名保存图形）

思考题 7

分析本章所给"电话机""冲剪模板""压力表" 3 个工程图形的具体绘图过程，并对此过程中的某一部分给出不同的绘图方案。

上机实习 7

1．按正文中所述方法和步骤上机完成 3 个示例工程图形的绘制。
2．上机验证思考题中所给出的不同绘图方案的正确性和可行性。

机械图绘图实训

知识目标

1. 明确用软件绘制零件图及装配图的基本方法。
2. 熟悉用软件绘制零件图和装配图时，对图中各项主要内容的处理方式。

技能目标

1. 能用 AutoCAD 绘制一般零件的零件图。
2. 能用 AutoCAD 由零件图拼画简单装配体的装配图。

机械图样主要包括零件图和装配图。本章将结合前面学习过的绘图命令、编辑命令及尺寸标注命令，详细介绍机械工程中零件图和装配图的绘制方法、步骤及图中技术要求的标注，使读者掌握灵活运用所学过的命令，方便快捷地绘制机械图样的方法，提高绘图效率。

8.1 绘制零件图

8.1.1 零件图的内容

零件图是反映设计者意图及生产部门组织生产的重要技术文件。因此，它不仅应将零件的材料、内、外部的结构形状和大小表达清楚，还要对零件的加工、检验、测量提供必要的技术要求。一张完整的零件图应包含的内容如下所示。

1．一组视图

一组视图包括视图、剖视图、断面图、局部放大图等，用以完整、清晰地表达出零件的内、外形状和结构。

2．完整的尺寸

零件图中应正确、完整、清晰、合理地标注出用以确定零件各部分结构形状和相对位置、制造零件所需的全部尺寸。

3．技术要求

技术要求用以说明零件在制造和检验时应达到的技术要求，如表面粗糙度、尺寸公差、形状、位置公差以及表面处理和材料热处理等。

4．标题栏

标题栏位于零件图的右下角，用以填写零件的名称、材料、比例、数量、图号以及设计、制图、校核人员签名等。

8.1.2 用 AutoCAD 绘制零件图的一般过程

在使用计算机绘图时，必须遵守机械制图国家标准的规定。以下是用 AutoCAD 绘制零件图的一般过程及需注意的一些问题。

（1）建立零件图模板。在绘制零件图之前，应根据图纸幅面大小和格式的不同，分别建立符合机械制图国家标准及企业标准的若干机械图模板。模板中应包括图纸幅面、图层、使用文字的一般样式、尺寸标注的一般样式、图块等。这样，在绘制零件图时，即可直接调用建立好的模板进行绘图，以提高工作效率。图形模板文件的扩展名为.dwt。

（2）使用绘图命令、编辑命令及绘图辅助工具完成图形的绘制。在绘制过程中，应根据零件图形结构的对称性、重复性等特征，灵活运用镜像、阵列、多重复制等编辑操作，避免不必要的重复劳动，提高绘图效率；要充分利用正交、捕捉等功能，以保证绘图的速度和准确度。

（3）进行工程标注。将标注内容分类，可以先标注线性尺寸、角度尺寸、直径及半径尺寸等，这些操作比较简单、直观，然后标注技术要求，如尺寸公差、形位公差及表面粗糙度等，并注写技术要求中的文字。

（4）定义图形库和符号库。由于在 AutoCAD 中没有直接提供表面粗糙度符号、剖切位置符号、基准符号等，因此可以通过定义块的方式创建针对用户绘图特点的专用图形库和符号库，以达到快速标注符号和提高绘图速度的目的。

（5）填写标题栏，并保存图形文件。

8.1.3 零件图中投影关系的保证

如前所述，零件图中包含一组表达零件形状的视图，绘制零件图中的视图是绘制零件图的重要内容。对此的要求是视图布局匀称、美观，且符合"主、俯视图长对正，主、左视图高平齐，俯、左视图宽相等"的投影规律。

用 AutoCAD 绘制零件图形时如何保证上述"长对正、高平齐、宽相等"的投影规律并无定法，为叙述方便起见，本书将其归纳为辅助线法和对象捕捉跟踪法，供读者参考并根据图形特点灵活运用。

（1）辅助线法：即通过构造线命令 XLINE 等绘制出一系列的水平与竖直辅助线，以便保证视图之间的投影关系，并结合图形绘制及编辑命令完成零件图的绘制。

（2）对象捕捉跟踪法：即利用 AutoCAD 提供的对象捕捉追踪功能，来保证视图之间的投影关系，并结合图形绘制及编辑命令完成零件图的绘制。

在 8.4 节中，将结合两张零件图的绘制实例，分别介绍采用上述两种方法绘制零件图的过程及步骤。

8.2 图框和标题栏的绘制

在机械图样中必须绘制出图框及标题栏，装配图中还要绘制明细栏。标题栏位于图纸的右下角，其格式和尺寸应符合国家标准 GB/T 10609.1—2008 的有关规定，如图 8.1 所示。

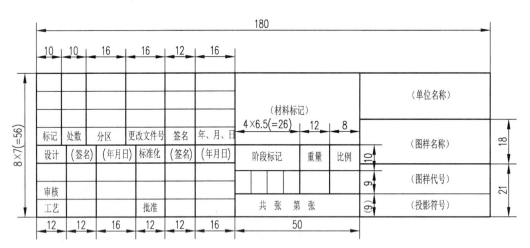

图 8.1 标题栏的格式和尺寸

可将图框和标题栏定义在样板文件里。如果自定义的样板图中没有图框和标题栏，则既可按上述格式和尺寸自行绘制，也可在 AutoCAD 提供的样板图中直接复制使用。AutoCAD 的样板图中文件名以"GB"开头的，都包含符合国标的图框和标题栏。如果需要插入 A3 图框和标题栏，则可打开文件名为"Gb_a3-Color Dependent Plot Styles.dwt"的样板图，然后将图框和标题栏选中，将其复制到剪贴板中，把窗口切换到原先的绘图窗口，再从剪贴板中粘贴到当前窗口中。复制过来的图框和标题栏是一个图块，要编辑标题栏中的内容，可用分解（X）命令将其分解。

8.3 零件图中技术要求的标注

零件图中的技术要求一般包括表面粗糙度、尺寸公差、几何公差、零件的材料、热处理和表面处理等内容。其中，前三项应按国家标准规定的代号在视图中标注，现分别详述如下。其他内容则可在标题栏的上方或右方空白处使用 TEXT 或 MTEXT 命令用文字书写，这里不再赘述。

8.3.1 表面粗糙度代号的定义

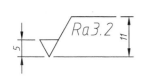

图8.2 表面粗糙度代号

用创建块命令创建用于去除材料的粗糙度代号块，然后用插入命令将其插入到需要标注的表面。注意，插入前务必使"最近点"对象捕捉功能有效。创建块时，需先按如图 8.2 所示的尺寸绘制出用于去除材料的粗糙度代号。图中的尺寸数字高度为 3.5。

对于不同的粗糙度参数值可以做多个块，也可以把粗糙度参数值定义成"属性"后再创建块，这样一个块插入可输入不同的粗糙度参数值。

对于其他较常用的基本图形或符号，也可以分别定义成图块并存放在一个图形文件中，利用设计中心的功能，将其拖动到当前绘图窗口中。

8.3.2 几何公差的标注

几何公差代号包括几何特征符号、公差框格及指引线、公差数值和其他有关符号，以及基准符号等，如图 8.3 所示。

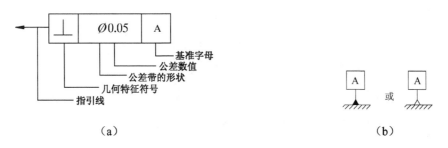

（a）　　　　　　　　　　　　　　　　（b）

图8.3 几何公差代号及基准符号

虽然 AutoCAD 在尺寸标注工具栏中提供了专门的几何公差（软件中称为形位公差）标注工具，但其并不实用，尚需单独另行为其绘制指引线。建议使用"快速引线"（QLEADER）命令进行几何公差代号的标注，其操作过程如下。

（1）单击标注工具栏中的"快速引线"按钮或在命令行中输入 QLEADER 命令。

（2）命令行提示"指定第一个引线点或[设置（S）]<设置>:"。

（3）按回车键，会弹出图 8.4 所示的"引线设置"对话框。

图 8.4　"引线设置"对话框

（4）在"注释"选项卡下选中"公差"单选按钮，单击"确定"按钮退出对话框。

（5）在被测要素上指定指引线的起点，指引线画好后系统自动弹出如图 8.5 所示的"形位公差"对话框。

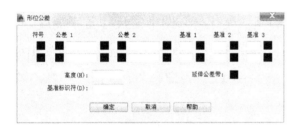

图 8.5　"形位公差"对话框　　　　　图 8.6　"符号"选择框

（6）单击"形位公差"对话框中"符号"选项组内的小方框，弹出如图 8.6 所示的几何公差"符号"选择框，从中选取对应项目符号即可。

（7）选择"公差 1"选项组内左边第一个方框，可出现一个符号"Φ"（公差带为圆柱时使用）。

（8）在"公差 1"选项组内第二个方框中输入公差值。

（9）当有两项公差要求时，在"公差 2"选项组内重复操作。

（10）在"基准 1"选项组内左边第一框格内输入基准字母。

（11）单击"确定"按钮，对话框消失，系统自动在指引线结束处画出形位公差框。

（12）当同一要素有两个形位公差特征要求时，在对话框中第二行各选项组内重复操作。

几何公差基准符号（图 8.3（b））的标注可通过定义为带属性的图块来实现。

8.3.3　尺寸公差的标注

在标注尺寸时，可以运用"标准样式"对话框设置尺寸标注的格式，并设定尺寸公差的具体数值。但由于一张零件图上尺寸公差相同的尺寸较少，为每一个尺寸设定一个样式也没有必要，因此可以在尺寸样式中设定为无公差，如图 8.7 所示。但在设定无公差的样式之前，可将精度改成 0.000，将高度比例改成 0.5。这样可以省去为每个公差都修改这两个值的麻烦。

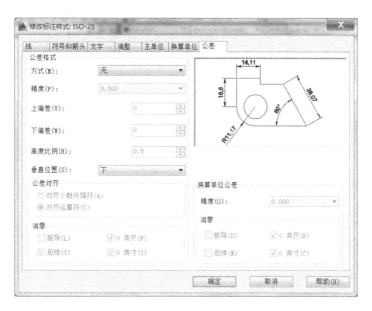

图 8.7　修改公差标注样式

有公差的尺寸先标注成没有公差的尺寸，然后可双击此尺寸，弹出"特性"对话框，在特性编辑表内对公差的尺寸进行编辑。例如，上下偏差是 $50^{+0.009}_{-0.025}$，有如下两种标注方法。

（1）修改表中"公差"的有关参数，如图 8.8 所示，此方法对人为修改过的尺寸数值无效。

在填写参数值时，注意表格中下偏差在上，上偏差在下，默认符号为上偏差为正，下偏差为负。因此，若上偏差为负值，则应在数值前加"-"，下偏差为正值时在数值前加"-"。

图 8.8　设定公差数值

图 8.9　进行公差数值文字替代

（2）用文字格式控制符对有公差的尺寸文字进行修改，在尺寸属性编辑表中的文本替代处输入"\A0;<>\H0.5X;\S+0.009^-0.025"即可，如图 8.9 所示。

| "\A0;" | ：表示公差数值与尺寸数值底边对齐。 |

"\A0;"　　　　　　：表示公差数值与尺寸数值底边对齐。
"<>"　　　　　　　：表示系统自动测量的尺寸数值，也可写成具体的数字。
"\H0.5X;"　　　　：表示公差数值的字高是尺寸数字高度的0.7倍。
"\S....^...."：表示堆叠，"^"符号前的数字是上偏差（+0.009），"^"符号后的数字是下偏差（-0.025）。

🔊 **提示**

（1）上述操作中，输入的控制字符均应为半角字符，且"\"后的控制符必须是大写字母。

（2）以上两种方法请勿同时使用，如果尺寸数值不用人为改动，则建议使用第一种方法。

8.4 零件图绘制示例

8.4.1 "曲柄"零件图

本节将结合如图 8.10 所示的"曲柄"零件图的绘制，介绍利用辅助线方法绘制零件图的具体过程。

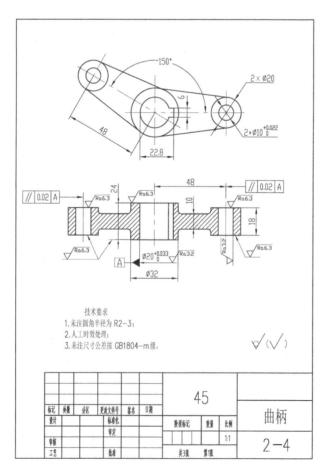

图 8.10 "曲柄"零件图

操作步骤如下。

（1）使用创建的机械图样模板绘制曲柄零件图。

命令:**NEW**✓（打开模板文件"A4图纸—竖放.dwt"。由于在6.3节中已经绘制过该曲柄零件图的主视图，因此可以直接重用，即将该图形复制到此处并关闭尺寸层）

命令:**SAVEAS**✓（将包含一个主视图的曲柄图形以"曲柄零件图.dwg"为文件名保存在指定路径中）

（2）将"0层"设置为当前层，绘制辅助线。

命令:**LA**✓（将当前图层设置为"0"）

命令:**XLINE**✓（绘制构造线命令。绘制作图辅助线）

指定点或 [水平(H)/垂直(V)/角度(A)/二等分(B)/偏移(O)]: **V**✓（绘制竖直构造线）

指定通过点:<对象捕捉 开>（启用对象捕捉功能，捕捉主视图中竖直中心线的端点）

指定通过点:（捕捉主视图中间Φ32圆右边与水平中心线的交点）

指定通过点:（分别捕捉主视图右边Φ20及Φ10圆与水平中心线的四个交点）

…

（总共绘制六条竖直辅助线）

命令:✓（继续绘制构造线）

XLINE 指定点或 [水平(H)/垂直(V)/角度(A)/二等分(B)/偏移(O)]: **H**✓（绘制水平构造线）

指定通过点:（在主视图下方适当位置处单击，确定俯视图中曲柄最后面的线）

指定通过点: ✓（按回车键，结束绘制）

命令:✓

XLINE 指定点或 [水平(H)/垂直(V)/角度(A)/二等分(B)/偏移(O)]: **O**✓（绘制偏移构造线）

指定偏移距离或 [通过(T)] <通过>: **12**✓（输入偏移距离）

选择直线对象:（选择刚刚绘制的水平构造线）

指定向哪侧偏移:（在所选水平构造线的下方任一点单击，偏移生成俯视图中的水平对称线）

选择直线对象:✓

命令:✓

XLINE 指定点或 [水平(H)/垂直(V)/角度(A)/二等分(B)/偏移(O)]: **O**✓

指定偏移距离或 [通过(T)] <12.0000>: **5**✓

选择直线对象:（选择偏移生成的水平构造线）

指定向哪侧偏移:（在所选水平构造线的上方任一点单击，偏移生成曲柄臂的后端线）

选择直线对象: ✓

命令:✓

XLINE 指定点或 [水平(H)/垂直(V)/角度(A)/二等分(B)/偏移(O)]: **O**✓

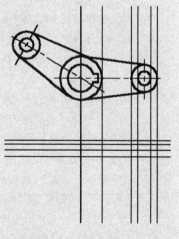

指定偏移距离或 [通过(T)] <5.0000>: **9**✓

选择直线对象:（仍选择第一次偏移生成的水平构造线）

指定向哪侧偏移:（在所选水平构造线的上方任一点单击，偏移生成曲柄右边圆柱的后端线）

选择直线对象: ✓（绘制的一系列辅助线如图8.11所示）

图 8.11 绘制辅助线

（3）将LKX设置为当前层，绘制俯视图。

命令:**LA**✓（将当前图层设置为"LKX"）

命令:**L**✓（绘制俯视图中的轮廓线）

_line 指定第一点: <对象捕捉 开>（如图8.12所示，捕捉最左边构造线与最上边构造线的交点"1"）

指定下一点或 [放弃(U)]:（捕捉构造线的交点"2"）

指定下一点或 [放弃(U)]:（捕捉构造线的交点"3"）

指定下一点或 [放弃(U)]:（捕捉构造线的交点"4"）

指定下一点或 [放弃(U)]:（捕捉构造线的交点"5"）

指定下一点或 [放弃(U)]:（捕捉构造线的交点"6"）

指定下一点或 [放弃(U)]:（捕捉构造线的交点"7"）

指定下一点或 [放弃(U)]:✓

命令:✓（绘制俯视图右边孔的轮廓线）

_line 指定第一点:（捕捉构造线的交点"8"）

指定下一点或 [放弃(U)]:（捕捉构造线的交点"9"）

指定下一点或 [放弃(U)]:✓

命令:✓

指定下一点或 [放弃(U)]:（捕捉构造线的交点"10"）

指定下一点或 [放弃(U)]:（捕捉构造线的交点"11"）

指定下一点或 [放弃(U)]:✓

命令:**F**✓（绘制R2圆角）

_fillet当前模式: 模式 = 修剪，半径 = 16.0000

选择第一个对象或 [多段线(P)/半径(R)/修剪(T)/多个(U)]: **R**✓

指定圆角半径 <16.0000>: **2**✓

选择第一个对象或 [多段线(P)/半径(R)/修剪(T)/多个(U)]: **U**✓

选择第一个对象或 [多段线(P)/半径(R)/修剪(T)/多个(U)]:（选择中间水平线）

选择第二个对象:（选择左边竖直线）

选择第一个对象或 [多段线(P)/半径(R)/修剪(T)/多个(U)]:

…

（方法同前，绘制右边R2圆角）

命令:**MI**✓（镜像所绘制的轮廓线）

选择对象:（选择绘制的轮廓线）

指定镜像线的第一点:（捕捉最下边水平构造线与最左边竖直构造线的交点）

指定镜像线的第二点:（捕捉最下边水平构造线与最右边竖直构造线的交点"7"）

是否删除源对象? [是(Y)/否(N)] <N>:✓

命令:**LA**✓（将当前图层设置为"DHX"）

命令:**L**✓（绘制俯视图右边孔的中心线）

_line 指定第一点:（如图8.12所示，捕捉"56"的中点）

指定下一点或 [放弃(U)]:（捕捉与"56"对称的水平线中点）

指定下一点或 [放弃(U)]:✓

命令:✓（绘制俯视图中间孔的中心线）

_line 指定第一点:（如图8.12所示，捕捉"1"点）

指定下一点或 [放弃(U)]:（捕捉与"1"对称的点）

指定下一点或 [放弃(U)]:✓

命令:**E**✓（删除辅助线）

_erase选择对象:（选择所有辅助线）

…

找到 1 个，总计 10个（结果如图8.13所示）

图 8.12　捕捉辅助线交点

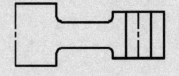

图 8.13　俯视图右边轮廓线

命令:**MI**✓（镜像所绘制的右边轮廓线）

选择对象:（用窗口选择方式,选择竖直中心线右边所有图线）

指定镜像线的第一点:（捕捉竖直中心线的上端点）

指定镜像线的第二点:（捕捉竖直中心线的下端点）

是否删除源对象? [是(Y)/否(N)] <N>:✓

命令:**LA**✓（将当前图层设置为"0"）

命令:**XL**✓（绘制俯视图中间的竖直辅助线）

_xline 指定点或 [水平(H)/垂直(V)/角度(A)/二等分(B)/偏移(O)]: **V**✓

指定通过点:（捕捉主视图中间Φ20圆左边与水平中心线的交点）

指定通过点:（捕捉主视图中键槽与Φ20圆的交点）

指定通过点:（捕捉主视图中键槽右端面与水平中心线的交点）

指定通过点:✓

命令:**LA**✓（将当前图层设置为"LKX"）

命令:**L**✓（绘制俯视图中间孔与键槽的轮廓线）

_line 指定第一点:（捕捉最左边构造线与中间圆柱后端面的交点）

指定下一点或 [放弃(U)]:（捕捉最左边构造线与中间圆柱前端面的交点）

指定下一点或 [放弃(U)]:✓

……

（方法同前,分别绘制俯视图中剩余轮廓线）

命令:**E**✓（删除辅助线）

_erase选择对象:（选择所有辅助线）

……

找到1个,总计3个

命令:**LEN**✓（调整沉孔的中心线）

选择对象或 [增量(DE)/百分数(P)/全部(T)/动态(DY)]: **DY**✓（选择动态调整）

选择要修改的对象或 [放弃(U)]:（选择俯视图中的竖直中心线）

指定新端点:（将所选中心线的端点调整到新的位置）

命令:**LA**✓（将当前图层设置为"PMX"）

命令:**BH**✓（绘制俯视图中的剖面线。按回车键后,弹出"边界图案填充"对话框,将类型设置为"用户定义",角度为"45",间距为"2",单击"拾取点"按钮,在图形中欲绘制剖面线的区域内单击,如图8.14所示。选择完成后,按回车键即可返回对话框,此时单击"确定"按钮,即可绘制完成剖面线）

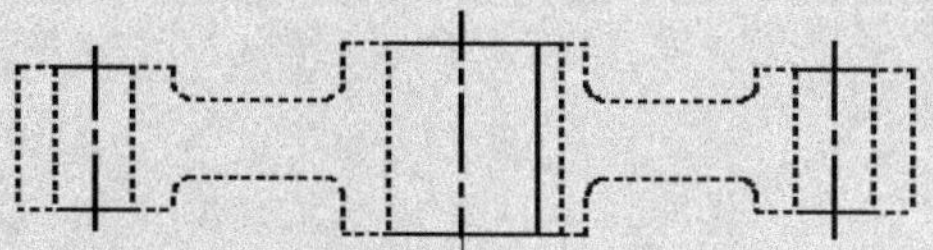

图 8.14 选择填充区域

（4）标注尺寸。将当前层设置为"BZ",方法同前,标注曲柄零件图中的尺寸。

（5）填写标题栏及技术要求。将当前层设置为"WZ",方法同前,填写标题栏及技术要求。

（6）保存图形。

命令:**QSAVE**✓

8.4.2 "轴承座"零件图

本节将结合如图 8.15 所示的"轴承座"零件图的绘制,介绍利用对象捕捉追踪方法绘制零件图的具体过程。

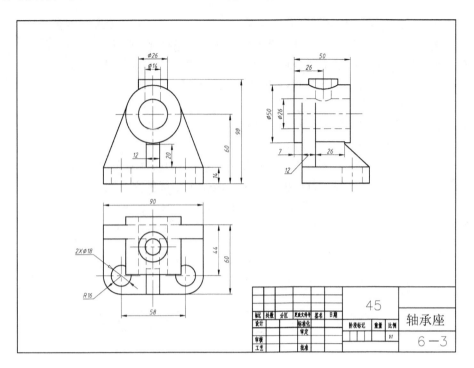

图 8.15　"轴承座"零件图

操作步骤如下。

（1）使用创建的机械图样模板绘制轴承座零件图。

> 命令:**NEW**✓（打开模板文件"A3图纸—横放.dwt"，在此基础上绘制图形）
>
> 命令:**SAVEAS**✓（以"轴承座零件图.dwg"为文件名保存图形）

（2）将"LKX 层"设置为当前层，绘制主视图。

> 命令:**LA**✓（将当前图层设置为"LKX"）
>
> 命令:**L**✓（绘制主视图中轴承座底板轮廓线）
>
> _line 指定第一点:（在图框适当处单击，确定底板左上点的位置）
>
> 指定下一点或 [放弃(U)]: **@0,-14**✓
>
> 指定下一点或 [放弃(U)]: **@90,0**✓
>
> 指定下一点或 [放弃(U)]: **@0,14**✓
>
> 指定下一点或 [放弃(U)]: **C**✓
>
> 命令:**LA**✓（将当前图层设置为"DHX"）
>
> 命令:**L**✓（绘制主视图中的竖直中心线）
>
> _line 指定第一点: <对象捕捉 开> <对象捕捉追踪 开> <正交 开>（打开对象捕捉、对象追踪及正交功能，捕捉绘制的底板下边的中点，并向下拖动鼠标，此时出现一条闪动的虚线，并且虚线上有一个小叉随着光标的移动而移动，小叉即代表当前点的位置，在适当位置处单击，确定竖直中心线的下端点）
>
> 指定下一点或 [放弃(U)]:（向上拖动鼠标，在适当位置处单击，确定竖直中心线的上端点）
>
> 指定下一点或 [放弃(U)]: ✓
>
> 命令:**LA**✓（将当前图层设置为"LKX"）
>
> 命令:**C**✓（绘制主视图中的Φ50的圆）
>
> _circle 指定圆的圆心或 [三点(3P)/两点(2P)/相切、相切、半径(T)]: _from 基点:（启用"捕捉自"功能，捕捉竖直中心线与底板底边的交点作为基点）
>
> <偏移>: **@0,60**✓
>
> 指定圆的半径或 [直径(D)]: **D**✓
>
> 指定圆的直径: **50**✓
>
> 命令:✓（绘制主视图中的Φ26的圆）
>
> _circle 指定圆的圆心或 [三点(3P)/两点(2P)/相切、相切、半径(T)]:（捕捉Φ50圆的圆心）

指定圆的半径或 [直径(D)]: **D**✓

指定圆的直径: **26**✓

命令: **LA**✓（将当前图层设置为"DHX"）

命令: **L**✓（绘制Φ50圆的水平中心线）

　_line 指定第一点:（利用对象捕捉追踪功能捕捉Φ50圆左端象限点，向左拖动鼠标到适当位置并单击）

指定下一点或 [放弃(U)]:（向右拖动鼠标到适当位置并单击）

指定下一点或 [放弃(U)]:✓

命令: **LA**✓（将当前图层设置为"LKX"）

命令: **L**✓（绘制主视图中的左边切线）

_line 指定第一点:（捕捉底板左上角点）

指定下一点或 [放弃(U)]: <正交 关>（捕捉Φ50圆的切点）

指定下一点或 [放弃(U)]:✓

…（方法同上，绘制主视图中的右边切线，也可以使用镜像命令对左边切线进行镜像操作）

命令: **O**✓（偏移底板底边，绘制凸台的上边）

_offset指定偏移距离或 [通过(T)] <通过>: **90**✓

选择要偏移的对象或 <退出>:（选择底板底边）

指定点以确定偏移所在一侧:（向上偏移）

选择要偏移的对象或 <退出>:✓

命令: ✓（偏移竖直中心线，绘制凸台Φ26圆柱的左边）

_offset指定偏移距离或 [通过(T)] <90.0000>: **13**✓

选择要偏移的对象或 <退出>:（选择竖直中心线）

指定点以确定偏移所在一侧:（向左偏移）

选择要偏移的对象或 <退出>:✓

…（方法同上，将偏移距离设置为"7"，继续向左偏移竖直中心线，绘制凸台Φ14孔的左边）

命令: **L**✓（连线）

_line 指定第一点:（捕捉左边竖直中心线与上边水平线的交点）

指定下一点或 [放弃(U)]: <正交 开>（捕捉左边竖直中心线与Φ50圆的交点）

指定下一点或 [放弃(U)]:✓

命令: **LA**✓（将当前图层设置为"XX"）

命令: **L**✓（方法同前，绘制凸台Φ14孔的左边）

…

命令: **E**✓（删除偏移的中心线）

_erase选择对象:（选择偏移的中心线）

找到 1 个，总计 2 个

命令: **MI**✓（镜像所绘制的凸台轮廓线）

_mirror选择对象:（选择绘制的凸台轮廓线）

找到 2 个

指定镜像线的第一点:（捕捉竖直中心线的上端点）

指定镜像线的第二点:（捕捉竖直中心线的下端点）

是否删除源对象? [是(Y)/否(N)] <N>:✓

命令: **TR**✓（修剪凸台上边）

_trim当前设置:投影=UCS，边=无

选择剪切边…

选择对象:（分别选择凸台Φ26圆柱的左、右边）

找到 1 个，总计 2 个

选择对象:✓

选择要修剪的对象，按住 Shift 键选择要延伸的对象，或 [投影(P)/边(E)/放弃(U)]:（选择凸

台上边在所选对象外面的部分）

命令: **O**✓ （偏移竖直中心线，绘制底板左边孔的中心线）

_offset指定偏移距离或 [通过(T)] <通过>: **29**✓

选择要偏移的对象或 <退出>:（选择竖直中心线）

指定点以确定偏移所在一侧:（向左偏移）

选择要偏移的对象或 <退出>:✓

命令: ✓ （偏移生成的竖直中心线，绘制底板上孔的轮廓线）

_offset指定偏移距离或 [通过(T)] <通过>: **9**✓

选择要偏移的对象或 <退出>:（选择偏移生成的竖直中心线）

指定点以确定偏移所在一侧:（向左偏移）

选择要偏移的对象或 <退出>:✓

命令: **L**✓ （连线）

_line 指定第一点:（捕捉左边竖直中心线与底板上边的交点）

指定下一点或 [放弃(U)]:（捕捉左边竖直中心线与底板下边的交点）

指定下一点或 [放弃(U)]:✓

命令: **E**✓ （删除偏移的中心线）

_erase选择对象:（选择偏移的中心线）

找到 1 个，总计 1 个

命令: **LEN**✓ （调整底板左边孔的中心线）

…

命令: **MI**✓ （镜像所绘制的底板左边孔的轮廓线）

_mirror选择对象:（选择绘制的轮廓线）

找到 1 个

指定镜像线的第一点:（捕捉底板孔中心线的上端点）

指定镜像线的第二点:（捕捉底板孔中心线的下端点）

是否删除源对象? [是(Y)/否(N)] <N>:✓

…（方法同上，选择底板左边孔的轮廓线及中心线，镜像生成底板右边孔）

命令: **O**✓ （偏移竖直中心线，绘制中间加强肋的左边）

_offset指定偏移距离或 [通过(T)] <通过>: **6**✓

选择要偏移的对象或 <退出>:（选择竖直中心线）

指定点以确定偏移所在一侧:（向左偏移）

选择要偏移的对象或 <退出>:✓

…（方法同前，将当前层设置为"LKX"，利用偏移的中心线绘制中间的加强肋）

命令: **O**✓ （偏移底板上边，绘制加强肋中间的粗实线）

_offset指定偏移距离或 [通过(T)] <通过>: **20**✓

选择要偏移的对象或 <退出>:（选择底板上边）

指定点以确定偏移所在一侧:（向上偏移）

选择要偏移的对象或 <退出>:✓

命令: **TR**✓ （修剪偏移生成的线）

…（至此，主视图绘制完成）

（3）绘制俯视图。

命令: **L**✓ （绘制俯视图中的底板轮廓线）

_line 指定第一点:（利用对象捕捉追踪功能，捕捉主视图中的底板左下角点，向下拖动鼠标，在适当位置处单击，确定底板左上角点）

指定下一点或 [放弃(U)]:（向右拖动鼠标，到主视图中底板右下角点处，在该点出现小叉，向下拖动鼠标，当小叉出现在两条闪动虚线的交点处时，如图8.16所示，单击即可绘制出一条与主视图底板长对正的直线）

指定下一点或 [放弃(U)]: **@0,60**✓

指定下一点或 [放弃(U)]:（方法同前，向右拖动鼠标，指定底板左下角）

指定下一点或 [放弃(U)]: **C**↙

命令: **LA**↙（将当前图层设置为"DHX"）

命令: **L**↙（方法同前，绘制俯视图中的竖直中心线）

...

命令: **O**↙（偏移俯视图中的底板后边，绘制支承板前端面）

_offset指定偏移距离或 [通过(T)] <通过>: **12**↙

选择要偏移的对象或 <退出>:（选择底板后边）

指定点以确定偏移所在一侧:（向下偏移）

选择要偏移的对象或 <退出>:↙

...（方法同上，利用偏移命令，生成俯视图中中间圆柱的前后端面）

命令: **LA**↙（将当前图层设置为"LKX"）

命令: **L**↙（方法同前，利用对象捕捉追踪功能，绘制俯视图中圆柱的轮廓线，注意孔的轮廓线为虚线）

...（结果如图8.17所示）

命令: **TR**↙（修剪多余的线）

...（结果如图8.18所示）

命令: **F**↙（绘制底板左边的R16圆角）

_fillet当前设置: 模式 = 修剪，半径 = 0.0000

选择第一个对象或 [多段线(P)/半径(R)/修剪(T)/多个(U)]: **R**↙

指定圆角半径 <0.0000>: **16**↙

选择第一个对象或 [多段线(P)/半径(R)/修剪(T)/多个(U)]: **U**↙

选择第一个对象或 [多段线(P)/半径(R)/修剪(T)/多个(U)]:（选择底板左边）

选择第二个对象:（选择底板下边）

选择第一个对象或 [多段线(P)/半径(R)/修剪(T)/多个(U)]:

...

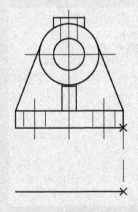
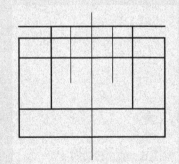
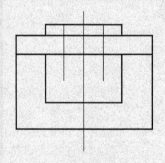

图8.16　用对象追踪功能绘制底板图　图8.17　绘制的圆柱及支承板　　图8.18　修剪圆柱结果图

（方法同前，绘制右边的R16圆角）

命令: **C**↙（绘制俯视图中的左边的Φ18圆）

_circle 指定圆的圆心或 [三点(3P)/两点(2P)/相切、相切、半径(T)]:（捕捉左边圆角的圆心）

指定圆的半径或 [直径(D)]: **D**↙

指定圆的直径: **18**↙

命令: **TR**↙（修剪Φ18圆）

...

命令: **LA**↙（将当前图层设置为"XX"）

命令: **A**↙（绘制俯视图中Φ18圆的虚线）

_arc 指定圆弧的起点或 [圆心(C)]: **C**↙

指定圆弧的圆心：（捕捉Φ18圆的圆心）

指定圆弧的起点：（捕捉Φ18圆与轴承前端面的交点）

指定圆弧的端点或[角度(A)/弦长(L)]：（捕捉Φ18圆与轴承左边轮廓线的交点）

命令：**MI**✓（镜像所绘制的Φ18圆）

…

命令：**LA**✓（将当前图层设置为"0"）

命令：**XL**✓（在主视图切点处绘制作图辅助线）

指定点或 [水平(H)/垂直(V)/角度(A)/二等分(B)/偏移(O)]：**V**✓（绘制竖直构造线）

指定通过点：（捕捉主视图中的左边切点）

指定通过点：（捕捉主视图中的右边切点）

指定通过点：✓

命令：**TR**✓（修剪支承板在辅助线中间的部分）

…（结果如图8.19所示）

命令：**LA**✓（将当前图层设置为"XX"）

命令：**L**✓（绘制支承板中的虚线）

…

命令：**L**✓（方法同前，利用对象捕捉追踪功能，绘制俯视图中加强肋的虚线）

…

命令：**LA**✓（将当前图层设置为"LKX"）

命令：**L**✓（绘制俯视图中加强肋的粗实线）

…（结果如图8.20所示）

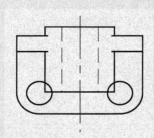

图8.19　修剪支承板结果

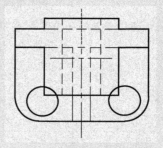

图8.20　俯视图中的加强肋

命令：**BR**✓（打断命令）

_break 选择对象：（选择支承板前边虚线）

指定第二个打断点或 [第一点(F)]：**F**✓

指定第一个打断点：（选择加强肋左边与支承板前边的交点）

指定第二个打断点：@

…（方法同上，将支承板前边虚线在右边打断）

命令：**M**✓（移动打断的虚线）

_move选择对象：（选择中间打断的虚线）

找到 1 个

选择对象：✓

指定基点或位移：（捕捉中间虚线与竖直中心线的交点）

指定位移的第二点或 <用第一点作位移>：**@0,-26**✓

命令：**C**✓（绘制俯视图中间的Φ26圆）

_circle 指定圆的圆心或 [三点(3P)/两点(2P)/相切、相切、半径(T)]：_from 基点：（启用"捕捉自"功能，捕捉圆柱后边与中心线的交点）

<偏移>：**@0,-26**✓

指定圆的半径或 [直径(D)] <8.0000>：**D**✓

指定圆的直径 <18.0000>：**26**✓

……（方法同上，捕捉Φ26圆的圆心，绘制Φ14圆）

命令:**LA**↙（将当前图层设置为"DHX"）

命令:**L**↙（方法同前，绘制俯视图中圆的中心线）

…（至此，俯视图绘制完成）

（4）绘制左视图。

命令:**LA**↙（将当前图层设置为"LKX"）

命令:**CO**↙（复制绘制的俯视图）

_copy选择对象:（用窗口选择方式，选择绘制的俯视图）

找到 35 个

选择对象:↙

指定基点或位移，或者 [重复(M)]:（指定基点）

指定位移的第二点或 <用第一点作位移>:（向右拖动鼠标，在适当位置处单击，确定复制的位置）

命令:**RO**↙（旋转复制的俯视图）

_rotate UCS 当前的正角方向: ANGDIR=逆时针 ANGBASE=0

选择对象:（用窗口选择方式，选择复制的俯视图）

找到 1 个，总计 35 个

选择对象: ↙

指定基点:（捕捉Φ26圆的圆心作为旋转的基点）

指定旋转角度或 [参照(R)]: **90**↙（结果如图8.21所示）

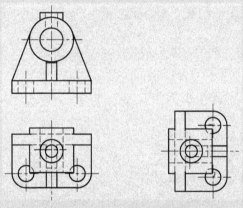

图8.21　复制并旋转俯视图

命令: **L**↙（绘制左视图中的底板。方法同前，利用对象追踪功能，如图8.22所示，先将光标移动到主视图中"1"点处，然后移动到复制并旋转的俯视图中的"2"点处，向上移动光标到两条闪动的虚线的交点"3"处并单击，即可确定左视图中底板的位置，同理，绘制完成底板的其他图线）

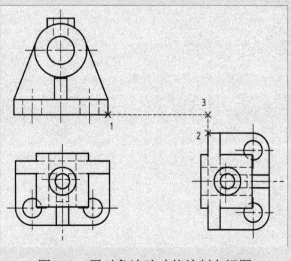

图8.22　用对象追踪功能绘制左视图

命令：**M**↙（移动旋转的俯视图中的圆柱）

_move选择对象：（分别选择Φ50圆柱及Φ26圆柱的内外轮廓线和中心线）

…

找到 1 个，总计 9 个

选择对象：↙

指定基点或位移：（如图8.23所示，捕捉圆柱左边与中心线的交点"1"）

指定位移的第二点或 <用第一点作位移>：（先拖动鼠标向上移动，利用对象追踪功能，如图8.23所示，将光标移动到主视图中水平中心线的右端点"2"处，拖动鼠标向右移动，在交点处单击）

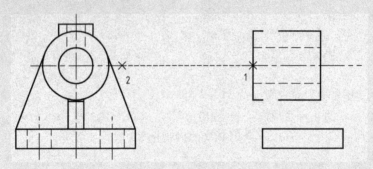

图8.23　移动圆柱

命令：**L**↙（方法同前，绘制左视图中支承板及加强肋，并补全Φ50圆柱的上边）

…

命令：**TR**↙（修剪Φ50圆柱在支承板中间的部分）

…

命令：**CO**↙（方法同前，利用对象追踪功能，复制主视图中底板上的圆柱孔到左视图中）

…

命令：**CO**↙（方法同前，利用对象追踪功能，复制主视图中的凸台到左视图中）

…

命令：**TR**↙

…（结果如图8.24所示）

命令：**A**↙（绘制左视图中的相贯线）

_arc 指定圆弧的起点或 [圆心(C)]：（捕捉凸台Φ26圆柱左边与Φ50圆柱上边的交点）

指定圆弧的第二个点或 [圆心(C)/端点(E)]：**E**↙

指定圆弧的端点：（捕捉凸台Φ26圆柱右边与Φ50圆柱上边的交点）

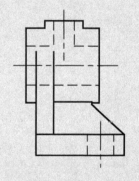

指定圆弧的圆心或 [角度(A)/方向(D)/半径(R)]：**R**↙

图 8.24　修剪凸台及圆柱

指定圆弧的半径：**25**↙

命令：**LA**↙（将当前图层设置为"XX"）

命令：**A**↙（方法同前，绘制剩余的相贯线）

…

命令：**E**↙（删除复制的俯视图）

…

（至此，轴承座三视图绘制完毕，如果三个视图的位置不理想，则可以用移动命令MOVE对其进行移动，但仍要保证它们之间的投影关系）

（5）标注尺寸。将当前层设置为"BZ"，方法同前，标注轴承座零件图中的尺寸。

（6）填写标题栏。将当前层设置为"WZ"，方法同前，填写标题栏。

（7）保存图形。

命令：**SAVE**↙（保存图形）

8.5 用 AutoCAD 绘制装配图

8.5.1 装配图的内容

一张完整的装配图一般应包括下列内容。

1．一组视图

装配图由一组视图组成，用以表达各组成零件的相互位置和装配关系，部件或机器的工作原理和结构特点。

2．必要的尺寸

必要的尺寸包括部件或机器的规格（性能）尺寸、零件之间的装配尺寸、外形尺寸、部件或机器的安装尺寸和其他重要尺寸。

3．技术要求

说明部件或机器的装配、安装、检验和运转的技术要求，一般用文字写出。

4．零部件序号、明细栏和标题栏

在装配图中，应对每个不同的零部件编写序号，并在明细栏中依次填写序号、名称、件数、材料和备注等内容。标题栏与零件图中的标题栏基本相同。

8.5.2 用 AutoCAD 绘制装配图的一般过程

装配图的绘制方法和过程与零件图大致相同，但又有其特点。用 AutoCAD 绘制装配图的一般过程如下。

（1）建立装配图模板。在绘制装配图之前，同样需要根据图纸幅面的不同，分别建立符合机械制图国标规定的若干机械装配图图样模板。模板中既包括图纸幅面、图层、文字样式、标注样式等基本设置，也包含图框、标题栏、明细栏基础框格等图块定义。这样，在绘制装配图时，就可以直接调用建立好的模板进行绘图，从而提高绘图效率。

（2）绘制装配图。

（3）对装配图进行尺寸标注。

（4）编写零、部件序号。用快速引线标注命令（QLEADER）绘制序号指引线及注写序号。

（5）绘制并填写标题栏、明细栏及技术要求。绘制或直接用表格命令 TABLE 生成明细栏，填写标题栏及明细栏中的文字，注写技术要求。

（6）保存图形文件。

利用计算机绘制装配图时，可完全按手工绘制装配图的方法，利用 AutoCAD 的基本绘图、编辑等命令并配合图块操作，在屏幕上直接绘制出装配图，此方法与绘制零件图并无明显的区别，这里不再详述。另外，还可由已有零件图直接拼画装配图，本节主要就此做更为详细的介绍。

8.5.3　由零件图拼画装配图的方法和步骤

该画法是建立在已完成零件图绘制的基础上的，参与装配的零件可分为标准件和非标准件。对非标准件应有已绘制完成的零件图；对标准件则不用画零件图，可采用参数化的方法实现，既可通过编程建立标准件库。也可将标准件做成图块或图块文件，随用随调。

零件在装配图中的表达与零件图中不尽相同，在拼画装配图前，应先对零件图进行修改。

（1）统一各零件的绘图比例，删除零件图上标注的尺寸。

（2）在每个零件图中选择画装配图时需要的若干视图，一般需根据需要改变表达方法，如把零件图中的全剖视改为装配图中所需的局部剖视，而对被遮挡的部分则需要进行裁剪处理等。

（3）将上述处理后的各零件图存为图块，并确定插入基点。也可将上述处理后的零件图存为图形文件，存盘前使用 BASE 命令确定文件作为块插入时的定位点。

通过以上对零件图的处理，即可按照装配图的绘制方法用计算机拼画出装配图。

8.5.4　拼画装配图示例

本小节以绘制如图 8.25 所示的"低速滑轮装置"装配图为例，说明利用块功能由零件图拼画装配图的方法和步骤。

从明细栏中可以看出低速滑轮装置由 6 个零件组成，其中 5、6 号零件螺母和垫圈为标准件。

该装配图的绘制方法和步骤如下。

（1）根据原有的非标准件的零件图，将所需要的视图做成图块。例如，分别将图 8.26 所示的轴、铜套、滑轮的主视图做成图块。定义图块时要根据装配图的需要对零件图的内容做一些选择和修改，例如，零件图中的尺寸一般不需要包括在图块中，有旋合的螺纹孔可以按大径画成光孔。另外，要注意选择适当的插入基点，才能保证准确的装配。图 8.26 中各图定义为图块时选择的基点在图中用"×"标注。

（2）由各图块拼装成装配图中的一个视图。其中若包含标准件，则可由事先做好的标准件图库（也是用图块定义的）中调出，如此例中的螺母和垫圈。

打开支架零件图，将其整理成如图 8.26 所示图形，然后另存为"低速滑轮装置装配图.dwg"文件。将所定义为"轴"的图块插入到图 8.26 中支架图形标注"×"的交点处，并在插入时分解图块。

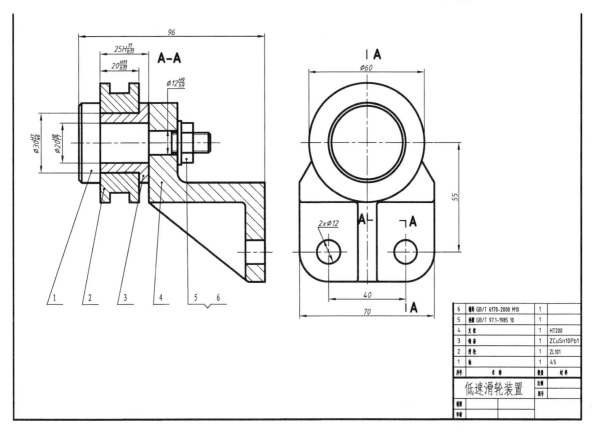

图 8.25 "低速滑轮装置"装配图

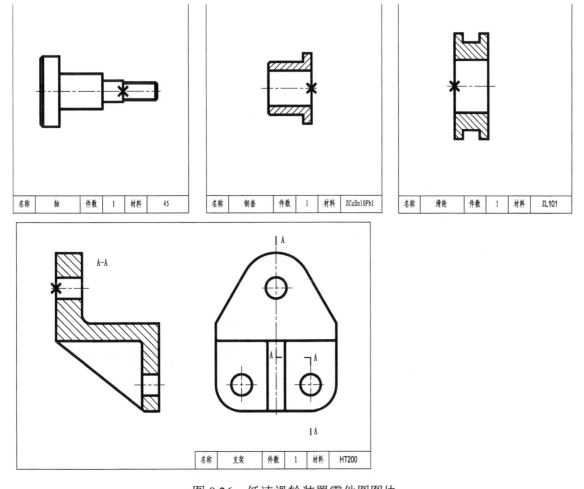

图 8.26 低速滑轮装置零件图图块

（3）对拼装成的图形按需要进行修改整理，删去重复多余的图线，补画缺少的图线，如图 8.27（a）所示。同上，依次插入铜套、滑轮、垫圈、螺母等图块，并做相应的修改，过程如图 8.27（b）～图 8.27（e）所示。

（4）按类似方法完成装配图其他视图。在本例中按高平齐的投影关系由主视图对应补画出完整装配体的左视图，并修剪掉支架零件图中被遮挡的部分，结果如图 8.28 所示。

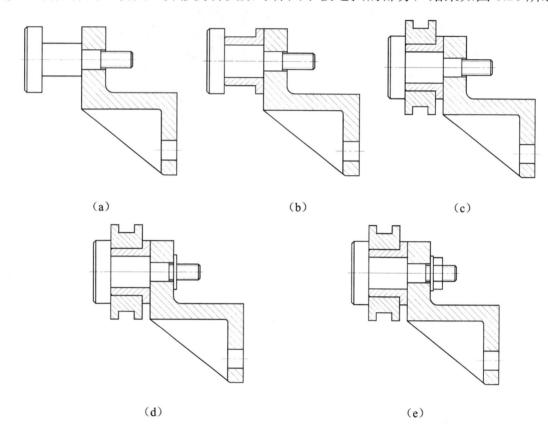

（a）　　　　　　　　　（b）　　　　　　　　　（c）

（d）　　　　　　　　　　　　　　　（e）

图 8.27　依次插入各图块

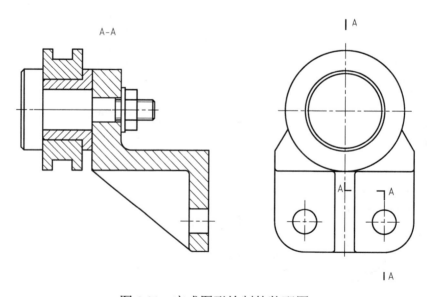

图 8.28　完成图形绘制的装配图

（5）添加并填写标题栏和明细栏。绘制明细栏时，可按照以下顺序绘制：绘制明细栏中的第一行，并填好相关的内容；用矩形阵列的方式，阵列出需要的行数；双击每行中的文字修改内容。这样做的好处是每列的文字位置是自动对齐的。

（6）编写并绘制零件序号。可用直线（LINE）命令画指引线，再用圆环（DONUT）命令配合目标捕捉，在指引线的端点处画小黑圆点；也可在"标注样式管理器"对话框中，把"直线和箭头"选项卡中的"引线"选项设置为"点"，然后在"标注"下拉菜单中选择"引线"选项，按提示操作，即可画出起点为黑圆点的指引线。用引线（LEADER）命令画指引线，首先按提示在零件轮廓线内指定一点，再给出第二点，画出倾斜线，而后单击绘图区下面的状态栏中的"正交"按钮，画出一条水平线，输入文本内容，可按 Esc 键结束命令。可用文字（DTEXT）命令书写零件序号。最后完成的装配图如图 8.25 所示。

用计算机绘制零件图和装配图主要有两种方法：一种是本章介绍的二维方法，即利用 AutoCAD 等软件提供的二维绘图和编辑命令直接绘制，特点是简单、直观，但效率较低；另一种是三维的方法，即利用软件提供的三维功能先创建三维模型，然后将模型经投射转换生成零件图和装配图并自动标注出所有尺寸，特点是复杂、综合，但效率较高，且三维模型与二维工程图为全关联，便于进行 CAD/CAM 的集成。本书的第 10 章中将介绍 AutoCAD 的三维实体绘图命令及其应用。

 思考题 8

一、填空题

1．在具体绘制机械图样之前，一般应先建立包含图纸幅面、图框、标题栏、图层、颜色、线型、线宽、文字样式、尺寸样式、粗糙度符号定义等内容的基础图形文件，此后的绘图均可在此基础上开始，以提高绘图效率。该类文件称为（　　　　　）文件，其文件扩展名为（　　　　　）。

2．用 AutoCAD 绘制机械图样时，保证视图之间"长对正、高平齐、宽相等"投影规律的方法主要有（　　　　　）和（　　　　　）两种。前者主要利用（　　　　　）命令绘制通过对应点的一系列水平和竖直辅助线以保证对应关系；后者利用 AutoCAD 提供的（　　　　　）功能来保证视图之间的投影关系，启用该功能一般通过单击状态栏中的（　　　　　）和（　　　　　）按钮来具体实现。

3．零件图中表面粗糙度代号的标注通常通过块（　　　　　）和块（　　　　　）命令来实现。

4．定义在不同图形文件中的图层设置、标注样式、文字样式、图块等均可通过 AutoCAD 设计中心以拖动的方式方便地进行交换和重用，启动 AutoCAD 设计中心的命令是（　　　　　）。

5．在零件图中进行几何公差的标注时，几何公差代号通常使用（　　　　）命令来绘制，基准代号一般通过定义带（　　　　）的图块来实现。

6．在机械图样中进行尺寸公差的标注主要可采用两种方式：一是使用（　　　　）命令定义一种带有公差标注的标注样式；二是在（　　　　）处用文字格式控制符对有公差的尺寸文字进行修改。

7．零件图中的热处理和表面处理等文字性技术要求的内容可使用文字命令（　　　　）或（　　　　）在图中的适当位置直接书写。

8．装配图中零件序号引线的绘制和书写一般使用（　　　　）命令。

9．绘制装配图时，若已有各组成零件的零件图，则可利用它通过定义（　　　　）的方法直接拼绘出装配图，而不用全部从零开始。

二、简答题

1．对于定幅面（如 A3 幅面）的零件图来说，绘图过程中哪些方面的内容是基本不变的，从而可以将其预先定义在样板图中？请以 A3 幅面为例具体细化其相关内容及参数。

2．请分析在 AutoCAD 环境下分别将图 8.1 所示表面粗糙度代号和图 8.2（b）所示几何公差基准代号定义成带属性图块的方法和步骤。

3．由零件图拼绘装配图时需注意哪些问题？

上机实习 8

1．根据思考题中简答题 1 中的分析，上机完成 A3 幅面机械零件图模板的定义，以 "A3 零件图.dwt" 为文件名存盘；然后以该模板文件为基础，新建图形文件，从中练习模板中所定义相关内容的运用。

2*．引用第 6 章上机实习中所绘制和定义的表面粗糙度代号（图 6.16）和位置公差基准代号（图 6.17）图块，练习不同参数值（属性值）时的图块插入方法。

3．参考 8.4.1 小节所述方法和步骤完成 "曲柄" 零件图的绘制。

4．参考 8.4.2 小节所述方法和步骤完成 "轴承座" 零件图的绘制。

5．完成如图 8.29 所示 "牵引钩支撑座" 零件图的绘制。

6*．根据提供的 "低速滑轮装置" 各组件的零件图（*.dwg），参考 8.5.4 小节所述方法和步骤，完成 "低速滑轮装置" 装配图的拼绘。

7．完成老师指定的机械零件图和装配图的绘制。

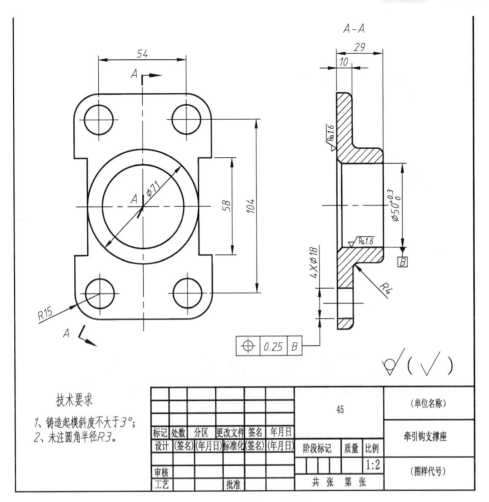

技术要求

1、铸造起模斜度不大于3°；
2、未注圆角半径R3。

标记	处数	分区	更改文件	签名	年月日					45					（单位名称）
设计	(签名)	(年月日)	标准化	(签名)	(年月日)		阶段标记		质量	比例			牵引钩支撑座		
										1:2					
审核															
工艺			批准				共 张 第 张						（图样代号）		

图 8.29　机械零件图

第 9 章

建筑图绘图实训

1. 明确用软件绘制建筑工程图的基本方法。
2. 熟悉建筑图例和室内部件图的绘制特点。

1. 能用 AutoCAD 绘制简单建筑件的工程图样。
2. 能用 AutoCAD 绘制常见室内部件的图形。

房屋建筑图可以分为建筑施工图、结构施工图和设备施工图，各种施工图中都有相应的国家标准，在绘制这些施工图时，要遵循相应的国家标准。

在建筑工程图中，有许多建筑部件需要采用建筑图例的方式表达，如门、窗、烟道、通风道等。在建筑制图国家标准中，列出了相应的图例，这些图例在建筑设计与绘图时经常用到。在应用实践中，通常将图例制作成图块或带有属性的图块，从而提高绘图速度，便于修改设计并保持图例的协调一致。

本章将介绍定位轴线、标高符号、索引符号与详图符号、指北针、图框与标题栏、电梯等图例和建筑及室内布置部件的绘制方法。

9.1 定位轴线及其编号

建筑制图标准规定，定位轴线的编号应当注写在轴线端部的圆内，圆应用细实线绘制，直径为 8～10mm。定位轴线的圆心应在定位轴线的上或在定位轴线的延长线上。

1．设置绘图环境

定义文字样式"轴线编号"，设置字体为 gbenor.shx 和 gbcbig.shx，确认字高为 0，宽度系数为 1.0，并将之设置为当前文字样式。

新建图层"细实线"和"文字"，颜色分别为蓝色和黄色，线型都为连续，图线宽度都为 0.25mm，并把图层"细实线"设置为当前图层。

2．绘制定位轴线圆

用画圆命令绘制直径为 8 的蓝色圆。

3．把编号定义为图块的属性

将"文字"图层设置为当前图层。选择"绘图"→"块"→"定义属性"选项，弹出"属性定义"对话框，在"标记"文本框中输入"BH"，在"提示"框中输入"轴线编号"，默认值设置为 1；选择"对正"选项为"正中"，文字高度为 3.5，文字样式为"轴线编号"，旋转 0°。单击"属性定义"对话框中的"拾取点"按钮，则对话框暂时隐藏，按住 Shift 键不放，在绘图区右击，弹出快捷菜单，从中选择"圆心"选项，然后移动光标到所绘制的圆上，则在圆心处会显示出一个黄色的小圆标记，并且在光标所处位置显示文字提示"圆心"，表示已经捕捉到圆心，此时单击可返回"属性定义"对话框，在对话框的"插入点"中会显示刚才捕捉到的圆心点坐标。单击"确定"按钮关闭对话框，在圆内显示出文字"BH"，即定义的属性，如图 9.1 所示。

4．定义带有属性的"轴线编号"图块

启动块定义功能，弹出"块定义"对话框。在对话框的"名称"文本框中输入"轴线编号"；单击"选择对象"按钮，对话框隐藏，在绘图区窗口中选择圆和属性 BH，按回车键返回对话框，可以看到对话框中提示"已选择 2 个对象"；单击"拾取点"按钮，隐藏对话框，在绘图区捕捉圆心后，返回到"块定义"对话框。单击"确定"按钮，带有属性的图块"轴线编号"定义完毕。

图 9.1 定义属性

5．块存盘

在命令行中输入 WBLOCK 命令，弹出"写块"对话框，在"源"中选择"块"选项，则文本框中显示"轴线编号"，即刚才定义的图块"轴线编号"。在"目标"的"文件

名和路径"中，可以单击按钮 ，选择图块保存的位置。最后单击"确定"按钮，完成块保存。

6．使用定义的图块

由于在实际绘图时，都是按照物体的实际尺寸绘制的，而打印出图时，都是打印到国标规定的图纸幅面上的，这样打印出来的图形大小与物体的实际大小就有一个比例，这个比例的选择应当符合国标中的比例系列。一般而言，在开始绘图时，都要考虑选择一个合适的比例。插入图块时与所选择的这个比例有关。

定义图块时，是采用 1：1 的比例绘制的，当插入到图形中时，如果图形的绘制比例是 1：1，那么插入到图形时的 X、Y 方向比例都为 1；如果绘制图形的比例是 1：100，则插入到图形中的 X、Y 方向比例应当为100。

例如，在如图 9.2 所示的定位轴线中插入轴线编号，该图形的绘制比例为 1：100。单击"绘图"工具栏中的"插入块"按钮 ，在弹出的对话框中，选择刚定义的图块名称"轴线编号"（可以通过单击"浏览…"按钮，在保存的位置获得），输入 X 方向比例100，采用统一比例，旋转角度为0。

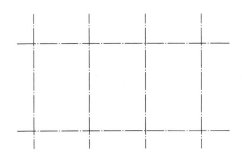

图 9.2　定位轴线

单击"确定"按钮后，关闭对话框返回到绘图屏幕，设置捕捉"端点"，将光标移动到最左边的定位轴线的下端，捕捉该线段的下端点，命令行提示：

　　轴线编号<1>：1　（输入该轴线的轴线编号1）

则在左端轴线的下端插入了轴线编号。其他各条轴线可以采用同样的方法插入轴线编号，只是在提示要求输入轴线编号时，输入相应的轴线编号即可，如图 9.3 所示。

从图 9.3 可以看出，各条定位轴线都伸入到了编号圆内，此时可以使用"修剪"命令将伸入到圆内的线段裁切掉。修剪完成后的图形如图 9.4 所示。

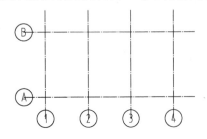

图 9.3　插入轴线编号后的图形

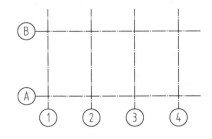

图 9.4　修剪完成后的图形

9.2　标高符号

建筑制图标准规定，标高符号应以直角等腰三角形表示，按照如图 9.5 所示的形式和尺寸用细实线绘制。

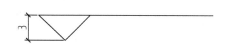

图 9.5　标高符号

按照定义定位轴线及其编号的方法设置文字样式、图层、颜色和线型等绘图环境。

1. 绘制标高符号和定义高程

新建"建筑-符号"图层，并将其设置为当前图层，首先，绘制两条水平的平行直线，距离为 3，作为辅助线；然后，使用直线命令，捕捉下边一条辅助线的中点，向上画出两条与水平方向成 45°的直线，此时绘制的图形如图 9.6 所示；最后，使用"修剪"命令将超出部分裁剪掉，结果如图 9.7 所示。

图 9.6　绘制标高符号　　　　　　　　　图 9.7　绘制的标高符号

捕捉直线的左上端点，用画直线命令向右绘制长度为 20 的水平直线。利用与定义定位轴线编号相同的方法，定义高程值作为图块的属性。在"属性定义"对话框中，"标记"设为"BG"，"提示"设为"高程"，"值"设为"±0.000"，"对正"方式选择"左"对正，"拾取点"捕捉标高符号右 45°斜线的上端点。属性定义完成后的图形如图 9.8 所示。

图 9.8　带有属性的标高符号

2. 定义图块及块存盘

图块名称为"标高"，插入基点为两条 45°斜线的交点（通过按住 Shift 键同时右击，在快捷菜单中选择"交点"选项，并将光标移动到两条 45°斜线交点附近来捕捉交点）。使用 WBLOCK 命令将定义的图块存储到磁盘的指定位置。

3. 使用定义的标高

例如，给如图 9.9（a）所示的图形标注标高，标注结果如图 9.9（b）所示。

（a） （b）

图 9.9 标高符号插入举例

9.3 指北针

建筑制图标准规定，指北针应当画成如图 9.10 所示的形状。圆的直径宜为 24mm，用细实线绘制；指北针尾部的宽度为 3mm，指北针头部应注"北"或"N"。

首先，使用画圆命令绘制一个直径为 24 的圆；其次，通过捕捉"象限点"画出画的竖直直径作为辅助线，通过使用"偏移"命令生成另外两条平行线（偏移距离均为 1.5），此时，绘制出的图形如图 9.11 所示，使用直线命令，通过捕捉辅助线与圆的交点，绘制中间涂黑的三角形的外轮廓；再次，删除三条竖直辅助线，使用图案填充命令，选择"SOLID"作为填充图案，则中间三角形部分被涂黑，使用 TEXT 命令书写文字"北"，文字高度为 5，定义名称为"指北针"的图块，定位基点选择为圆心；最后，使用WBLOCK 命令以相同名称写入磁盘的指定位置。

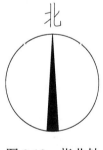

图 9.10 指北针

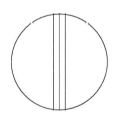

图 9.11 绘制过程

9.4 索引符号与详图符号

建筑制图标准规定，索引符号是由直径为 10mm 的圆和水平直径组成的，圆及水平直径线均应以细实线绘制，在索引符号的上半个圆内用阿拉伯数字注明详图的编号，在下半圆中注明详图所在图纸的编号如图 9.12（a）所示。详图的位置和编号应以详图符号表示。详图符号中的圆应以直径为 14mm 的粗实线绘制，

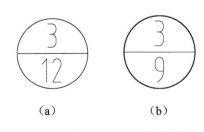

（a） （b）

图 9.12 索引符号和详图符号

详图与被索引的图样不在同一张图之内时，应用细实线在详图符号内绘制一水平直径线，在上半圆中注明详图编号，在下半圆中注明被索引的图纸的编号，如图 9.12（b）所示。

对于索引符号和详图符号的画法，与绘制定位轴线没有什么区别，可以参阅定位轴线的画法绘制出索引符号和详图符号。其中的水平直径的画法，可以采用捕捉圆的"象限点"来画出。把详图编号和索引编号都定义为图块的属性，采用"正中"对正，字高分别为 3.5mm 和 5mm。

最后，分别定义名称为"索引符号""详图符号"的图块，定位基点选择为圆心即可。使用 WBLOCK 命令以相同名称写入磁盘的指定位置。

9.5 标题栏、会签栏和绘图样板图

1. 标题栏

绘制如图 9.13 所示标题栏的步骤如下。

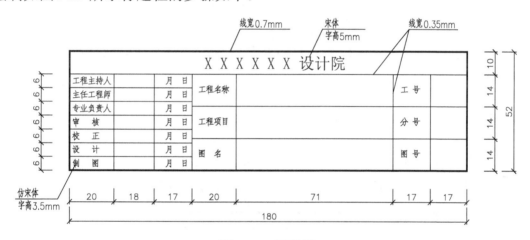

图 9.13 标题栏

（1）设置绘图环境。

定义文字样式"国标-文字"，设置字体为 gbenor.shx 和 gbcbig.shx，字高为 0，宽度系数为 1.0，并将之设置为当前文字样式。

新建图层"表格外框线""表格内线""表格文字"，颜色分别为"绿色""蓝色""黄色"，线型都为连续，图线宽度分别为 0.7mm、0.35mm 和 0.25mm，并把图层"表格外框线"设置为当前图层。

（2）绘制标题栏。

用画矩形命令绘制标题栏外框线；将"表格内线"图层设置为当前图层，用直线命令绘制表格内线，此时绘制出的图形如图 9.14 所示。用复制命令的"M"选项（多重复制）复制表格内的竖线；用直线命令绘制表格内的基础横线，用矩形阵列命令复制表格的其余横线。

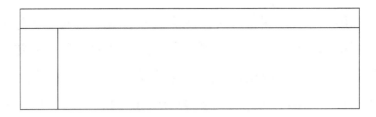

图 9.14 绘制标题栏

表格内的固定文字使用 TEXT 命令书写。所谓固定文字，即为表格内不随图纸改变的文字，如工程主持人、主任工程师、专业负责人、设计、绘图、审核、校正、工程名称、工程项目、图名、工号、分号、图号等字样。例如，书写"工程主持人"，首先应在该方格内画出一条对角线，然后使用 TEXT 命令采用"正中"对正的方式捕捉斜线中点将文字写出，最后把斜线删除即可。

其他的固定文字都可以按照上述方法将文字写出，也可以把刚才书写的文字复制到其他方格中，再使用 DDEDIT 命令修改文字，此处不再赘述。

对于标题栏中的可变文字（即随不同的图纸而改变的文字，例如，工程名称、工程项目、图名、工号、分号、图号等应填写的具体内容），可采用属性定义的方法将其定义为图块的属性，在插入图块时，再给出属性值。

标题栏绘制完成后，定义名称为"标题栏"的图块，插入基点选择在右下角，并存储到指定的位置，以备以后使用。

2. 会签栏

按照建筑制图标准规定，会签栏应按如图 9.15 所示的格式绘制，其尺寸为 100mm×20mm，栏内应填写会签人员所代表的专业、姓名、日期（年、月、日）。

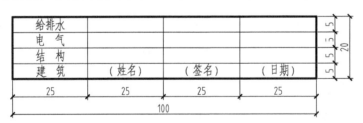

图 9.15 会签栏

绘制会签栏可参照标题栏的绘制方法，此处不再赘述。

会签栏绘制完成后，定义名称为"会签栏"的图块，插入基点选择在右下角，并存储到指定的位置，以备以后使用。

3. 定义绘图样板

在每次开始绘图时，如果都要设置绘图环境，包括文字样式、尺寸标注样式、图层、颜色和线型、图框、标题栏、会签栏等内容，则重复工作太多，工作效率不高。实际上，AutoCAD 在开始绘制一个新图形时，都要使用一个样板图，默认的样板图是 acadiso.dwt。在这个默认的样板中，定义默认的图层是 0 层、白色、连续线型，当前颜色、当前线型、当前线宽都是 ByLayer；文字样式为 Standard，使用 txt.shx 字体；默认的尺寸标注样式为 ISO-25，绘图界限为（0，0）-（420，297），为标准的 A3 图纸，未用图框、标题栏和会签栏。

AutoCAD 提供了自定义样板图的功能，因此只要事先定义了样板图，则每次开始绘制新图形时，使用自定义的样板图，会省去很多重复的工作量。

1）自定义样板图的方法

启动 AutoCAD，设置好绘图环境后，选择"文件"菜单中的"另存为"选项，弹出"图形另存为"对话框，在对话框中的"文件类型"下拉列表中选择"AutoCAD 图形样板（*.dwt)"选项，在"文件名"文本框中输入所定义的样板图的名称，如 A2，如图 9.16 所示。单击"保存"按钮后，关闭对话框，就会生成一个文件名为 A2.dwt 的绘图样板。

2）自定义样板图形

在建筑制图中，常用的图纸幅面有 A3、A2、A1、A0 等标准幅面，可以对每一种图纸幅面定义一个样板图形；在定义样板图形时，可以采用 1∶1 的比例，当绘图比例不是 1∶1 时，只需做很少的改动，例如，绘图比例是 1∶100 时，使用样板图形新建一个新图形，在绘图之前先将图框、标题栏、会签栏等以左下角为基点放大 100 倍，设置线型比例因子 LTSCALE 为 100，设置尺寸标注样式中的全局比例因子 DIMSCALE 为 100，在图中书写文字的高度亦为字号的 100 倍即可。

下面以 A3 图纸幅面为例，说明样板图形的定义方法。对于其他各种幅面的图纸，可以参照 A3 图纸样板图形定义的方法分别定义。

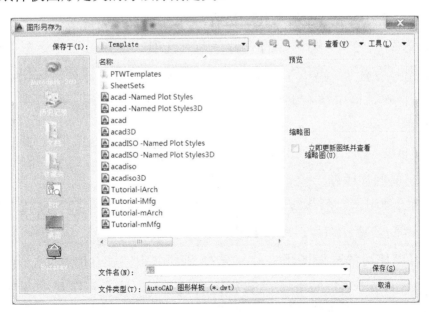

图 9.16　"图形另存为"对话框

启动 AutoCAD 后，按照下述步骤进行操作。

① 定义文字样式"国标-文字"，设置字体为 gbenor.shx 和 gbcbig.shx，字高为 0，宽度系数为 1.0。

② 设置图层。设置"建筑-轴线""建筑-墙线""建筑-图例""建筑-符号""建筑-文字"等图层，各个图层的颜色、线型、图线宽度等如图 9.17 所示，并把图层"建筑-轴

线"设置为当前图层。

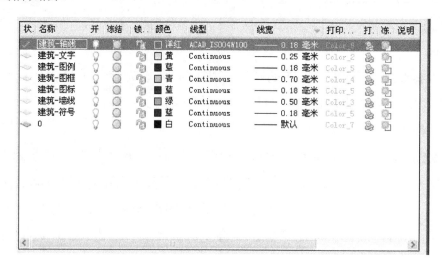

图 9.17　图层设置

③ 设置尺寸标注样式。应注意将"符号和箭头"选项卡中"箭头"选项组内的"第一个"和"第二个"选项均从下拉列表中选择"建筑标记"选项。

④ 绘制 A3 图幅的裁边线及图框线。

⑤ 插入标题栏和会签栏。先将以前定义的图块"标题栏"插入到图形中，插入点选择在图框线的右下角点，插入比例为 1，旋转角度为 0。当提示输入工程名称、工程项目、图名、工号、分号、图号等属性值时，使用其默认值。再把以前定义的图块"会签栏"插入到图形中，插入点选择在图框线的左上角点，插入比例为 1，旋转角度为 90。当提示输入各个姓名等属性值时，使用其默认值。

⑥ 保存。选择"文件"菜单中的"另存为"选项，在弹出的对话框中选择文件类型为"AutoCAD 图形样板（*.dwt）"，输入文件名为 A3，单击"保存"按钮，弹出"样板说明"对话框，在该对话框中输入说明文字，单击"确定"按钮后，即可生成一个文件名为 A3.dwt 的样板图。

仿此可定义 A0、A1、A2、A4 等样板图形，此处不再赘述。

3）使用自定义的样板图

要想在绘图时使用定义的样板图，可以选择"文件"菜单中的"新建"选项，或单击"标准"工具栏中的新建按钮，即可弹出"选择样板"对话框，在其"名称"列表框中显示出了所有可以使用的样板图形文件。选择列表框中的 A3.dwt 后，单击"确定"按钮，即可生成以刚才定义的 A3.dwt 为样板图的新图形，这个新图形的各项环境设置将继承样板图 A3.dwt 中的全部设置。

如果要对图形中标题栏和会签栏中的内容进行修改，则可以使用修改附着在块中的属性编辑（ATTEDIT）命令。过程如下：启动 ATTEDIT 命令；选择要修改的块，例如，选择"标题栏"，弹出"编辑属性"对话框，如图 9.18 所示；在"编辑属性"对话框中修改属性值；单击"确定"按钮，完成属性的修改。

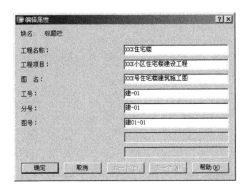

图 9.18 "编辑属性"对话框

9.6 平面门窗

平面门窗是建筑平面图中最基本的构成内容，属于交通及通风和采光系统。门窗的种类很多，如平开门（窗）、推拉门（窗）、旋转门等。本节以平开门、固定窗为例，介绍门窗的绘制方法。

1. 平开门的绘制

（1）在墙体开门位置，使用 LINE、OFFSET 命令绘制门洞的宽度，如图 9.19 所示。

> 命令: **LINE**✓ （输入绘制直线命令）
> 指定第一点：（直线起点）
> 指定下一点或 [放弃(U)]：（直线终点）
> 指定下一点或 [放弃(U)]：✓
> 命令: **OFFSET**✓ （偏移生成双线）
> 指定偏移距离或 [通过(T)] <通过>: **1500**✓ （输入偏移距离或指定通过点位置）
> 选择要偏移的对象或 <退出>：（选择要偏移的图形）
> 指定点以确定偏移所在一侧：（指定偏移位置）
> 选择要偏移的对象或 <退出>:✓ （结束操作）

（2）进行剪切，形成门洞，如图 9.20 所示。

> 命令: **TRIM**✓ （对图形对象进行剪切）
> 当前设置:投影=UCS，边=无
> 选择剪切边...
> 选择对象：（选择剪切边界）
> 找到 1 个
> 选择对象：（选择剪切边界）
> 找到 1 个，总计 2 个
> 选择对象：✓
> 选择要修剪的对象，或按住 Shift 键选择要延伸的对象，或 [投影(P)/边(E)/放弃(U)]：（选择剪切对象）
> 选择要修剪的对象，或按住 Shift 键选择要延伸的对象，或 [投影(P)/边(E)/放弃(U)]：（选择剪切对象）
> ......
> 选择要修剪的对象，或按住 Shift 键选择要延伸的对象，或 [投影(P)/边(E)/放弃(U)]：✓

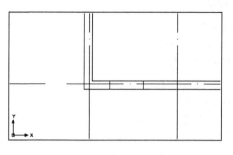

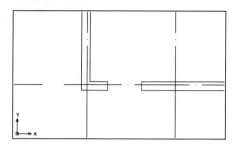

| 图 9.19 绘制门洞 | 图 9.20 形成门洞 |

（3）使用 LINE、ARC 命令绘制门扇。也可以使用 LINE、CIRCLE、TRIM 进行绘制。注意，门扇的大小与门洞大小应一致，如图 9.21 所示。

> 命令: **LINE**✓　　（输入绘制直线命令）
> 指定第一点：（直线起点）
> 指定下一点或 [放弃(U)]：（直线终点）
> 指定下一点或 [放弃(U)]：✓
> 命令: **ARC**✓　　（绘制弧线）
> 指定圆弧的起点或 [圆心(C)]：（输入起始点）
> 指定圆弧的第二个点或 [圆心(C)/端点(E)]：（指定中间点）
> 指定圆弧的端点：（输入终点）

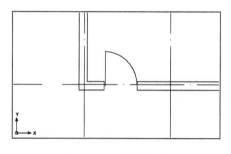

图 9.21　绘制门扇

2．窗户的绘制

（1）窗户的绘制相对简单一些，使用 LINE、OFFSET 命令绘制窗户洞口的宽度，如图 9.22 所示。

> 命令: **LINE**✓　　（输入绘制直线命令）
> 指定第一点：（直线起点）
> 指定下一点或 [放弃(U)]：**@0,360**✓　　（直线终点）
> 指定下一点或 [放弃(U)]：✓

（2）在窗户洞口之间绘制两条平面线，即可构成固定窗户，如图 9.23 所示。

> 命令: **PLINE**✓　　（绘制窗户直线）
> 指定起点：（确定起点位置）
> 当前线宽为 0.0000
> 指定下一个点或 [圆弧(A)/半宽(H)/长度(L)/放弃(U)/宽度(W)]：**@0,1500**✓　（依次输入图形形状尺寸或直接在屏幕上使用鼠标点取）
> 指定下一点或 [圆弧(A)/闭合(C)/半宽(H)/长度(L)/放弃(U)/宽度(W)]：✓　　（结束操作）

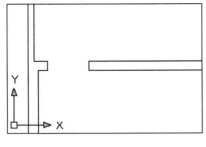

图 9.22　绘制窗洞造型图

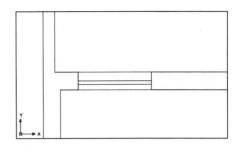

图 9.23　绘制窗户线

9.7　平面楼梯

楼梯是建筑平面图中最基本的构成内容之一，是交通系统的重要组成部分，常见的楼梯有单跑梯、双跑梯和旋转楼梯等。下面以双跑楼梯平面图为例，介绍建筑楼梯平面图的绘制方法。

（1）按前面相关章节介绍的方法，完成楼梯间的墙体、门窗等绘制操作，如图 9.24 所示。

（2）使用 LINE 和 OFFSET 或 COPY 命令绘制楼梯踏步，如图 9.25 所示。

命令：**LINE**✓　（输入绘制直线命令）
指定第一点：（直线起点）
指定下一点或 [放弃(U)]：**@2700,0**✓　（直线终点）
指定下一点或 [放弃(U)]：✓
命令：**OFFSET**✓（偏移生成楼梯踏步）
指定偏移距离或 [通过(T)] <通过>：**300**✓　（输入偏移距离或指定通过点位置）
选择要偏移的对象或 <退出>：（选择要偏移的图形）
指定点以确定偏移所在一侧：（指定偏移位置）
选择要偏移的对象或 <退出>：✓　（结束操作）

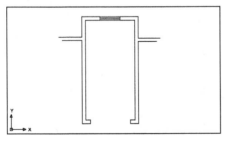

图 9.24　楼梯间的墙体与门窗

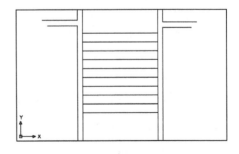

图 9.25　绘制楼梯踏步

（3）通过 RECTANG 命令建立楼梯扶手。楼梯扶手位于楼梯中间位置，注意捕捉直线的中点，如图 9.26 所示。

命令：**RECTANG**✓　（绘制矩形楼梯扶手）
指定第一个角点或 [倒角(C)/标高(E)/圆角(F)/厚度(T)/宽度(W)]：（指定一点）
指定另一个角点或 [尺寸(D)]：**D**✓　（输入D指定尺寸）
指定矩形的长度 <0.0000>：**3000**✓　（输入长度）
指定矩形的宽度 <0.0000>：**150**✓　（输入宽度）
指定另一个角点或 [尺寸(D)]：✓

（4）对多余的线条进行剪切，并偏移生成扶手，如图 9.27 所示。

命令: **TRIM**✓ （对多个图形进行同时剪切）
当前设置:投影=UCS，边=无
选择剪切边...
选择对象: （选择剪切边界）
找到 1 个
选择对象: ✓
选择要修剪的对象，或按住 Shift 键选择要延伸的对象，或 [投影(P)/边(E)/放弃(U)]: **F**✓ （输入F进行多个图形的同时剪切）
第一栏选点: （指定起点位置）
指定直线的端点或 [放弃(U)]: （下一点位置）
指定直线的端点或 [放弃(U)]: ✓
选择要修剪的对象，或按住 Shift 键选择要延伸的对象，或 [投影(P)/边(E)/放弃(U)]: ✓
命令: **OFFSET**✓ （偏移生成楼梯扶手）
指定偏移距离或 [通过(T)] <通过>: **30**✓ （输入偏移距离或指定通过点位置）
选择要偏移的对象或 <退出>: （选择要偏移的图形）
指定点以确定偏移所在一侧: （指定偏移位置）
选择要偏移的对象或 <退出>:✓ （结束操作）

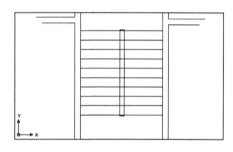 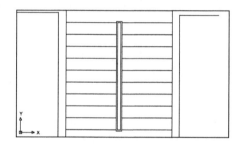

图 9.26　绘制矩形楼梯扶手　　　　　图 9.27　进行剪切

（5）绘制指示箭头和标注文字。指示箭头可以先绘制一个小三角图形，再使用 HATCH 命令进行填充即可。其大小根据比例确定，如图 9.28 和图 9.29 所示。

命令: **PLINE**✓ （绘制指示箭头直线）
指定起点: （确定起点位置）
当前线宽为 0.0000
指定下一个点或 [圆弧(A)/半宽(H)/长度(L)/放弃(U)/宽度(W)]: **@0,2400**✓ （依次输入图形形状尺寸或直接在屏幕上使用鼠标点取）
指定下一点或 [圆弧(A)/闭合(C)/半宽(H)/长度(L)/放弃(U)/宽度(W)]: （下一点）
······
指定下一点或 [圆弧(A)/闭合(C)/半宽(H)/长度(L)/放弃(U)/宽度(W)]: ✓ （结束操作）
命令: **TEXT**✓ （标注文字）
当前文字样式: Standard　当前文字高度: 2.5000
指定文字的起点或 [对正(J)/样式(S)]: （指定文字的起点位置）
指定高度 <2.5000>:✓
指定文字的旋转角度 <0>:✓
输入文字: 下✓
输入文字: ✓

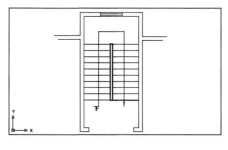

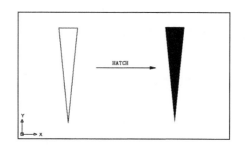

图 9.28　绘制指示箭头　　　　　　　图 9.29　绘制箭头方法

9.8　平面电梯

在高层建筑中，电梯是主要的交通工具，如图 9.30 所示。下面以其中一个电梯为例，介绍电梯平面图的绘制方法。

（1）完成电梯间的墙体及门洞绘制。绘制方法与前面的论述相同，如图 9.31 所示。

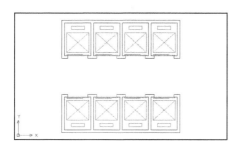

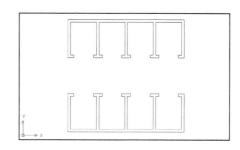

图 9.30　电梯间　　　　　　　　　图 9.31　电梯间的墙体及门洞

（2）使用 RECTANG 或 PLINE 命令绘制两个矩形，构成电梯轿厢造型。两个矩形的中心要保持上下对齐，如图 9.32 所示。

```
命令: RECTANG✓  （绘制矩形）
指定第一个角点或 [倒角(C)/标高(E)/圆角(F)/厚度(T)/宽度(W)]:（指定位置）
指定另一个角点或 [尺寸(D)]: D✓  （输入D指定尺寸）
指定矩形的长度 <0.0000>: 2500✓  （输入长度）
指定矩形的宽度 <0.0000>: 2150✓  （输入宽度）
指定另一个角点或 [尺寸(D)]: ✓
```

（3）创建两条交叉直线作为电梯整体示意，如图 9.33 所示。

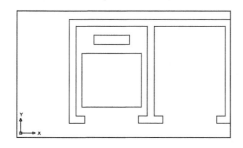

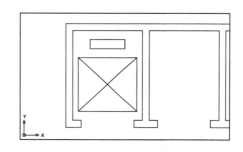

图 9.32　绘制两个矩形　　　　　　　图 9.33　创建两条交叉直线

```
命令: LINE✓  （绘制直线命令）
指定第一点:（直线起点）
指定下一点或 [放弃(U)]:（直线终点）
```

227

指定下一点或 [放弃(U)]: ↙

（4）绘制电梯门。可以通过 PLINE、RECTANG 或 LINE 命令进行绘制，如图 9.34 所示。

命令: **PLINE**↙ （绘制电梯门）
指定起点: （确定起点位置）
当前线宽为 0.0000
指定下一个点或 [圆弧(A)/半宽(H)/长度(L)/放弃(U)/宽度(W)]:@1100，0↙ （依次输入图形形状尺寸或直接在屏幕上使用鼠标点取）
指定下一点或 [圆弧(A)/闭合(C)/半宽(H)/长度(L)/放弃(U)/宽度(W)]: （下一点）
......
指定下一点或 [圆弧(A)/闭合(C)/半宽(H)/长度(L)/放弃(U)/宽度(W)]:↙ （结束操作）

（5）完成单个电梯的绘制，如图 9.35 所示。可以复制生成其他的电梯，最后得到如图 9.30 所示的整个电梯平面图。

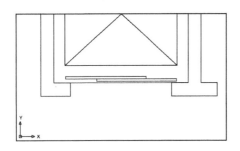
图 9.34　绘制电梯门

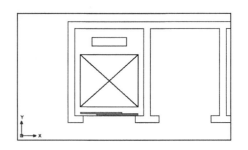
图 9.35　完成单个电梯的绘制

9.9　平面家具

平面家具包括椅子、桌子、沙发和衣柜等生活设施，还有电视、洗衣机、冰箱等家电设备。下面以一些常见的家具为例，说明如何绘制建筑平面图中的生活设施和家电设备等平面配景图。

9.9.1　沙发

以如图 9.36 所示的休闲组合为例，介绍沙发等的绘制方法。

（1）使用 LINE 命令绘制一条辅助线，然后使用 ARC 创建沙发的扶手和沙发面，结果如图 9.37 所示。

命令: **LINE**↙ （绘制沙发等家具的直线部分）
指定第一点: （起点位置）
指定下一点或 [放弃(U)]: （下一点）
指定下一点或 [放弃(U)]:↙ （结束操作）
命令:**ARC**↙ （绘制弧线段部分）
指定圆弧的起点或 [圆心(C)]: （确定弧线的端点）
指定圆弧的第二个点或 [圆心(C)/端点(E)]: （确定弧线的中点）
指定圆弧的端点: （确定弧线的另一个端点）

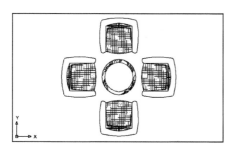

图 9.36 休闲沙发组合

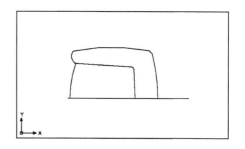

图 9.37 创建沙发面

（2）勾画扶手与沙发面交接轮廓，结果如图 9.38 所示。

命令:ARC✓ （绘制弧线段部分）
指定圆弧的起点或 [圆心(C)]:（确定弧线的端点）
指定圆弧的第二个点或 [圆心(C)/端点(E)]:（确定弧线的中点）
指定圆弧的端点:（确定弧线的另一个端点 ）
命令:LINE✓ （绘制沙发等家具的直线部分）
指定第一点:（起点位置）
指定下一点或 [放弃(U)]:（下一点）
指定下一点或 [放弃(U)]:✓ （结束操作）

（3）创建对应的一侧的沙发，结果如图 9.39 所示。

命令: MIRROR✓ （镜像创建对应的一侧的沙发图形）
选择对象:（使用窗口选择对象） 找到 31 个
选择对象:✓
指定镜像线的第一点:（指定镜像线第1位置点）
指定镜像线的第二点:（指定镜像线第2位置点）
是否删除源对象? [是(Y)/否(N)] <N>:✓ （保留原图形）

（4）使用填充命令，选择合适的填充图案对所绘图形沙发面进行图案填充。需要进行
两次填充，填充的比例、角度可以根据效果调整，结果如图 9.40 所示。

命令:HATC0H✓ （进行沙发面及靠背图案填充）
输入图案名或 [?/实体(S)/用户定义(U)] <ANGLE>:✓
指定图案缩放比例 <1.0000>:✓
指定图案角度 <0>:✓
选择定义填充边界的对象或 <直接填充>,
选择对象:

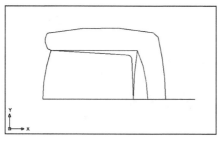

图 9.38 勾画交接轮廓

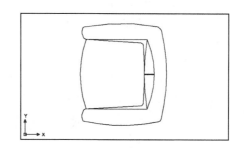

图 9.39 镜像对应的一侧

（5）绘制 2 个同心圆作为茶几，结果如图 9.41 所示。

命令: CIRCLE✓ （绘制圆形）
指定圆的圆心或 [三点(3P)/两点(2P)/相切、相切、半径(T)]:（指定圆心点位置）
指定圆的半径或 [直径(D)]:750✓ （输入圆形半径）

命令：**OFFSET**✓　（偏移生成同心圆）
指定偏移距离或 [通过(T)] <通过>:**60**✓　（输入偏移距离或指定通过点位置）
选择要偏移的对象或 <退出>:（选择要偏移的图形）
指定点以确定偏移所在一侧:（指定偏移位置）
选择要偏移的对象或 <退出>:✓

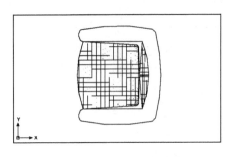

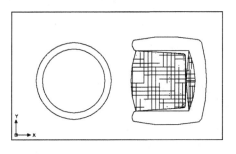

图 9.40　进行图案填充　　　　　　　　　　图 9.41　绘制茶几

（6）使用 SPLINE 命令随机勾画两圆之间的填充效果，结果如图 9.42 所示。

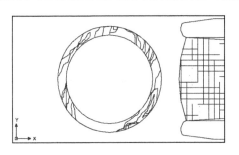

图 9.42　勾画填充效果

命令：**SPLINE**✓　（绘制填充效果）
指定第一个点或 [对象(O)]:（在屏幕上指定起点）
指定下一点:（下一点）
指定下一点或 [闭合(C)/拟合公差(F)] <起点切向>:　（依次绘制下一点）
……
指定下一点或 [闭合(C)/拟合公差(F)] <起点切向>:（绘制下一点）
指定起点切向:✓
指定端点切向:✓

（7）进行环形阵列，生成其他沙发，结果如图 9.36 所示。

命令：**ARRAYPOLAR**✓　（对沙发进行环形阵列绘制）
选择对象:（选择沙发）
找到 16 个
选择对象:✓
类型 = 极轴　关联 = 是
指定阵列的中心点或 [基点(B)/旋转轴(A)]:（捕捉茶几的中心）
选择夹点以编辑阵列或 [关联(AS)/基点(B)/项目(I)/项目间角度(A)/填充角度(F)/行(ROW)/层(L)/旋转项目(ROT)/退出(X)] <退出>:**I**✓
输入阵列中的项目数或 [表达式(E)] <6>:**4**✓
选择夹点以编辑阵列或 [关联(AS)/基点(B)/项目(I)/项目间角度(A)/填充角度(F)/行(ROW)/层(L)/旋转项目(ROT)/退出(X)] <退出>:**F**✓　（指定阵列的角度范围）
指定填充角度(+=逆时针、-=顺时针)或 [表达式(EX)] <360>:✓
选择夹点以编辑阵列或 [关联(AS)/基点(B)/项目(I)/项目间角度(A)/填充角度(F)/行(ROW)/层(L)/旋转项目(ROT)/退出(X)] <退出>:**ROT**✓

是否旋转阵列项目？[是(Y)/否(N)] <是>: **Y**✓

选择夹点以编辑阵列或 [关联(AS)/基点(B)/项目(I)/项目间角度(A)/填充角度(F)/行(ROW)/层(L)/旋转项目(ROT)/退出(X)] <退出>:✓

9.9.2　床和桌子

（1）床的外轮廓绘制，结果如图 9.43 所示。

命令: **RECTANG**✓　　（绘制矩形作为床的外轮廓）

指定第一个角点或 [倒角(C)/标高(E)/圆角(F)/厚度(T)/宽度(W)]:（指定位置）

指定另一个角点或 [尺寸(D)]:**D**✓　　（输入D指定尺寸）

指定矩形的长度 <0.0000>:**2500**✓　　（输入长度）

指定矩形的宽度 <0.0000>:**2150**✓　　（输入宽度）

指定另一个角点或 [尺寸(D)]:✓

命令: **LINE**✓　　（绘制直线部分）

指定第一点:（起点位置）

指定下一点或 [放弃(U)]:**@0,-1000**✓　　（下一点）

指定下一点或 [放弃(U)]:✓　　（结束操作）

（2）利用 ARC、LINE 和 FILLET 命令绘制床的被单造型，结果如图 9.44 所示。

命令:**LINE**✓　　（绘制直线部分）

指定第一点:（起点位置）

指定下一点或 [放弃(U)]:**@1000,0**✓　　（下一点）

指定下一点或 [放弃(U)]:✓　　（结束操作）

命令:**ARC**✓　　（绘制弧线段部分）

指定圆弧的起点或 [圆心(C)]:（确定弧线的端点）

指定圆弧的第二个点或 [圆心(C)/端点(E)]:（确定弧线的中点）

指定圆弧的端点:（确定弧线的另一个端点）

命令:**FILLET**✓　　（倒圆角）

当前设置: 模式 = 修剪，半径 = 0.0000

选择第一个对象或 [多段线(P)/半径(R)/修剪(T)/多个(U)]:**R**✓　　（输入R，设置倒角半径）

指定圆角半径 <0.0000>:**150**✓　　（设置倒角半径）

选择第一个对象或 [多段线(P)/半径(R)/修剪(T)/多个(U)]:（依次选择各倒角边）

选择第二个对象:

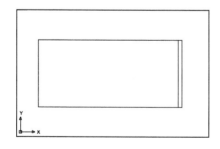

图 9.43　床的外轮廓绘制

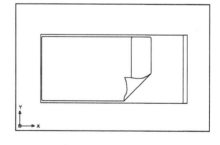

图 9.44　被单造型

（3）利用 ARC、SPLINE 命令绘制靠垫、枕头造型，结果如图 9.45 所示。

命令: **ARC**✓　　（绘制弧线段部分）

指定圆弧的起点或 [圆心(C)]:（确定弧线的端点）

指定圆弧的第二个点或 [圆心(C)/端点(E)]:（确定弧线的中点）

指定圆弧的端点:（确定弧线的另一个端点）

命令: **SPLINE**✓　　（绘制靠垫、枕头造型）

指定第一个点或 [对象(O)]:（在屏幕上指定起点）

```
指定下一点:（下一点）
指定下一点或 [闭合(C)/拟合公差(F)] <起点切向>:（依次绘制下一点）
指定下一点或 [闭合(C)/拟合公差(F)] <起点切向>:（绘制下一点）
指定下一点或 [闭合(C)/拟合公差(F)] <起点切向>:（绘制下一点）
指定下一点或 [闭合(C)/拟合公差(F)] <起点切向>:（绘制下一点）
……
指定起点切向: ↙
指定端点切向: ↙
```

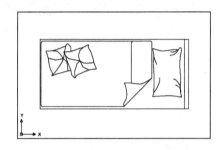

图 9.45　绘制枕头等造型

桌子和电视等的绘制可以参照前述方法进行，结果如图 9.46 所示。

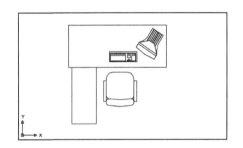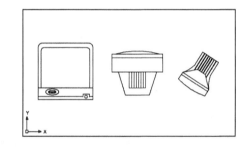

图 9.46　桌子与电视等

 思考题 9

分析本章中各图例的具体绘图过程，并对此过程中的某一部分给出不同的绘图方案。

上机实习 9

1．按正文中所给方法和步骤完成"轴线编号""标高符号""指北针""索引符号""详图符号""标题栏""会签栏"等图块的定义以及图形样板图的设置。

2．参照本章示例所述方法和步骤，完成如图 9.47～图 9.50 所示各建筑构件及室内设施图形的绘制。

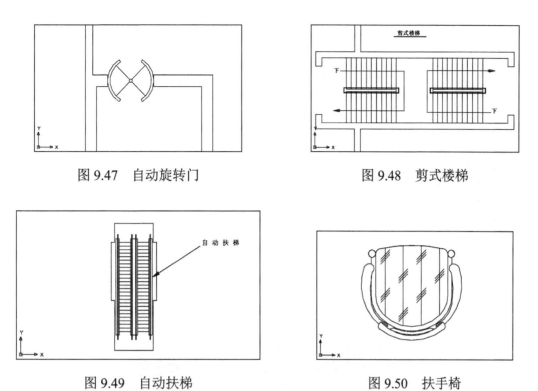

图 9.47 自动旋转门   图 9.48 剪式楼梯

图 9.49 自动扶梯   图 9.50 扶手椅

3. 完成如图 9.51 所示的建筑工程图样的绘制。

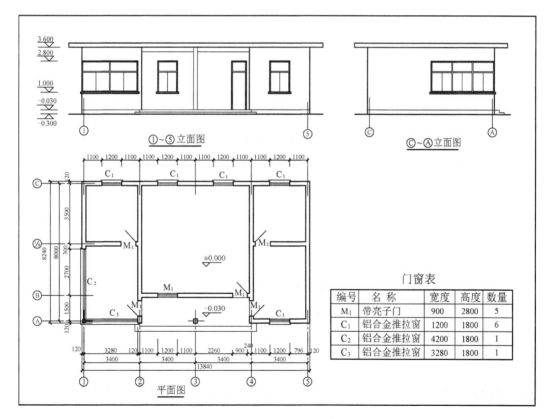

门窗表

编号	名 称	宽度	高度	数量
M₁	带亮子门	900	2800	5
C₁	铝合金推拉窗	1200	1800	6
C₂	铝合金推拉窗	4200	1800	1
C₃	铝合金推拉窗	3280	1800	1

图 9.51 建筑工程图样

三维实体建模

1. 了解三维实体模型的特点及创建的基本方法。
2. 初步掌握 AutoCAD 主要三维实体绘图命令的功能及运用方法。
3. 理解用户坐标系、视口、三维视图的设置及其在三维建模中的作用。

1. 能正确运用 AutoCAD 主要三维实体绘图命令及命令选项进行三维绘图操作。
2. 能合理利用用户坐标系、视口及三维视图,选择合适的建模方法和绘图命令,进行简单机械零件或建筑部件的三维实体建模。

前面各章介绍了利用 AutoCAD 绘制二维图形的方法,二维图形作图方便,表达图形全面、准确,是机械、建筑等工程图样的主要形式,但二维图形缺乏立体感,需要经过专门的训练才能看懂。而三维图形则能更直观地反映空间立体的形状,富有立体感,更易被人们所接受,是图形设计的发展方向。

实体建模就是创建三维形体的实体模型。三维实体是三维图形中最重要的部分,它具有实体的特征,可以其进行打孔、切割、挖槽、倒角以及布尔运算等操作,从而形成具有实际意义的物体。在机械和建筑应用中,机械零件和建筑构件几乎全部都是三维实体。

三维实体建模的方法通常有以下三种。

（1）利用 AutoCAD 提供的绘制基本实体的相关命令，直接输入基本实体的控制尺寸，由 AutoCAD 自动生成。

（2）由二维图形沿与图形平面垂直的方向或指定的路径拉伸完成；或者将二维图形绕平面内的一条直线回转而成；以及采用扫掠和放样的方法建立。

（3）将用上面两种方法所创建的实体进行并、交、差等布尔运算从而得到更加复杂的形体。

实体建模命令位于"绘图"→"建模"级联菜单（图 10.1）以及"建模"工具栏中。

本章将介绍实体建模和三维显示的基本命令及其主要操作，包括二维的面域建模、三维实体的创建、三维显示的设置、布尔运算和对三维实体的剖切，最后给出一个三维实体建模的示例。

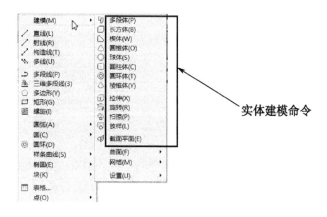

图 10.1　"建模"级联菜单

10.1　创建面域

面域是指严格封闭的实心平面图形，其外部边界称为外环，内部边界称为内环。面域可以放在空间任何位置，可以计算面积。面域在某些方面具有实体的特征，如面域间也可以进行交、并、差布尔运算等。

1. 命令

命令名：REGION（缩写名为 REG）
菜单：绘图→面域
图标："绘图"工具栏图标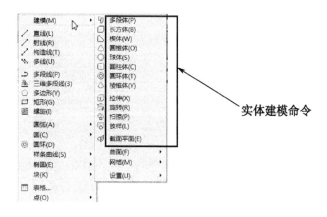

2. 格式

命令：**REGION**
　选择对象：（可选闭合多段线、圆、椭圆、样条曲线，或由直线、圆弧、椭圆弧、样条曲线连接而成的封闭曲线）

3．说明

（1）选择集中每一个封闭图形创建一个实心面域，如图 10.2 所示。

（2）在创建面域时，删除原对象，在当前图层上创建面域对象。

图 10.2　面域

10.2　创建基本实体

基本实体包括长方体、球体、圆柱体、圆锥体、圆环体、楔体。下面分别介绍这些基本实体的绘制方法。

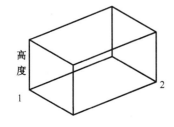

图 10.3　确定长方体的要素

1．长方体

长方体由底面的两个对角顶点和长方体的高度确定，如图 10.3 所示。

（1）命令。

命令名：BOX

菜单：绘图→建模→长方体

图标："建模"工具栏图标 ⬚

（2）步骤。

① 启用 BOX 命令。

② 指定长方体底面一个角点 1 的位置。

③ 指定对角顶点 2 的位置。

④ 指定一个距离作为长方体的高度，完成长方体的作图。高度值可以从键盘输入，也可以用光标在屏幕上指定一个距离作为高度值。

2．球体

球体由球心的位置及半径（或直径）确定。

（1）命令。

命令名：SPHERE

菜单：绘图→建模→球体

图标："建模"工具栏图标 ⬭

（2）步骤。

① 启用 SPHERE 命令。

② 指定球体中心点的位置。

③ 输入球体的半径，完成球体的作图。消隐后的球体如图 10.4 所示。

图 10.4　球体

3. 圆柱体

圆柱体由圆柱底圆中心、圆柱底圆直径（或半径）和圆柱的高度确定，圆柱的底圆位于当前 UCS 的 XY 平面上。

（1）命令。

命令名：CYLINDER

菜单：绘图→建模→圆柱体

图标："建模"工具栏图标

（2）步骤。

① 启用 CYLINDER 命令。

② 指定圆柱的底圆中心点。

③ 确定底圆的半径。

④ 确定圆柱的高度，完成圆柱的作图。消隐后的圆柱体如图 10.5 所示。

图 10.5　圆柱体

4. 圆锥体

圆锥体由圆锥体的底圆中心、圆锥底圆直径（或半径）和圆锥的高度确定，底圆位于当前 UCS 的 XY 平面上。

（1）命令。

命令名：CONE

菜单：绘图→建模→圆锥体

图标："建模"工具栏图标

（2）步骤。

① 启用 CONE 命令。

② 指定圆锥底圆的中心点。

③ 确定圆锥底圆的半径。

④ 确定圆锥的高度，完成圆锥的作图。消隐后的圆锥如图 10.6 所示。

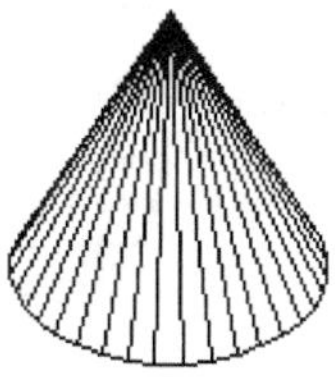

图 10.6　圆锥体

5. 圆环

圆环由圆环的中心、圆环的直径（或半径）和圆管的直径（或半径）确定，圆环的中心位于当前 UCS 的 XY 平面上且对称面与 XY 平面重合。

（1）命令。

命令名：TORUS

菜单：绘图→建模→圆环体

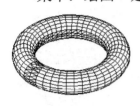

图标："建模"工具栏图标 ◎

（2）步骤

① 启用 TORUS 命令。

② 指定圆环的中心。

③ 指定圆环的半径。

图 10.7　圆环体

④ 指定圆管的半径，完成圆环体的作图。消隐后的圆环体如图 10.7 所示。

6. 楔体

楔体由底面的一对对角顶点和楔体的高度确定，其斜面正对着第一个顶点，底面位于 UCS 的 XY 平面上，与底面垂直的四边形通过第一个顶点且平行于 UCS 的 Y 轴，如图 10.8 所示。

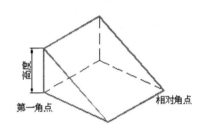

图 10.8　楔体

（1）命令。

命令名：WEDGE

菜单：绘图→建模→楔体

图标："建模"工具栏图标 ◣

（2）步骤。

① 启用 WEDGE 命令。

② 指定底面上的第一个顶点。

③ 指定底面上的对角顶点。

④ 给出楔形体的高度，完成作图。

10.3　绘制多段体

将已有直线、二维多段线、圆弧或圆转换为具有等宽和等高的实体。也可使用 POLYSOLID 命令绘制实体，其在具体操作上几乎与绘制二维多段线完全一样。

1. 命令

命令名：POLISOLID

菜单：绘图→建模→多段体

图标："建模"工具栏图标 ▯

2. 格式

命令：**POLISOLID**↙
　　指定起点或 ［对象 (O) / 高度 (H) / 宽度 (W) / 对正 (J)］＜对象＞：（指定实体轮廓的起点，按回车键，指定要转换为实体的对象，或输入选项）

指定下一点或 [圆弧(A)/放弃(U)]：（指定实体轮廓的下一点， 或输入选项）

3．选项说明

对象：指定要转换为实体的对象。转换对象可以是直线、圆弧、二维多段线或圆。

高度：指定实体的高度。默认高度设置为当前系统变量 PSOLHEIGHT 的数值。

宽度：指定实体的宽度。默认宽度设置为当前系统变量 PSOLWIDTH 的数值。

对正：使用命令定义轮廓时，可以将实体的宽度和高度设置为左对正、右对正或居中。对正方式由轮廓的第一条线段的起始方向决定。默认对正方式设置为居中对正。

其他提示及含义同二维多段线命令。

如图 10.9 所示为分别将直线、圆、二维多段线用 POLYSOLID 命令转换为多段体前后的情况。

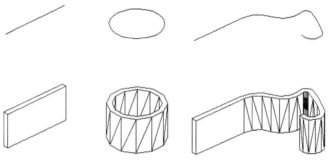

图 10.9　将直线、圆、二维多段线转换为多段体

10.4　拉伸体与旋转体

AutoCAD 提供的另外两种创建实体的方法是拉伸体与旋转体，它是更为常见的创建实体的方法。

10.4.1　拉伸体

1．命令

命令名：EXTRUDE（缩写名为 EXT）

菜单：绘图→建模→拉伸

图标："建模" 工具栏图标 ▯

2．格式

命令：**EXTRUDE**↙

选择对象：（可选闭合多段线、正多边形、圆、椭圆、闭合样条曲线、圆环和面域，对于宽线，忽略其宽度；对于带厚度的二维对象，忽略其厚度）

指定拉伸高度或 [路径(P)]：（给出高度，沿轴方向拉伸）

指定拉伸的倾斜角度 <0>：（可给出拉伸时的倾斜角度。默认值为0，如图10.10（a）所示；角度为正时，拉伸时向内收缩，如图10.10（b）所示；角度为负时，拉伸时向外扩展，如图10.10（c）

所示；

如图 10.10 为用不同的拉伸锥角拉伸圆的建模效果。

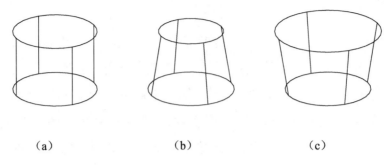

（a）　　　　　　　　　（b）　　　　　　　　　（c）

图 10.10　圆的拉伸

3．选项说明

当选择"路径（P）"时，提示为

选择拉伸路径或 [倾斜角]:（可选择直线、圆、圆弧、椭圆、椭圆弧、多段线或样条曲线作为拉伸路径）

注意下列沿路径拉伸的规则。

（1）路径曲线不能和拉伸轮廓共面。

（2）当路径曲线端点位于拉伸轮廓上时，拉伸轮廓沿路径曲线拉伸。否则，AutoCAD 将路径曲线平移到拉伸轮廓重心点处，沿该路径曲线拉伸。

（3）拉伸时，拉伸轮廓与路径曲线垂直。

沿路径曲线拉伸时，极大地扩展了创建实体的范围。如图 10.11（a）所示为拉伸轮廓和路径曲线，如图 10.11（b）所示为拉伸结果。

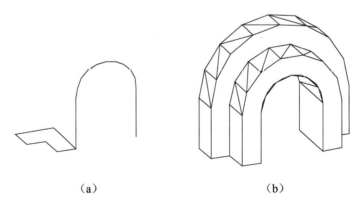

（a）　　　　　　　　　　　　　（b）

图 10.11　沿路径曲线拉伸

10.4.2　旋转体

1．命令

命令名：REVOLVE（缩写名为 REV）

菜单：绘图→建模→旋转

图标："建模"工具栏图标

2．格式

> 命令：**REVOLVE**
> 选择对象：（可选择闭合多段线、正多边形、圆、椭圆、闭合样条曲线、圆环和面域）
> 指定旋转轴的起点或
> 定义轴依照 [对象(O)/X 轴(X)/Y 轴(Y)]：（输入轴线起点）
> 指定轴端点：（输入轴线终点）
> 指定旋转角度 <360>：（指定旋转轴，按轴线指向，逆时针为正）

3．选项说明

（1）对象（O）：选择已画出的直线段或多段线为旋转轴。

（2）X 轴（X）/Y 轴（Y）：选择当前 UCS 的 X 轴或 Y 轴为旋转轴。

4．示例

下面以如图 10.12 所示的圆形盆体为例介绍绘制旋转实体的方法和步骤。

（1）为使旋转轴平行于正立面，需改变视点：单击"视图"工具栏中的"主视图"按钮■或选择"视图"→"三维视图"→"前视图"选项，此时 UCS 与正立面平行。

（2）在当前 UCS 平面上用二维多段线绘制闭合的二维图形（半个纵断面图）和旋转轴，结果如图 10.12（a）所示。

（3）启用 REVOLVE 命令。

（4）选择要旋转的对象（闭合的二维图形），此时 AutoCAD 提示：

> 定义轴依照[对象（O）/X轴（X）/Y轴（Y）]：

（5）指定旋转轴（可以利用对象捕捉确定回转轴的两个端点；或者先输入"O"，再直接拾取回转轴；也可以指定 X、Y、Z 轴作为旋转轴）。

（6）输入旋转角度（取默认值 360°）。此时已生成回转体，且以线框模型表示，结果如图 10.12（b）所示。

（7）选择"视图"→"三维视图"→"西南等轴测"选项，图形窗口显示轴测图的线框模型。

（8）选择"视图"→"消隐"选项，显示消隐后的轴测图，结果如图 10.12（c）所示。

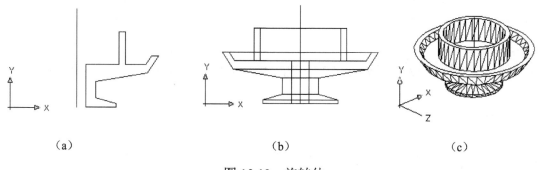

|　（a）　|　（b）　|　（c）　|

图 10.12　旋转体

10.5 扫掠实体和放样实体

扫掠和放样是从 AutoCAD 2007 起新增加的两个三维建模命令。使用这两个命令，可以创建不十分规则的三维实体或曲面。

10.5.1 绘制扫掠实体

使用该命令，可以沿开放或闭合的二维或三维路径扫掠开放或闭合的平面曲线（轮廓）来创建新实体或曲面。如图 10.13 所示为将一小圆沿一条螺旋线扫掠形成弹簧的情况。

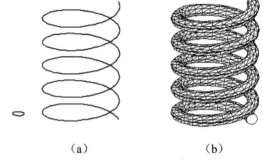

（a） （b）

图 10.13 用扫掠命令绘制弹簧

1. 命令

命令名：SWEEP

菜单：绘图→建模→扫掠

图标："建模"工具栏图标

SWEEP 命令用于沿指定路径以指定轮廓的形状（扫掠对象）绘制实体或曲面。可以一次扫掠多个对象，但是这些对象必须位于同一平面中。

2. 步骤

（1）启用 SWEEP 命令。

（2）选择要扫掠的对象（图 10.13（a）中左下位置处的小圆）。

（3）按回车键结束选择扫掠对象。

（4）选择扫掠路径（图 10.13（a）中的螺旋线）。结果如图 10.13（b）所示。

如果沿一条路径扫掠闭合的曲线，则生成实体；如果沿一条路径扫掠开放的曲线，则生成曲面。扫掠与拉伸不同。沿路径扫掠轮廓时，轮廓将被移动并与路径垂直对齐。再沿路径扫掠该轮廓。扫掠对象可以是直线、圆弧、椭圆弧、二维多段线、二维样条曲线、圆、椭圆、平面三维面、二维实体、宽线、面域、平面曲面、实体的平面等；可作为扫掠路径对象的包括直线、圆弧、椭圆弧、二维多段线、二维样条曲线、圆、椭圆、三维多段线、螺旋线以及实体或曲面的边等。

当选择"扫掠路径"时，提示：

选择扫掠路径或 [对齐(A)/基点(B)/比例(S)/扭曲(T)]:

3. 选项说明

对齐：指定是否对齐轮廓以使其作为扫掠路径切向的方向。默认情况下，轮廓是对齐的。

基点：指定要扫掠对象的基点。如果指定的点不在选定对象所在的平面上，则该点将被投影到该平面上。

比例：指定比例因子以进行扫掠操作。从扫掠路径的开始到结束，比例因子将统一应用到扫掠的对象。

扭曲：设置正被扫掠的对象的扭曲角度。扭曲角度指定沿扫掠路径全部长度的旋转量。

10.5.2　绘制放样实体

使用该命令，可以通过一组两个或多个曲线之间的放样来创建三维实体或曲面。如图 10.14 所示为在一个圆和一个正方形之间放样形成"天圆地方"实体的情况。

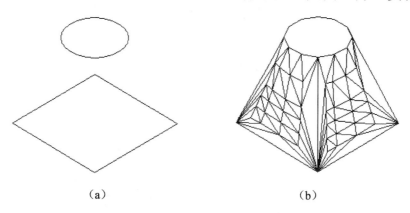

（a）　　　　　　　　　　　　　（b）

图 10.14　用放样方法生成"天圆地方"实体

1．命令

命令名：LOFT

菜单：绘图→建模→放样

图标："建模"工具栏图标

使用 LOFT 命令，可以通过指定一系列横截面来创建新的实体或曲面。横截面用于定义结果实体或曲面的截面轮廓（形状）。LOFT 用于在横截面之间的空间内绘制实体或曲面。使用 LOFT 命令时必须指定至少两个横截面。横截面（通常为曲线或直线）可以是开放的（如圆弧），也可以是闭合的（如圆）。如果横截面均为闭合的曲线，则生成实体；如果横截面中含有开放的曲线，则生成曲面。

2．步骤

（1）启用 SWEEP 命令。

（2）按照用户希望的实体或曲面通过横截面的顺序依次选择横截面。

（3）按回车键。

（4）执行以下操作之一。

① 按回车键或输入"c"选项以仅使用横截面。

② 输入"g"选项选择导向曲线。选择导向曲线，然后按回车键。

③ 输入"p"选项选择路径。选择路径，然后按回车键。

放样以后，依DELOBJ系统变量设置的不同可以删除或保留原放样对象。

按放样次序选择横截面后，系统将提示：

输入选项 [引导(G)/路径(P)/仅横截面(C)] <仅横截面>:

3．选项说明

引导：指定控制放样实体或曲面形状的导向曲线。导向曲线是直线或曲线，可通过将其他线框信息添加至对象来进一步定义实体或曲面的形状。可以使用导向曲线来控制点如何匹配相应的横截面以防止出现不希望看到的效果（如结果实体或曲面中的皱褶）。每条导向曲线必须满足下述三个条件才能正常工作：与每个横截面相交；从第一个横截面开始；到最后一个横截面结束。可以为放样曲面或实体选择任意数量的导向曲线。

路径：指定放样实体或曲面的单一路径。路径曲线必须与横截面的所有平面相交。

仅横截面：弹出"放样设置"对话框。

如图 10.15 所示为用放样方法由五个断面生成的类似山体的三维实体。

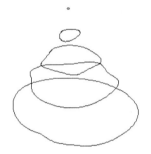

图 10.15 用放样方法由五个断面生成的三维实体

可以作为横截面使用的对象包括直线、圆弧、椭圆弧、二维多段线、二维样条曲线、圆、椭圆、点（仅第一个和最后一个横截面）；作为放样路径使用的对象包括：直线、圆弧、椭圆弧、样条曲线、螺旋线、圆、椭圆、二维多段线、三维多段线；可以作为引导使用的对象包括直线、圆弧、椭圆弧、二维样条曲线、三维样条曲线、二维多段线、三维多段线。

10.6 实体建模中的布尔运算

实体建模中的布尔运算指对实体或面域进行"并、交、差"布尔逻辑运算，以创建组合实体。如图 10.16 所示说明了对两个同高圆柱体进行布尔运算的结果。

　(a) 独立的两个圆柱　　 (b) 两圆柱的"差"　　 (c) 两圆柱的"交" (d) 两圆柱的"并"

图 10.16 两个同高圆柱体的布尔运算

10.6.1　并运算

1．命令

命令名：UNION（缩写名为 UNI）

菜单：修改→实体编辑→并集

图标："实体编辑"工具栏图标 ⑩

2．功能

对于相交叠的面域或实体合并为一个组合面域或实体。

3．格式

命令：UNION✓

选择对象：（可选择面域或实体）

10.6.2　交运算

1．命令

命令名：INTERSECT（缩写名为 IN）

菜单：修改→实体编辑→交集

图标："实体编辑"工具栏图标 ⑩

2．功能

对于相交叠的面域或实体，取其交叠部分创建为一个组合面域或实体。

3．格式

命令：**INTERSECT**✓

选择对象：（可选择面域或实体）

10.6.3　差运算

1．命令

命令名：SUBTRACT（缩写名为 SU）

菜单：修改→实体编辑→差集

图标："实体编辑"工具栏图标 ⑩

2．功能

从需减对象（面域或实体）减去另一组对象，创建为一个组合面域或实体。

3. 格式

> 命令：**SUBTRACT**✓
> 选择要从中减去的实体或面域...
> 选择对象：（可选择面域或实体）
> 选择对象：✓
> 选择要减去的实体或面域 ..
> 选择对象：（可选择面域或实体）
> 选择对象：✓

10.6.4 应用示例

【例 10.1】创建如图 10.17（b）所示扳手。

操作步骤如下。

（1）画出圆 1、2，矩形 3，正六边形 4、5，如图 10.17（a）所示。

（2）利用 REGION 命令，创建 5 个面域。

（3）利用 SUBTRACT 命令，需减去的面域选择 1、2、3；被减去的面域选择 4、5，构造组合面域扳手平面轮廓。

（4）利用 EXTRUDE 命令，把扳手平面轮廓拉伸为实体，如图 10.17（b）所示。

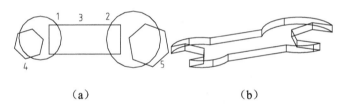

（a）   （b）

图 10.17　创建扳手

【例 10.2】画出如图 10.18 所示圆柱与圆锥相贯体的并、交、差运算结果。

操作步骤如下。

（1）利用 CONE 命令画出直立圆锥体。

（2）利用 CYLINDER 命令，利用指定两端面圆心位置的方法，画出一轴线为水平的圆柱体。

（3）利用 COPY 命令，把圆柱、圆锥复制四组。

（4）利用 UNION 命令，求出柱、锥相贯的组合体，如图 10.18（a）所示。

（5）利用 INTERSECT 命令，求出柱锥相贯体的交，即其公共部分，如图 10.18（b）。

（6）利用 SUBTRACT 命令，求圆锥体穿圆柱孔后的结果，如图 10.18（c）所示。

（7）利用 SUBTRACT 命令，求圆柱体挖去圆锥体部分后的结果，如图 10.18（d）所示。

图 10.19 所示为渲染后的结果。

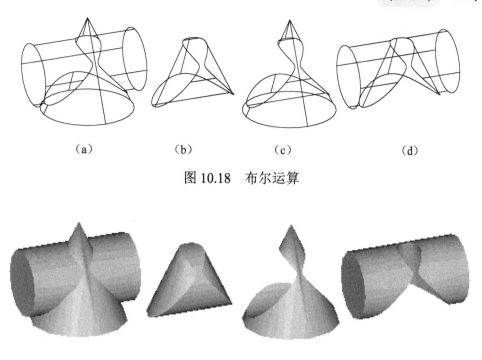

图 10.18　布尔运算

图 10.19　渲染图

10.7　三维形体的编辑

10.7.1　图形编辑命令

"修改"菜单中的图形编辑命令，如复制、移动等，均适用于三维形体，还可以对实体的棱边作圆角、倒角，在三维操作项中，还增添了三维形体阵列、三维镜像、三维旋转、对齐等命令。

1．对实体棱边作倒角

利用倒角（CHAMFER）命令，如选择一个三维实体的棱边如图 10.20（a）所示，可修改为倒角，如图 10.20（b）所示，并可同时对一边环的环中各边作倒角，如图 10.20（c）所示。

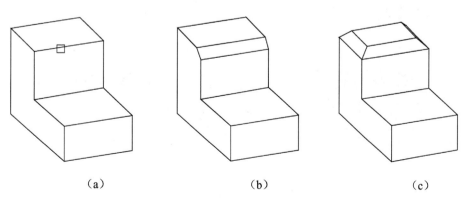

图 10.20　对实体棱边作倒角

2．对实体棱边作圆角

利用圆角（FILLET）命令，如选择一个三维实体的棱边，如图 10.21（a）所示，可修改为圆角，如图 10.21（b）所示，并可同时对一边链（即边和边相切连接成链）的各边作圆角，如图 10.21（c）所示。

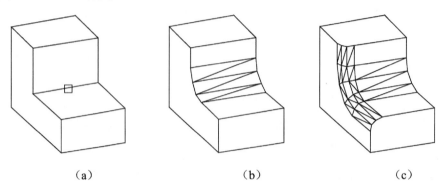

（a）　　　　　　　　　（b）　　　　　　　　　（c）

图 10.21　对实体棱边作圆角

10.7.2　对三维实体作剖切

1．命令

命令名：SLICE（缩写名为 SL）

菜单：修改→三维操作→剖切

2．格式

命令：**SLICE**↙

选择对象：（选择三维实体）

指定切面上的第一个点，依照 [对象(O)/Z 轴(Z)/视图(V)/XY 平面(XY)/YZ 平面(YZ)/ZX 平面(ZX)/三点(3)] <三点>：（可以根据二维图形对象，指定点和Z轴方向，指定点并平行于屏幕平面，当前UCS的坐标面或平面上三点来确定剖切平面）

在要保留的一侧指定点或 [保留两侧(B)]：（剖切后，可以保留两侧，也可以删去一侧，保留另一侧）

如图 10.22 所示为用 3 点定义的剖切平面，如图 10.22（a）所示为保留两侧，如图 10.22（b）、图 10.22（c）所示，为保留一侧的剖切结果。

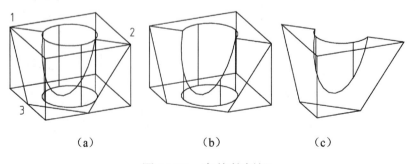

（a）　　　　　　　　　（b）　　　　　　　　　（c）

图 10.22　实体的剖切

10.8 用户坐标系

使用 AutoCAD 作图，通常以当前用户坐标系 UCS 的 XOY 平面为作图基准面，因此，不断变化 UCS 的设置，就可以在三维空间创造任意方位的三维形体。本节将对和 UCS 有关的命令及其应用做介绍。

10.8.1 UCS 图标

1. 命令

命令名：UCSICON
菜单：视图→显示→UCS 图标→开，原点

2. 功能

控制 UCS 图标是否显示和是否放在 UCS 原点位置。

3. 格式

命令：UCSICON
输入选项 [开(ON)/关(OFF)/全部(A)/非原点(N)/原点(OR)/特性(P)] <开>:

4. 说明

（1）开/关：在图中显示/不显示 UCS 图标，默认设置为开。
（2）全部（A）：在所有视口中显示 UCS 图标的变化。
（3）非原点（N）：UCS 图标显示在图形窗口左下角处，此为默认设置。
（4）原点（O）：UCS 图标显示在 UCS 原点处。
（5）特性(P)：弹出"UCS 图标"对话框，从中可设置 UCS 图标的样式、大小、颜色等外观显示。

当进行三维作图时，一般应把 UCS 图标设置为显示在 UCS 原点处。

10.8.2 平面视图

1. 命令

命令名：PLAN
菜单：视图→三维视图→平面视图

2. 功能

按坐标系设置，显示相应的平面视图，即俯视图，便于作图。

3．格式

4．说明

（1）当前 UCS：按当前 UCS 显示平面视图，即当前 UCS 下的俯视图。

（2）UCS：按指定的命名显示其平面视图，即命名 UCS 下的俯视图。

（3）世界：按世界坐标系显示其平面视图，即 WCS 下的俯视图。

10.8.3　用户坐标系

1．命令

命令名：UCS

菜单：工具 →新建 UCS→级联菜单

图标："UCS"工具栏图标

2．功能

设置与管理 UCS。

3．格式

4．选项说明

（1）原点：平移 UCS 到新原点。

（2）Z 轴（ZA）：指新原点和新 Z 轴指向，AutoCAD 自动定义一个当前 UCS。

（3）3 点（3P）：指定新原点、新 X 轴正向上一点和 XY 平面上 Y 轴正向一侧的一点，用三点定义当前 UCS。

（4）对象（OB）：选定一个对象（如圆、圆弧、多段线等），按 AutoCAD 规定对象的局部坐标系定义当前 UCS。

（5）面（F）：将 UCS 与实体对象的选定面对齐。

（6）视图（V）：UCS 原点不变，按 UCS 的 XY 平面与屏幕平行定义当前 UCS。

（7）X/Y/Z：分别绕 X、Y、Z 轴旋转指定角度，定义当前 UCS。

（8）移动（M）：平移当前 UCS 的原点或修改其 Z 轴深度以重新定义 UCS。

（9）正交（G）：指定 AutoCAD 提供的六个正交 UCS（俯视、仰视、主视、后视、左视、右视）之一。这些 UCS 设置通常用于查看和编辑三维模型。

（10）上一个（P）：恢复上一次的 UCS 为当前 UCS。

（11）恢复（R）：把命名保存的一个 UCS 恢复为当前 UCS。

（12）保存（S）：把当前 UCS 命名保存。

（13）删除（D）：删除一个命名保存的 UCS。

（14）应用(A)：将当前 UCS 设置应用到指定的视口或所有活动视口。

（15）？：列出保存的 UCS 名表。

（16）世界：把世界坐标系定义为当前 UCS。

利用用户坐标系命令，可以方便地实现如图 10.23 所示的在立体的不同侧面上写字以及斜面上绘制圆柱体等三维绘图操作。

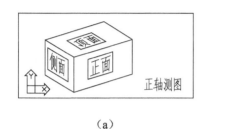
（a）

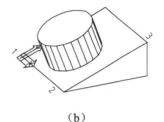
（b）

图 10.23　用户坐标系的应用

10.9　设置视口与三维视图

视口是 AutoCAD 在屏幕上用于显示图形的区域，用户通常把整个绘图区作为一个视口，用户观察和绘制图形都是在视口中进行的。绘制三维图形时，常常要把一个绘图区域分割成为几个视口，并在各个视口中设置不同的三维视图，从而可以更加全面地观察物体。如图 10.19 所示的屏幕被分割成了四个视口，所显示的视图分别被设置为基本视图和轴测立体图。

10.9.1　设置多视口

在模型空间中设置多视口，其目的是用户在绘制三维图形时全面地观察物体，而无须反复更改视点的设置。

1．命令

命令名：VPORTS
菜单：视图→视口如图 10.24 所示
图标："视口"工具栏图标

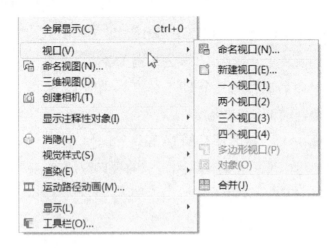

图 10.24 "视口"子菜单

2．说明

使用"视口"命令后，弹出"视口"对话框，如图 10.25 所示。从中可以设置视口的数量以及每一视口的显示方式。

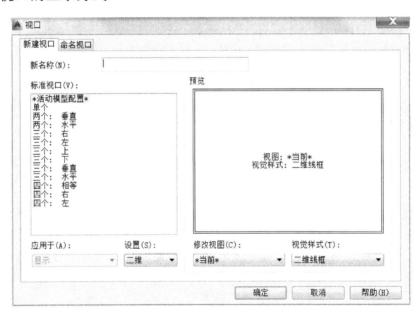

图 10.25 "视口"对话框

10.9.2 设置三维视图

绘制二维图形时，所进行的绘图工作都是在 XY 坐标面上进行的，绘图的视点不需要改变。但在绘制三维图形时，一个视点往往不能满足观察物体各个部位的需要，用户常常需要变换视点，可从不同的方向来观察三维物体；在模型空间的多视口中，各视口如果设置成不同的视点，则可使多视口中的图形构成真正意义上的多个视图和等轴测图，使用户不需要变换视点，就能够同时观察到物体不同方向的形状。如图 10.26 和图 10.27 分别显示了零件不同投射方向的平面视图和轴测图。

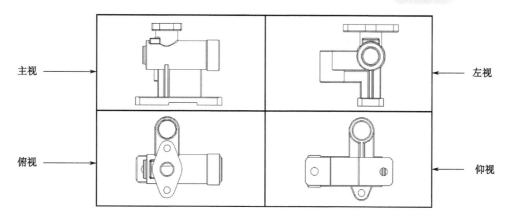

图 10.26 四个基本视图

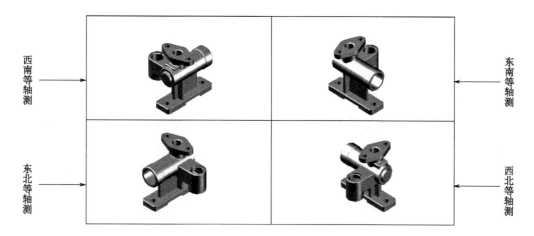

图 10.27 四个方位的正等轴测图

1. 命令

菜单：视图→三维视图如图 10.28 所示

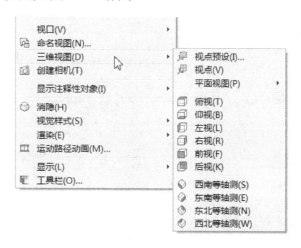

图 10.28 "三维视图"子菜单

图标："视图"工具栏中的相关按钮

2. 示例

假设已经有如图 10.29（a）所示的三维模型，现欲将其设置为如图 10.29（b）所示的四个视口且各视口分别显示立体的三维视点的主视、俯视、左视和正等轴测图。具体操作步骤如下。

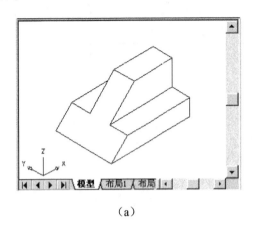
（a）

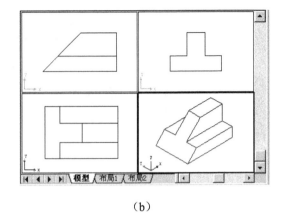
（b）

图 10.29　设置视口与视点

（1）选择"视图"→"视口"→"4个视口"选项，将绘图区分成四个视口。

（2）弹出"视图"工具栏；单击左上角视口，使其成为活动视口，然后单击"视图"工具栏中的"主视"按钮🔲，则左上角视口显示物体的主视图。

（3）单击右上角视口，使其成为当前视口，然后单击"视图"工具栏中的"左视"按钮🔲，则右上角视口显示物体的左视图。

（4）单击左下角视口，使其成为当前视口，然后单击"视图"工具栏中的"俯视"按钮🔲，则左下角视口显示物体的俯视图。

（5）单击右下角视口，使其成为当前视口，然后单击"视图"工具栏中的"西南等轴测"按钮◈，则左下角视口显示物体的正等轴测图。

设置视点后各视口显示的图形如图 10.29（b）所示。

10.10　三维图形的显示和渲染

AutoCAD 提供了多种显示和观察方式来获得满意的三维效果或对三维场景进行全面的观察和了解，这些方式主要有改变视觉样式、消除隐藏线（消隐）、改变曲面轮廓线密度及显示方式、渲染、使用相机、动态观察、漫游和飞行、创建运动路径动画等。本节将择其主要功能做简要介绍。

10.10.1　三维图形的消隐

用线框显示的三维图形不能准确地反映物体的形状和观察方向。可以利用 HIDE 命令对三维模型进行消隐。对于单个三维模型，可以消除不可见的轮廓线；对于多个三维模型，可以消除所有被遮挡的轮廓线，使图形更加清晰，观察起来更为方便。如图 10.30（a）所示为一齿轮减速器三维模型消隐前的情况，所有图线均可看到，图形很不清晰；如图 10.30（b）所示为消隐后的结果。

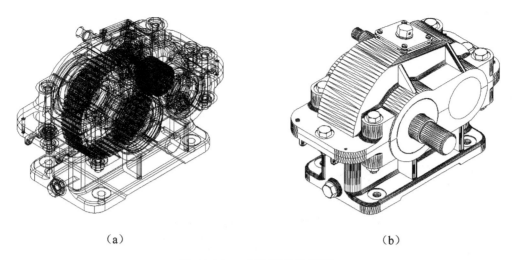

（a） （b）

图 10.30 三维图形的消隐

启用消隐命令的方法如下。

命令名：HIDE

菜单："视图"→"消隐"

图标："渲染"工具栏图标

启用消隐命令后，用户无须进行目标选择，AutoCAD 将当前视口内的所有对象自动进行消隐。

10.10.2 三维图形的渲染

消隐和改变视觉样式虽然能够改善三维实体的外观效果，但是与真实的物体有一定的差距，这是因为缺少真实的表面纹理、色彩、阴影、灯光等。通过赋予材质和渲染能够使三维图形的显示更加逼真。渲染适用于三维表面和三维实体。在 AutoCAD 中进行渲染时，用户可对物体的表面纹理、光线和明暗等进行详细的设置，以使生成的渲染效果图更为真实。如图 10.31 所示为在 AutoCAD 环境下建模并渲染生成的建筑设计合成效果图。

图 10.31 渲染效果图

启用渲染命令的方法如下。

命令名：RENDER

菜单："视图"→"渲染"→"渲染"

图标："渲染"工具栏图标

启用渲染命令可以在打开的渲染窗口中快速渲染当前视口中的图形，如图 10.32 所示。

图 10.32　渲染图形窗口

10.10.3　三维图形显示设置

1. 以线框形式显示实体轮廓

使用系统变量 DISPSILH 可以从线框形式显示实体轮廓。此时需要将其值设置为 1，并用消隐（HIDE）命令隐藏曲面的小平面，结果如图 10.33 所示。

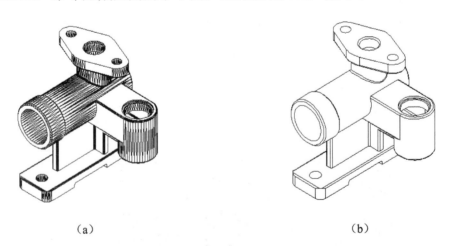

（a）　　　　　　　　　　　　　　　（b）

图 10.33　以线框形式显示实体轮廓

2. 改变实体表面粗糙度

要改变实体表面粗糙度，可通过修改系统变量 FACETRES 来实现。该变量用于设置曲面的面数，取值为 0.01～10。其值越大，曲面越平滑，如图 10.34 所示。

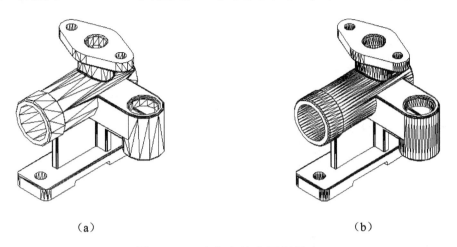

（a）　　　　　　　　　　　　　　　　　（b）

图 10.34　改变实体表面粗糙度

📢 提示

如果 DISPSILH 变量值为 1，那么在执行"消隐""渲染"命令时并不能看到 FACETRES 设置的效果，此时必须将 DISPSILH 值设置为 0。

10.11　实体物性计算

AutoCAD 提供了对三维实体的查询功能，可以方便地自动完成三维实体体积、惯性矩、质心等物理特性的计算。

1. 命令

命令名：MASSPROP
菜单：工具→查询→面域/质量特性
工具栏："查询"工具栏 ▣

2. 格式

命令：**MASSPROP**↙
选择对象:(选择实体)
找到 1 个
选择对象: ↙（继续选择，或按回车键结束选择，将打开AutoCAD文本窗口，显示所选对象的质量特性，格式如下所示)
--------------　实体　--------------

质量:　　　　　　　　730962.8436
体积:　　　　　　　　730962.8436
边界框:　　　　　X: -0.0005　--　195.0005
　　　　　　　　　Y: -33.0000　--　146.0000

	Z: 0.0000 -- 180.0000
质心:	X: 88.5712
	Y: 42.5298
	Z: 82.8713
惯性矩:	X: 9354842097.8019
	Y: 14435774937.4521
	Z: 9461457116.5751
惯性积:	XY: 2583379336.5864
	YZ: 2623238208.8262
	ZX: 5157794631.3774
旋转半径:	X: 113.1281
	Y: 140.5311
	Z: 113.7709
主力矩与质心的 X-Y-Z 方向:	
	I: 3042845047.3137 沿 [0.9222 -0.2224 0.3163]
	J: 3722263232.0109 沿 [0.2337 0.9723 0.0022]
	K: 2334065453.3744 沿 [-0.3081 0.0720 0.9486]

（说明：选择的对象不同，显示特性的内容也将有所不同）

是否将分析结果写入文件？[是(Y)/否(N)] <否>: (是否将质量特性写入到文本文件中，如输入"Y"，则将提示输入文件名)

10.12　实体建模综合示例

下面以绘制如图 10.35 所示的烟灰缸的三维图形为例，介绍实体建模的方法和步骤。

绘图的基本思路如下：先绘制一个长方体，再对长方体进行倒角，并绘制一个圆球体，利用长方体和球体间的布尔"差"运算来形成烟灰槽，最后利用缸体和 4 个水平小圆柱体间的布尔"差"运算来形成顶面上的 4 个半圆槽。

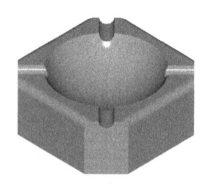

图 10.35　烟灰缸

1. 设置视图

将视区设置为三个视图，如图 10.36 所示；依次激活各视图，分别设置成左上为主视图，左下为俯视图，右边为东南轴测图。

```
命令: -VPORTS↙
输入选项 [保存(S)/恢复(R)/删除(D)/合并(J)/单一(SI)/?/2/3/4] <3>: 3↙
输入配置选项 [水平(H)/垂直(V)/上(A)/下(B)/左(L)/右(R)] <右>:↙
（在左上视口内单击，激活视口）
命令: -VIEW↙
输入选项 [?/分类(C)/图层状态(A)/正交(O)/删除(D)/恢复(R)/保存(S)/UCS(U)/窗口(W)]:O↙
输入选项 [俯视(T)/仰视(B)/主视(F)/后视(BA)/左视(L)/右视(R)] <俯视>: F↙
正在重生成模型。
（在左下视口内单击，激活视口）
命令: -VIEW↙
```

输入选项 [?/分类(C)/图层状态(A)/正交(O)/删除(D)/恢复(R)/保存(S)/UCS(U)/窗口(W)]:**O**↙
输入选项 [俯视(T)/仰视(B)/主视(F)/后视(BA)/左视(L)/右视(R)] <俯视>: **T**↙
正在重生成模型
（在右视口内单击，激活视口；选择"视图"→"三维视图"→"东南等轴测"选项）

结果如图 10.36 所示。

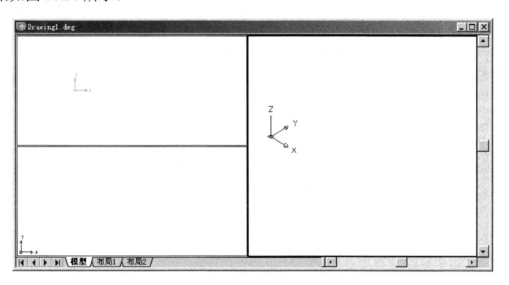

图 10.36　视口和视图设置

2．绘制长方体

命令:**BOX**↙
指定长方体的角点或 [中心点(CE)] <0, 0, 0>: **100,100,100**↙
指定角点或 [立方体(C)/长度(L)]:**L**↙
指定长度: **100**↙
指定宽度: **100**↙
指定高度: **40**↙

将各个视图最大化显示（具体如下：分别激活三个视口，然后选择"视图"→"缩放"→"范围"选项），结果如图 10.37 所示。

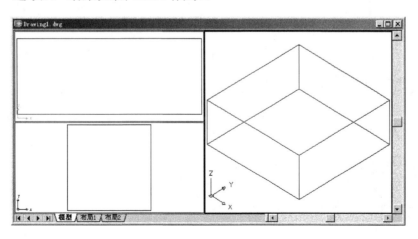

图 10.37　长方体

3．为长方体倒角

命令: **CHAMFER**↙

（"修剪"模式）当前倒角距离 1 = 0.0000，距离 2 = 0.0000

选择第一条直线或 [放弃(U)/多段线(P)/距离(D)/角度(A)/修剪(T)/方式(E)/多个(M)]: **D**✓

指定第一个倒角距离 <20.0000>: **20**✓

指定第二个倒角距离 <20.0000>: **20**✓

选择第一条直线或 [放弃(U)/多段线(P)/距离(D)/角度(A)/修剪(T)/方式(E)/多个(M)]:（选择长方体垂直方向的一条棱，则该棱所在的一个侧面轮廓将变虚）

基面选择...

输入曲面选择选项 [下一个(N)/当前(OK)] <当前>:✓

指定基面倒角距离 <20.0000>:✓

指定其他曲面的倒角距离<20.0000>:✓

选择边或[环(L)]: （选择长方体变虚侧面垂直方向的两条棱线，这两条棱线将被倒角）

选择边或[环(L)]: ✓

命令: ✓

（"修剪"模式）当前倒角距离 1 = 20.0000，距离 2 = 20.0000

选择第一条直线或 [放弃(U)/多段线(P)/距离(D)/角度(A)/修剪(T)/方式(E)/多个(M)]:（选择长方体垂直方向尚未倒角的一条棱，则该棱所在的侧面轮廓将变虚）

基面选择...

输入曲面选择选项 [下一个(N)/当前(OK)] <当前>:✓

指定基面倒角距离 <20.0000>:✓

指定其他曲面的倒角距离 <20.0000>:✓

选择边或[环(L)]: （选择长方体垂直方向未倒角的另两条棱线，这两条棱线将被倒角）

选择边或[环(L)]: ✓

倒角之后的长方体如图 10.38 所示。

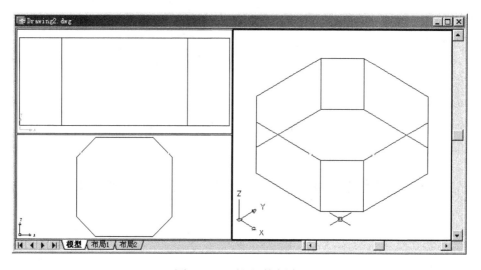

图 10.38　长方体倒角

4．在长方体顶面中间位置开球面凹槽

（1）绘制一个圆球，操作过程如下。

命令: **SPHERE**✓

当前线框密度:　ISOLINES=4

指定球体球心 <0,0,0>: **150,150,160**✓

指定球体半径或 [直径(D)]: **45**✓

对各视口最大化后的图形如图 10.39 所示。

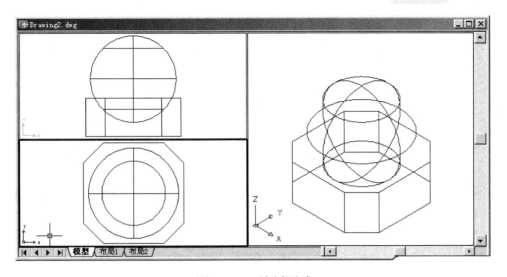

图 10.39 绘制圆球

（2）通过布尔运算进行开槽，操作过程如下。

> 命令: **SUBTRACT**✓
> 选择要从中减去的实体或面域 ..
> 选择对象:（选择长方体）
> 选择对象: ✓
> 选择要减去的实体或面域 ..
> 选择对象:（选择球体）
> 选择对象:✓

布尔运算并最大化后的图形如图 10.40 所示。

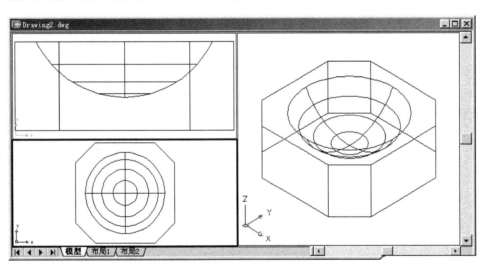

图 10.40 布尔运算后的长方体

5. 在缸体顶面上构造四个水平半圆柱面凹槽

（1）执行 UCS 命令，新建一个坐标系，并用"三点"方式将坐标系统定位在烟灰缸的一个截角面上。操作过程如下。

> 命令: **UCS**✓
> 当前 UCS 名称:*世界*
> 输入选项
> [新建(N)/移动(M)/正交(G)/上一个(P)/恢复(R)/保存(S)/删除(D)/应用(A)/?/世界(W)]

<世界>: **N**↙
指定新 UCS 的原点或 [Z 轴(ZA)/三点(3)/对象(OB)/面(F)/视图(V)/X/Y/Z] <0,0,0>: **3**↙
指定新原点 <0,0,0>:（捕捉图10.41中的"1"点）
在正 X 轴范围上指定点 <181.0000,100.0000,100.0000>:（捕捉图10.41中的"2"点）
在 UCS XY 平面的正 Y 轴范围上指定点 <179.2929,100.7071,100.0000>:（捕捉图10.41中的
"3"点）

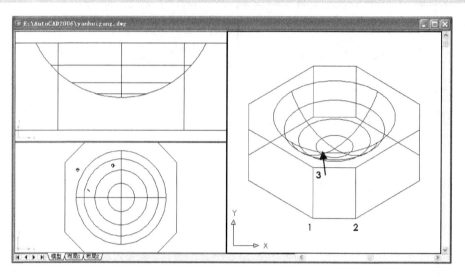

图 10.41　新建坐标系的位置设置

新建坐标系如图 10.42 所示。

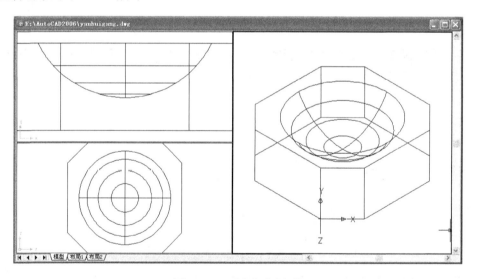

图 10.42　新建坐标系

（2）以截角面顶边中点为圆心，绘制一个半径为 5 的圆，为拉伸成圆柱体做准备。

命令: **CIRCLE**↙
指定圆的圆心或 [三点(3P)/两点(2P)/相切、相切、半径(T)]: **MID**↙
于　（捕捉图10.41中的"4"点）
指定圆的半径或 [直径(D)]: **5**↙

结果如图 10.43 所示。

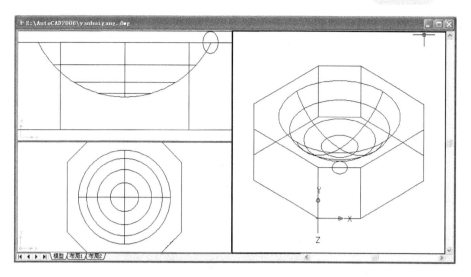

图 10.43 绘制小圆

（3）把系统变量 ISOLINES（弧面表示线）由默认的 4 改为 12（密一些），再用 EXTRUDE 命令将刚画的圆拉伸成像一根香烟的圆柱体。操作过程如下。

命令: **ISOLINES**↙
输入 ISOLINES 的新值 <4>: **12**↙
命令: **EXTRUDE**↙
当前线框密度: ISOLINES=12
选择对象: **L**↙ （选择刚绘制的圆）
找到 1 个
选择对象: ↙
指定拉伸高度或 [路径(P)]: **-50**↙ （负值表示沿Z轴反方向拉伸）
指定拉伸的倾斜角度 <0>: ↙

结果如图 10.44 所示。

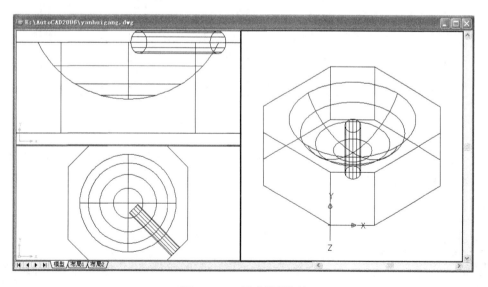

图 10.44 绘制圆柱体

（4）用 UCS 命令将系统坐标系恢复为世界坐标系，再用 ARRAYPOLAR 命令将所绘圆柱体绕缸体铅垂中心线环形阵列为 4 个。操作过程如下。

命令: **UCS**↙
当前 UCS 名称: *没有名称*
输入选项

[新建(N)/移动(M)/正交(G)/上一个(P)/恢复(R)/保存(S)/删除(D)/应用(A)/?/世界(W)]
<世界>:↙
命令: **ARRAYPOLAR**↙
选择对象:L↙（选择最后绘制的实体）
找到 1 个
选择对象: ↙
类型 = 极轴 关联 = 是
指定阵列的中心点或 [基点(B)/旋转轴(A)]: **150,150**↙
选择夹点以编辑阵列或 [关联(AS)/基点(B)/项目(I)/项目间角度(A)/填充角度(F)/行(ROW)/层(L)/旋转项目(ROT)/退出(X)] <退出>: **I**↙
输入阵列中的项目数或 [表达式(E)] <6>:**4**↙
选择夹点以编辑阵列或 [关联(AS)/基点(B)/项目(I)/项目间角度(A)/填充角度(F)/行(ROW)/层(L)/旋转项目(ROT)/退出(X)] <退出>: **F**↙（指定阵列的角度范围）
指定填充角度(+=逆时针、-=顺时针)或 [表达式(EX)] <360>:↙
选择夹点以编辑阵列或 [关联(AS)/基点(B)/项目(I)/项目间角度(A)/填充角度(F)/行(ROW)/层(L)/旋转项目(ROT)/退出(X)] <退出>: **ROT**↙
是否旋转阵列项目？[是(Y)/否(N)] <是>: **Y**↙ （阵列时旋转项目）
选择夹点以编辑阵列或 [关联(AS)/基点(B)/项目(I)/项目间角度(A)/填充角度(F)/行(ROW)/层(L)/旋转项目(ROT)/退出(X)] <退出>:↙

结果如图 10.45 所示。

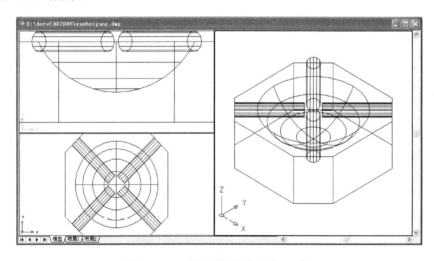

图 10.45 将圆柱体阵列为 4 个

（5）用 SUBTRACT 命令从烟灰缸实体中"扣除"4 根香烟圆柱体，得到 4 个可以放香烟的半圆形凹槽。操作过程如下。

命令: **SUBTRACT**↙
选择要从中减去的实体或面域...
选择对象: （选择烟灰缸）
找到 1 个
选择对象: ↙
选择要减去的实体或面域 ..
选择对象: （依次选取4个小圆柱体）
找到 1 个，总计 4 个
选择对象: ↙

结果如图 10.46 所示。

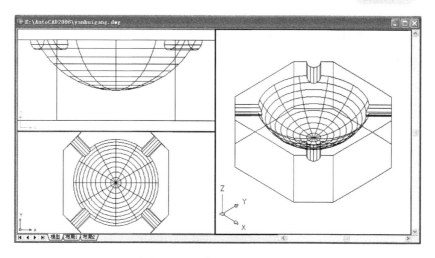

图 10.46　生成半圆形凹槽

6. 为顶面上外沿倒圆角

用 FILLET 命令为顶面上外沿的 4 条长棱边作倒圆角处理。操作过程如下。

命令: **FILLET**✓
当前设置: 模式 = 不修剪，半径 = 0.0000
选择第一个对象或 [放弃(U)/多段线(P)/半径(R)/修剪(T)/多个(M)]: **R**✓
指定圆角半径 <0.0000>: **5**✓
选择第一个对象或 [放弃(U)/多段线(P)/半径(R)/修剪(T)/多个(M)]: （选择一条要倒圆角的长棱边）
输入圆角半径 <5.0000>: ✓
选择边或 [链(C)/半径(R)]: （依次选择4条要倒圆角的长棱边）
;
;
已选定 4 个边用于圆角

结果如图 10.47 所示。

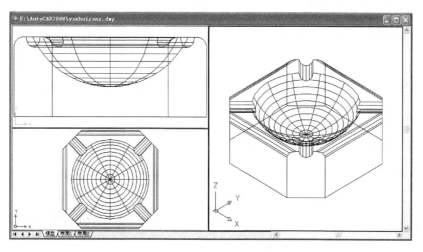

图 10.47　为外沿倒圆角

7. 三维显示与渲染

为显示三维效果，激活轴测图视口，选择"视图"→"视口"→"一个视口"选项，

265

则设置为一个视图，用 HIDE 命令消隐后得到的图形如图 10.48 所示。

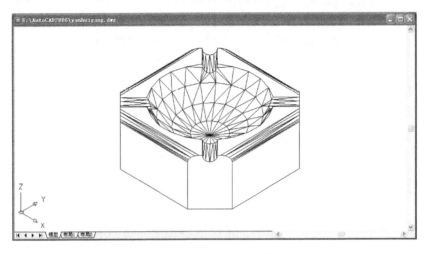

图 10.48　消隐后的图形

用 RENDER 命令渲染后的烟灰缸效果如图 10.35 所示。

 思考题 10 ......

一、连线题

1. 请将下面左侧所列三维命令名与右侧对应功能用连线连起来。

（1）SLICE　　　　　　　　　　（a）剖切实体

（2）REGION　　　　　　　　　（b）创建球体

（3）CYLINDER　　　　　　　　（c）创建面域

（4）UNION　　　　　　　　　　（d）创建圆柱体

（5）EXTRUDE　　　　　　　　（e）创建拉伸体

（6）INTERSECT　　　　　　　（f）创建旋转体

（7）SPHERE　　　　　　　　　（g）实体并运算

（8）REVOLVE　　　　　　　　（h）实体差运算

（9）SUBTRACT　　　　　　　（i）实体交运算

（10）MASSPROP　　　　　　　（j）渲染

（11）HIDE　　　　　　　　　　（k）用户坐标系

（12）RENDER　　　　　　　　（l）消隐

（13）UCS　　　　　　　　　　（m）物性计算

2. 如图 10.49（a）所示 A、B、C 分别为独立的矩形、圆形和三角形面域，如图 10.49（b）～图 10.49（e）所示为对其进行不同布尔运算后所得到的结果图形。请将图形与其下面一行中所列的相应布尔运算操作用连线连起来。

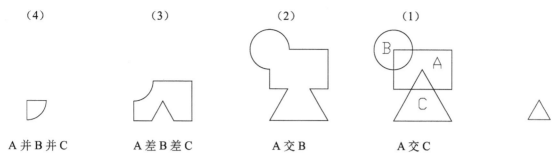

（4）	（3）	（2）	（1）
A 并 B 并 C	A 差 B 差 C	A 交 B	A 交 C

图 10.49 面域间的布尔运算

二、简答题

分析如图 10.50 所示两个立体的特点，请针对每一个立体提出两种不同的方法构建其三维实体模型。

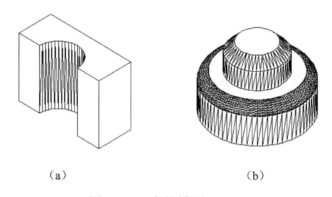

（a）　　　　　　　　　　　（b）

图 10.50 实体模型

上机实习 10

1*. 打开基础图档，由已给如图 10.51（a）所示底部共面但高度不同的圆柱体和棱柱体，通过"并""差""交"布尔运算，分别生成如图 10.51（b）～图 10.51（d）所示的不同实体。

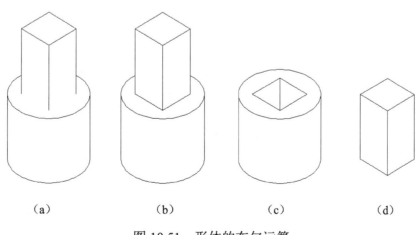

（a）　　　　　（b）　　　　　（c）　　　　　（d）

图 10.51 形体的布尔运算

2．据前述分析，各用两种不同的方法分别构建如图 10.50 所示的两个立体的三维实体模型。

3．按 10.12 节中介绍的方法和步骤完成图例烟灰缸的三维实体造型。

综合应用检测

本章中的应用检测题目全部源自国家有关考试的全真试题，包括："全国 CAD 技能考试"一级（计算机绘图师）（工业产品类）试题、国家职业技能鉴定统一考试"中级制图员"（机械类）《计算机绘图》试题以及"全国计算机信息高新技术考试"（中高级绘图员）试题，大致反映了工程设计和生产中对 AutoCAD 应用方面的要求。供学生进行水平自我检测、练习之用。其中的部分题目需用到《机械制图》和《工程制图》的有关知识。

11.1 AutoCAD 基础绘图

1. 建立新文件，完成以下操作。

（1）绘制图形。绘制外接圆半径为 50 的正三角形。使用捕捉中点的方法在其内部绘制另外两个相互内接的三角形，如图 11.1（a）所示，绘制大三角形的三条中线。

（2）复制图形。使用复制命令向其下方复制一个已经绘制的图形如图 11.1（b）所示，使用阵列命令阵列复制图形。

（3）编辑图形。绘制圆形，并使用分解、删除、修剪命令修改图形，完成作图。如图 11.1（c）所示。

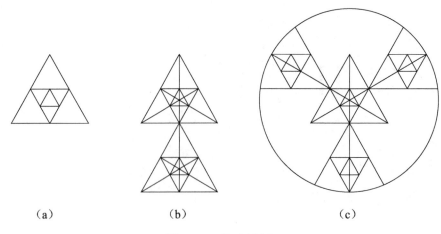

（a）　　　　　　　　　（b）　　　　　　　　　（c）

图 11.1　基础绘图 1

2．建立新文件，完成以下操作。

（1）绘制图形。绘制两个正三角形，第一个正三角形的中心点设置为（190，160），外接圆半径为 100；另一个正三角形的中心点为第一个三角形的任意一个角点，其外接圆半径为 70。如图 11.2（a）所示。

（2）复制图形。将大三角形向其外侧偏移复制，偏移距离 10；将小三角形向其内侧偏移复制，偏移距离 5，使用复制命令复制两小三角形。

（3）编辑图形。使用修剪命令将图形中多余的部分修剪掉，如图 11.2（b）所示。再使用图案填充命令填充图形。对外圈图线进行多段线合并编辑，并将其线宽修改为 2，如图 11.2（c）所示。

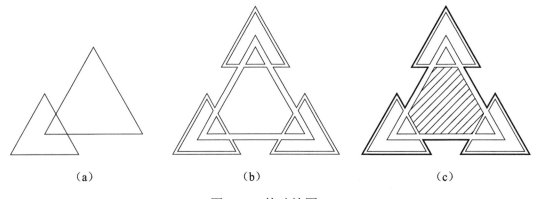

（a）　　　　　　　　　（b）　　　　　　　　　（c）

图 11.2　基础绘图 2

3．建立新文件，完成以下操作。

（1）绘制图形。绘制 6 个半径分别为 120、110、90、80、70、40 的同心圆。绘制一条一个端点为圆心，另一端点在大圆上的垂线，并以该直线与半径为 80 的圆的交点为圆心绘制一个半径为 10 的小圆，如图 11.3（a）所示。

（2）复制图形。使用阵列命令阵列复制垂线，数量为 20；绘制斜线 a，并使用阵列命令阵列复制该直线，如图 11.3（b）所示；阵列复制 10 个小圆。

（3）编辑图形。将半径分别为 120、110、80 的圆删除掉；使用修剪命令修剪图形中多余的部分；使用图案填充命令填充图形完成作图。如图 11.3（c）所示。

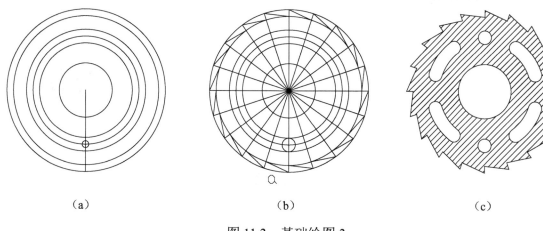

（a）　　　　　　　　　　（b）　　　　　　　　　　（c）

图 11.3　基础绘图 3

4．建立新文件，完成以下操作。

（1）绘制图形。绘制边长为 30 的正方形。

（2）复制图形。使用矩形阵列命令阵列复制为四个矩形；将矩形分解；使用定数等分的方法等分小正方形外侧任意一条边为四等份；如图 11.4（a）所示。

（3）编辑图形。利用捕捉绘制同心圆；再使用修剪命令修剪圆；如图 11.4（b）所示。

阵列复制圆弧，利用捕捉，用直线命令连接相对各圆弧的端点，如图 11.4（c）所示；使用修剪命令修剪图形；使用改变图层的方法调整线宽为 0.30mm，完成作图。如图 11.4（d）所示。

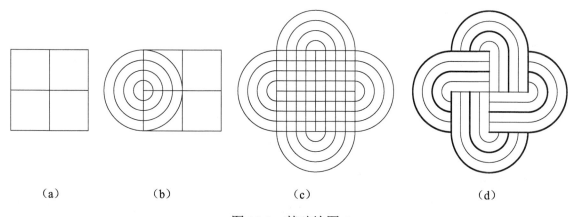

（a）　　　　　　（b）　　　　　　　（c）　　　　　　　（d）

图 11.4　基础绘图 4

5．建立新文件，完成以下操作。

（1）绘制图形。绘制一条长度为 550 的水平直线，并阵列复制该直线；利用捕捉绘制直径分别为 1100、900、600、160 的同心圆，如图 11.5（a）所示。使用直线、圆命令绘制图 11.5（b）所示直线和圆，其中两圆之间的距离为 20。

（2）编辑图形。使用修剪命令修剪图形，使用改变图层的方法调整图形线宽为 0.30mm，如图 11.5（c）所示。

（3）复制图形。使用阵列命令阵列复制图形，最后绘制一个圆形，完成作图，如图 11.5（d）所示。

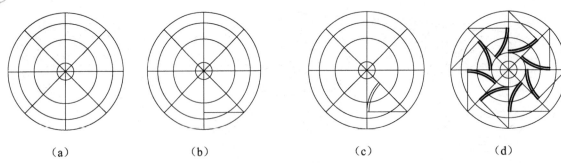

（a）   （b）   （c）   （d）

图 11.5　基础绘图 5

6．建立新文件，完成以下操作。

（1）绘制图形。绘制两条相互垂直的直线；绘制以直线交点为圆心，直径分别为 260、180、80 的同心圆；绘制两条以圆心为端点，长度为 130，角度分别为 210°、300° 的直线；如图 11.6（a）所示。利用捕捉绘制两个直径为 50 的圆和一个直径为 30 的圆。如图 11.6（b）所示。

（2）复制图形。使用阵列、镜像命令复制小圆，两小圆之间的角度为30°，如图 11.6（c）所示。

（3）编辑图形。使用修剪命令编辑图形。调整图形线宽为 0.30mm，完成作图。如图 11.6（d）所示。

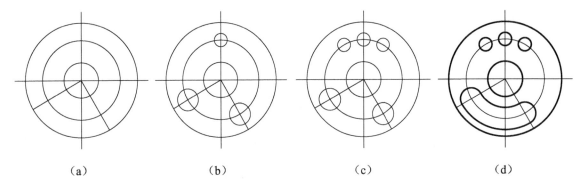

（a）   （b）   （c）   （d）

图 11.6　基础绘图 6

7．建立新文件，完成以下操作。

（1）绘制图形。绘制半径为 10、20、30、40、60 的同心圆。绘制一条端点为圆心且穿过同心圆的垂线，以垂线与最外圆交点为圆心绘制半径分别为 8 和 12 的同心圆，以与中间圆交点为圆心绘制一个半径为 5 的圆，如图 11.7（a）所示。

（2）旋转、复制图形。使用旋转命令旋转半径分别为 8、12 的同心圆，其角度为 45°，再使用陈列命令阵列复制圆，如图 11.7（b）所示。

（3）编辑图形。删除并修剪多余的图形，再用圆角命令绘制圆角（圆角半径为 3），如图 11.7（c）所示。

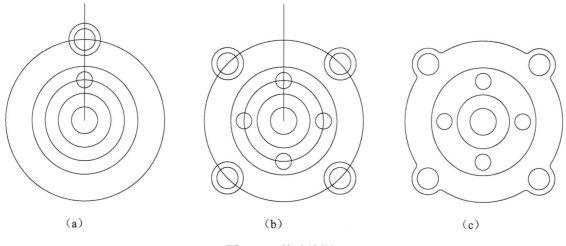

（a）　　　　　　　　　（b）　　　　　　　　　（c）

图 11.7　基础绘图 7

8．建立新文件，完成以下操作。

（1）绘制图形。绘制直径为 80、120、160 的向心圆。绘制一个直径为 20 的圆，其圆心在直径为 120 的圆的左侧象限点上；在直径为 20 的圆上绘制一个外切六边形，如图 11.8（a）所示。

（2）复制图形。阵列复制六边形以及内切圆为 10 个，如图 11.8（b）所示。

（3）编辑图形。在图形中注释文字，字体为宋体，字高为 15。删除图形中多余的部分，再使用图案填充命令填充图形，填充图案的比例设置为 1，完成作图，如图 11.8（c）所示。

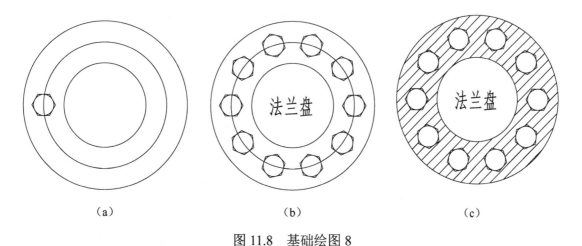

（a）　　　　　　　　　（b）　　　　　　　　　（c）

图 11.8　基础绘图 8

9．建立新文件，完成以下操作。

（1）绘制图形。绘制半径为 20、30 的两圆，其圆心处在同一水平线上，距离为 80；在大圆中 7 绘制一个内切圆半径为 20 的正八边形，在小圆中绘制一个外接圆半径为 15 的正六边形，如图 11.9（a）所示。绘制两圆的公切线和一条半径为 50 并与两圆相切的圆弧。

（2）编辑图形。将六边形旋转 40°。使用改变图层的方法调整图形的线宽为 0.30mm，如图 11.9（b）所示。

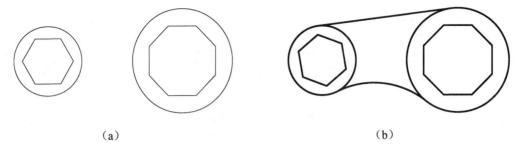

（a）　　　　　　　　　　　（b）

图 11.9　基础绘图 9

11.2　用 AutoCAD 绘制平面图形

据所给尺寸按 1：1 用 AutoCAD 抄绘如图 11.10～图 11.16 所示各平面图形，不标注尺寸。

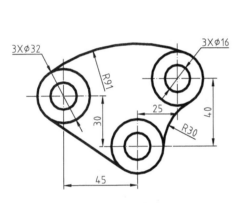

图 11.10　平面图形 1

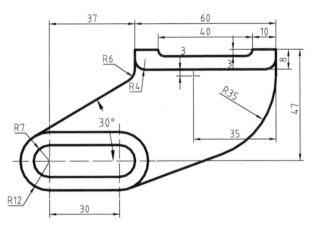

图 11.11　平面图形 2

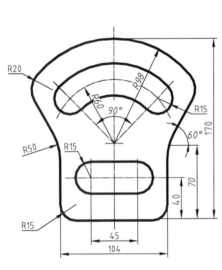

图 11.12　平面图形 3

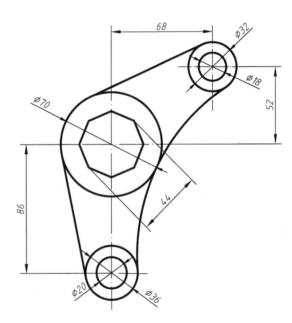

图 11.13　平面图形 4

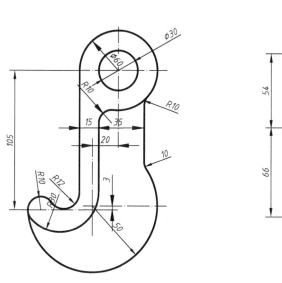

图 11.14 平面图形 5

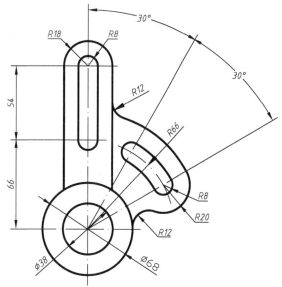

图 11.15 平面图形 6

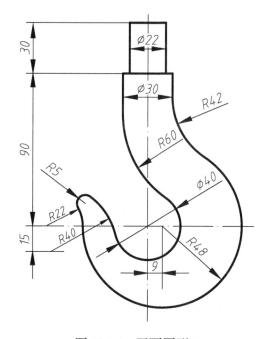

图 11.16 平面图形 7

11.3 用 AutoCAD 绘制三视图

按标注尺寸用 AutoCAD 抄绘如图 11.17～图 11.19 所示立体的两个视图，并补画其第三视图，不注尺寸。

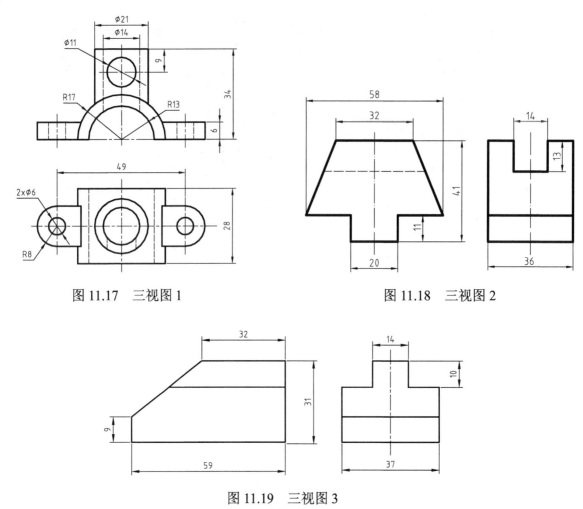

图 11.17 三视图 1

图 11.18 三视图 2

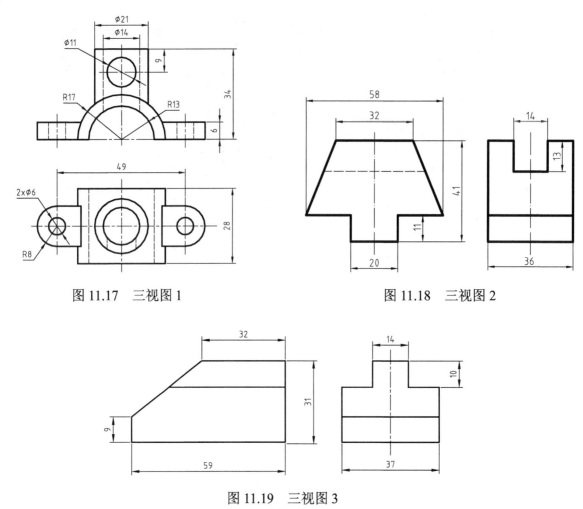

图 11.19 三视图 3

11.4 用 AutoCAD 绘制剖视图

根据已知如图 11.20～图 11.23 所示立体的两个视图，按 1：1 用 AutoCAD 绘制其三视图，并在主、左视图上选取适当的剖视，不注尺寸。

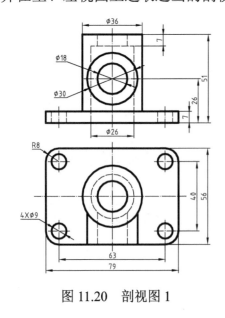

图 11.20 剖视图 1

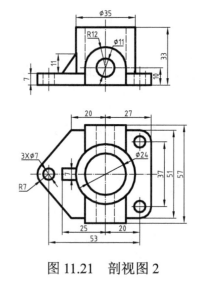

图 11.21 剖视图 2

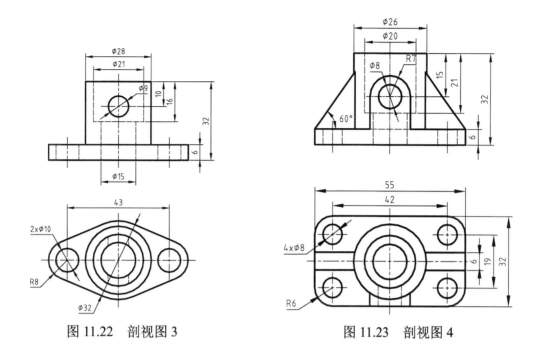

图 11.22　剖视图 3　　　　　图 11.23　剖视图 4

11.5　用 AutoCAD 绘制工程图

用 AutoCAD 按 1：1 抄绘如图 11.24～图 11.26 所示零件图并标注尺寸及技术要求。

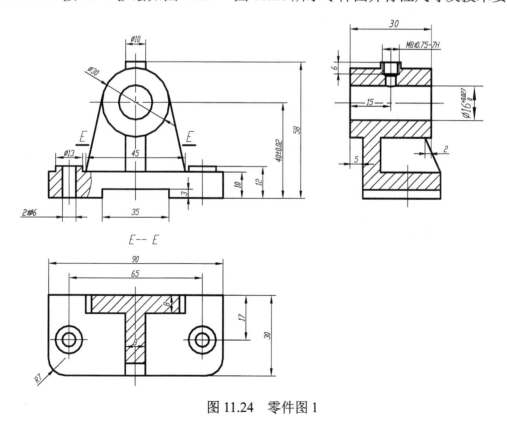

图 11.24　零件图 1

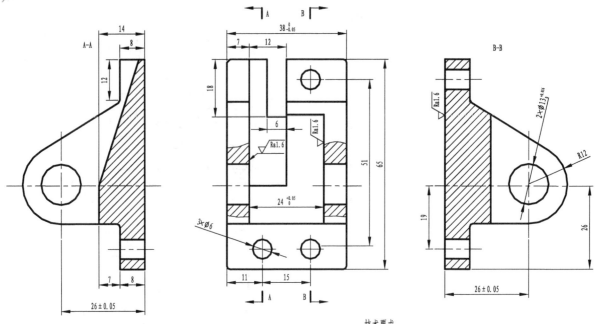

技术要求

1. 淬火 32 ~ 36HRC。
2. 未注圆角为R2, 锐边倒圆R0.5。

图 11.25　零件图 2

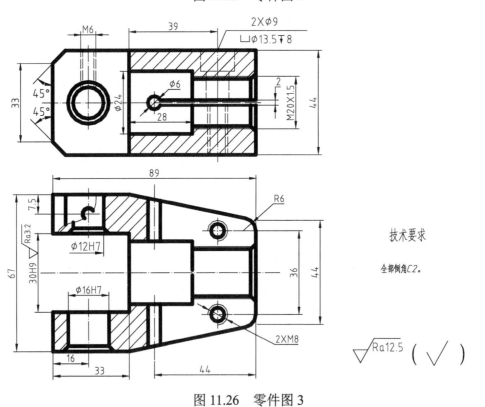

技术要求

全部倒角C2。

图 11.26　零件图 3

反侵权盗版声明

电子工业出版社依法对本作品享有专有出版权。任何未经权利人书面许可，复制、销售或通过信息网络传播本作品的行为；歪曲、篡改、剽窃本作品的行为，均违反《中华人民共和国著作权法》，其行为人应承担相应的民事责任和行政责任，构成犯罪的，将被依法追究刑事责任。

为了维护市场秩序，保护权利人的合法权益，我社将依法查处和打击侵权盗版的单位和个人。欢迎社会各界人士积极举报侵权盗版行为，本社将奖励举报有功人员，并保证举报人的信息不被泄露。

举报电话：（010）88254396；（010）88258888

传　　真：（010）88254397

E-mail：　dbqq@phei.com.cn

通信地址：北京市万寿路 173 信箱

　　　　　电子工业出版社总编办公室

邮　　编：100036